足尾鉱毒事件
一人ひとりの谷中村

揺籃社

はじめに

本書は足尾鉱毒事件で廃村になった「谷中村」に関わる六人の方々を通して、諸考察を行おうというものである。

まずは、「谷中村残留民」の関口コトさんと島田清さんである。二人は明治四〇（一九〇七）年、谷中村が強制破壊に遭った折、村内にいた残留民で、コトさんは当時九歳、清さんは幼児であった。

次に、谷中村を廃村に追いやったとされる「谷中村長と下都賀郡長」の末裔・係累の大野五郎さんと安生和喜子さんである。前者は谷中村の村長の息子であり、後者は下都賀郡の郡長の係累である。

最後に、強制破壊当日、「谷中村で睨み合った二人」を話題にする。菊地茂は田中正造と一緒に強制破壊の現場にて、残留民に助力していた。その娘の斉藤英子さんの証言を聞く。そして、この菊地と対峙したのが、強制破壊の責任者であった栃木県警察トップの植松金章である。

関口コトさん、島田清さん、大野五郎さん、安生和喜子さん、斉藤英子さんは、筆者が直接話を伺い、後日の公表に承諾を得た方々である。植松金章については係累の証言ではなく、現在、刊行・公表されている史資料を基に調査したものである。

本書について、特に記しておきたいことは、以下の通りである。

恐らく「植松金章」については、本書が初めての考察ではないかと思われる。同様に「安生慶三郎」についても、まとまって取り上げられるのは初めてではないだろうか。また、「大野一六」も考察される機会は従来多くなかったように思われる。

五人の方々へのインタビューは早三〇年も前のことになる。すべて貴重な証言である。関口さんと島田さんの話は、かつてすぐに簡便な小冊子にまとめたものの中途半端であった。他の三人については今日まで何もせずにいたことを深くお詫びしたい。そして、三〇年の歳月が経過したが、この証言を我が部屋の中で眠らせたままにしておく訳にはいかないと思い、本書を刊行した。

まず第一章において、これら証言を考察する前提として、足尾鉱毒事件と田中正造に関して簡単な「解説」を述べる。すでにご承知の方々は、第一章を飛ばして、第二章から読み始めて頂きたいと思う。

なお、第一章は、五人にインタビューした三〇年前に実施した公開講座の録音テープを起こし、編集したものである。本書執筆の当初は新たに「概論」を書くつもりであったが、公開講座には、その当時でないと言えないことがあちらこちらにあったことから、これを伝えるのも、また好しと思い、このスタイルを取った。そして、追加すべき情報については、「補記」として補足した。

【本書を読み進めるに際して】

・史資料を引用する場合、旧字体は新字体で表記する。

・史資料を引用した際の「（　）」は原文のまま。筆者の補足は「〔　〕」。また、引用した文中の「濁点の有無の不統一」〔「私が」と「私か」など〕は原文のまま。

・引用した文を一部省略した場合は「……」とし、原文に「……」が使われている時は「……《ママ》」とした。また、短い「…」は証言や講話の途中で、やや間が空いた場合に用いた。

・明治、大正期の文献には句読点が少なく、読みづらいことがあるので、「／」や「・」を用いて、適宜、文章を区切った。

・西暦と元号の表記は「元号〔西暦〕年」〔例「明治四〇〔一九〇七〕年」〕とする。これは引用する史資料が主として元号で記されていることから、年代的理解をスムーズにするためである。ただし、昭和二〇〔一九四五〕年以降の史資料の引用はさほど多くないので、戦後は時間的経過が認識しやすい西暦を先に表記することを原則とする〔例「一九七五〔昭和五〇〕年」〕。ただし、文脈から敢えて元号を先にしたケースもある。また、「参考文献」や「註記」においては西暦のみとする。

・史資料によって「遊水地」と「遊水池」の違いがあるが、引用した原文のまま表記する。筆者は「遊水地」と記す。

・第一章「解説」の「参考文献」には、講座開催後のものも含まれる。

目次

第一章

解説として

――田中正造と足尾鉱毒事件を巡る人々

一九九〇（平成二）年一〇月一三日
神奈川県立相模原高等学校・コミュニティースクール（県民公開講座）

只今司会から紹介して頂きました永瀬と申します。本日は、こんなに多数の皆様にお越し頂きまして、誠にありがとうございました。まずは、「足尾鉱毒事件と田中正造」につきまして、その概略をお話しします。

この講座を企画しましたきっかけは、そもそもは足尾鉱毒事件が展開して行く中で、谷中村という村が遊水地、つまりは大きな水溜りにされることになったのですが、それに抵抗して村に居続けた谷中村残留民の関口コトさんと島田清さんのお二人にインタビューしたことにあります。

その後、元谷中村村長の末裔の大野五郎さん、それから、谷中村のあった栃木県下都賀郡の元郡長の係累の安生和喜子さんという、まあ、谷中村の廃村に関与したという村長と郡長のお家《うち》の方にも話を伺って来ました。

それから、谷中村は強制破壊に遭うのですが、その現場に田中正造と一緒に居合わせて、強制破壊の執行官とやり合った菊地茂というジャーナリストの娘さんの話も聞いて参りました。この方はお父様のお書きになったものを、近年、早稲田大学出版会から本にまとめて出されたばかりです。こうしたことを、全五回の講座で、適宜、皆様にお話させて頂きたいと思います。

講座の最後の五回目はバスで現地視察をします。田中正造と足尾鉱毒事件を全国に発信している「田中正造大学」という市民グループが田中正造の生家が残る栃木県佐野市にあります。これは本当の大学ではなく、市民団体なのですが、時々「入学願書を送って欲しい」という電話もあると聞いています（笑）。その「田中正造大学」の事務局長・坂原辰男さんに現地を案内して頂き、そして、郷土史家の布川了《さとる》先生とおっしゃる方に、ご講話をお願いしております。

足尾鉱毒事件と田中正造

足尾鉱毒事件を語るに際して、田中正造という人物は、もはや彼抜きには語れないほど深く関わっています。とはいえ、田村紀雄先生という方は、足尾鉱毒事件に関わったのは田中正造だけではあるまい。色々な人々が関与している。ところが、さながら「神格化」されてしまった田中正造だけを通して足尾鉱毒事件を見がちになっているようだが、これは如何なものか。このように言っています。そして、主として田中正造を通して足尾鉱毒事件を見てしまうがために、この事件に関わった他の人達の評価が田中正造との関係性に影響を受けてしまっている。例えば、ある人は歴史から抹殺され、あるグループは軽視された。そのような指摘をしています。

それは全くその通りであります。しかしながら、実際問題、田中正造に触れないで話を進められるかというと、それはそれで難しい。田中正造という方は、それだけこの問題に、ご自身の人生をかけていた訳です。だからこそ、彼が余りに偉大になり過ぎて、他の人々が霞んでしまったり、正当な評価が下されなくなったりすると、田村先生は危惧する訳です。ですから、この田村先生の「正論」を意識しながら、これから三時間ほど、田中正造の言葉や行動もご紹介しつつ、足尾鉱毒事件についてお話申し上げたいと思います。

田中正造の帝国議会における質問

『田中正造全集』〔全一九巻、別巻一〕というのがあります。今日は第七巻と第八巻を持って来ました。この全集は早稲田の由井正臣先生らがまとめられたものです。実は私は由井先生に数ヶ月前にお目にかかったばかりなのですが…、まあ、その話は後のこととして、この七巻、八巻には、田中正造の衆議院における演説と質問が収められています。例えば、明治二四〔一八九一〕年一二月一八日になされた足尾鉱毒事件に関する田中正造の最初の質問は「足尾銅山鉱毒の儀につき質問書」ですが、こうした演説や質問のタイトルを眺めているだけで、田中正造の大まかな軌跡が掴めます。

といいますのは、田中正造は、我が国最初の総選挙で当選していますから、第一回帝国議会から議場に座っていますが、その第一回議会から第八回議会までは、つまり明治二三〔一八九〇〕年から明治二八〔一八九五〕年三月までの五年間は、彼の七〇回程の演説・質問等のうち、足尾鉱毒関連は本当にわずかです。

ところが、明治二九〔一八九六〕年…、この頃から渡良瀬川沿岸の被害民の団結が強固になって行くのですけれども、これについては後でお話ししますが、その明治二九年三月に第九回議会で再度質問してから議員を辞職する明治三四年〔一九〇一年〕の第一五回議会までの五年間は、『田中正造全集』で足尾関連の演説・質問をチェックするのに、もはや付箋が不要です。つまり、この間はほとんど鉱毒関連です。逆に関連のない項目にチェックを入れた方が早い状況になっています。一〇年余の衆議院議員の間に、田中正造はトータルで二二〇回余りの演説・質問等を行っていますが、そのうち大体九〇回以上が足尾鉱毒事件絡みです。そして、その大半が議員時代の後半です。その時期、田中正造は彼のエネルギーのほとんどを足尾鉱毒事件に費やしていることは、『田中正造全集』をただパラパラめくっているだけでも理解できます。

足尾銅山の操業開始

では、一体どういったことから、足尾鉱毒事件は起こったのか。この点についてお話しします。近代の足尾銅山の始まりは一八七七年、明治で言うと一〇年、かの有名な西郷隆盛の西南戦争の年です。この銅山の経営には、よく知られた創業者の古河市兵衛、それから、東北の旧大名の相馬家、その家令の志賀直道、そして、明治時代の財界の大御所・渋沢栄一といった面々が登場します。

明治時代の政商に小野組というのがありました。政商というのは、政界と密接な関係を持って事業を進めた特権的な企業のことですが、その小野組で働いていた人物に古河市兵衛なる男がいました。小野組の倒産後、彼は独り立ちをして、特に鉱山経営に力を注ぎます。そこで、江戸時代から掘られていたものの、当時は赤字になっていた足尾銅山に注目します。旧知の相馬家を買い取りの名義人として買収し、その後、相馬家の家令・志賀直道との共同経営としました。さらに財界の大立者・渋沢栄一も足尾銅山の経営を支援します。近代足尾銅山はこうして始まりました。

この志賀直道というのは、文豪志賀直哉の祖父です。相馬家の家令として、明治維新で没落した主家の立て直しに尽力していました。相馬家としては旧大名家の名が表に出るのも如何なものかと世間体を考えて、家令の志賀が共同経営者になったのだと、孫の志賀直哉が自身の作品『祖父』の中に書いています。

とはいえ、実は足尾銅山と古河市兵衛の関係の端緒は、必ずしも正確には分かっていません。ある時、志賀直道が古河市兵衛に、廃坑になっている足尾銅山を一緒にやってみないかと気軽に言ったところ、一週間後に是非やりたいと言って来たのが発端だと、これも『祖父』の中で志賀直哉は言っています。こちらの展開は先にお話ししたことと少々違いますが、真相はどうなのでしょうか。

＊＊＊

最近、津久井郡（旧神奈川県津久井郡。現神奈川県相模原市）で聞いた話ですが、津久井郡で生まれた尾崎行雄を大河ドラマの主人公にという運動が地元にはあるようです。その尾崎行雄のお嬢さんの嫁ぎ先が相馬家です。相馬雪香《ゆきか》さんとおっしゃる方、インドシナ難民の支援をなさっています。まだご存命のはずです。

【補記】相馬雪香は一九一二〔明治四五〕年生まれ／この講座実施の時点で七八歳。二〇〇八〔平成二〇〕年逝去。九六歳。

志賀直哉の苦悩

志賀直哉は、こうした家に生まれたのです。ある時、彼が内村鑑三、安部磯雄、木下尚江といった鉧々たる面々の足尾鉱毒事件に関する演説を東京の神田で聞きまして、大変なショックを受けます。彼らは渡良瀬川沿岸の農民の惨状について語っていましたが、志賀家がこれに抜き差しならぬ関与をしている訳です。

内村鑑三はじめ、これらの方々については、皆様、すでにご承知のことと思いますが、彼らはキリスト教なり、社会主義なりの立場から、社会問題を訴えていました。その演説を聞いた志賀直哉は、自宅に戻ってから、被害地を視察に行きたいと言い出しました。

この当時、学生が盛んに被害地に行っていました。例えば、早稲田の教授の安部磯雄は…、この方は早稲田の野球部の初代部長ということでも知られていますが、彼は学生を現地視察に連れて行っています。こんなふうに学生が盛り上がっている時に、志賀直哉は現地視察に行きたいと言った訳です。当時彼は学習院中等科に通っていました。

これに対して、父の志賀直温は志賀家と古河市兵衛との関係や、志賀家の立場からして行くなと言って大喧嘩になります。その時、祖父の直道は柱に寄りかかって目をつむったまま一言も発しなかったと言います。

この話は志賀直哉の『祖父』や『稲村雑談』などに書かれています。志賀直哉の父との確執は大正六年（一九一七年）の和解まで続きます。ですから、有名な志賀直哉の作品に『和解』がありますが、その喧嘩の主因の一つは足尾銅山にあったのです。この時は祖母が間に入り、直哉は行かない。その代わりに被害民に衣類や菓子などを入れた包みをいくつか作って送るということで決着しています。

【補記】志賀直哉が父と大喧嘩をした契機となった神田の演説会については、右記のように志賀直哉が自身の作品の中で書き残しているが、そこに記された内容について、冨澤成實が「志賀直哉と足尾鉱毒事件――鉱毒問題演説会への参加をめぐって」〔『初期社會主義研究（第十六号）』所収〕において精査している。内村鑑三、安部磯雄、木下尚江の登壇した演説会や学生による鉱毒地視察の状況を調べ、「明治三四〔一九〇一〕年一一月一日の演説会に参加。その後、私的に視察を企図」、あるいは、「同年一一月二九日と一二月一二日の演説会に参加の後、一二月二七日の『学生大挙鉱毒視察』への参加または私的に視察を企図」のいずれかであろうとみなしている。志賀直哉の文はいくつかの場面や情報が入り混じって記されたものと思われる。

国策上、不可欠の山に

こうして始まった足尾銅山ですが、後に志賀も渋沢も手を引き、古河だけの経営になります。さて、では、この山から、どの程度、銅が掘れたのか、問題は産銅量です。開始した明治一〇〔一八七七〕年は全国の産出量の一・二%に過ぎませんでしたが、明治一八〔一八八五〕年には創業時の八八倍になり、全国の三八・八%を占めるようになっています。足尾だけで全国の三分の一を超えています。日清戦争は明治二七〔一八九四〕年、日露戦争は明治三七〔一九〇四〕年です。従って、外貨獲得のためにも、戦争遂行のためにも、足尾は国策上、不可欠の山となりました。

これほどまでに急激に増えた産銅量でしたが、その過程で深刻な事態が発生しました。一体どんなことが起こったのか。次に被害の実態について概観します。

被害の実態①──まず魚から

まず鉱毒被害の始まりは魚から見えたと言います。『上野国郡村誌』というのがありまして、巻十六が「山田郡」で、明治一〇〔一八七七〕年、正に足尾銅山の経営が始まった年に編纂されています。この中にある山田郡内の村や町に関する記載を見て行きますと、桐原村〔現群馬県みどり市〕、大間々町〔同〕、堺野村〔現群馬県桐生市〕、廣澤村〔同〕、一本木村〔同〕、只上《ただかり》村〔現群馬県太田市〕、市場村〔同〕の説明の中に、明治九〔一八七六〕年における渡良瀬川の漁獲高について言及している箇所があります。それを拾って行きますと、次のようです。

桐原村・鮎三万尾。大間々町・鮎八十万尾。堺野村・鮎十二万六千尾。廣澤村・年魚〔一年以内に寿命が尽きる魚の総称。代表的な魚が鮎〕三万尾。一本木村・年魚三千尾。只上村・年魚五千尾。市場村・年魚八千尾、鮭三十尾。合計しますと百万二千尾になります。

それから六二年の後、昭和一四〔一九三九〕年に出された『山田郡誌』には、次のようにあります。「本郡の漁業は、渡良瀬川に鉱毒被害なき以前に於いては／本川は鮎・鱒等の好漁地として、その産額実に驚くべきものなり（参考参照《左記》）／従って漁獲業者も相当多数ありしが如くと雖も、明治の中期より足尾銅山の鉱毒注入のため／これ等漁族の棲息を絶ちたる以後は、僅かに桐生川及その支流／その他小平川等／上山田地方山間の渓流の鰥《やもめ》漁族の漁獲に止まり、斯業甚だ不振に陥り……」。

こういうふうに言っています。そして、「参考」として「渡良瀬川の鮎」という一項を立て、「渡良瀬川の鮎は、足尾銅山の鉱毒被害後は全く絶滅に帰し、左の記録等は徒に当時を追憶する一片の資料と化したれども、而も、本郡の水産史上に永久に光彩を添ふるものなり、若し今を昔になすよしもありせば、渡良瀬の鮎は沿岸地方の福利を増進する言を待たざるべし」と記して、「明治九年の山田郡村志《ママ》に記されたる鮎年産額」として、先程ご紹介した各町村の漁獲数をあげています。渡良瀬川で漁猟ができなくなったことへの痛恨の思いが伝わって来ます。

地元で聞いたことですが、当時の渡良瀬川の漁猟については、どんなふうに行われていて、どんな魚をどれくらい獲って、収入はどんな程度だったのかといった資料がほとんどないようです。というのは、魚を獲って生活している時は、それが当たり前のことでしたから、当たり前のことは特に記録をしない訳です。鉱毒の被害が出てから、あの時はこうだったようだという資料ばかりで、それ以前に記されたものがほとんどないのです。先の『山田郡村誌』などによってわずかに読み取れる程度で、当時の新聞などで言及されているものを探すしかない。そんなところが実情だと地元で教えられました。

この本は『板倉町史』です。板倉町というのは群馬県邑楽《おうら》郡板倉町ですが、田中正造と親交のあった松本英一さんという方のお宅がある町です。鉱毒被害民のために施療院を開いたことで知られています。実は私の知り合いの大学教授の縁戚だということが最近たまたま分かりまして、それで先般、板倉町のご自宅にお伺いして話を聞いて来たのですが、東武日光線の柳生駅からタクシーに乗って、松本さんを頼むと告げたら、ドライバーは「松本の御大尽ですね」と言って、それ以上何も聞かずに連れて行ってくれたことが忘れられません。何事も実際に現地に行くことが大事です。それで、色々なことが実感として分かります。

この『板倉町史』を見ますと、明治一四〔一八八一〕年の時点で、二七七三人漁民がいました。ところが、そこを一〇〇％としますと、以来一年ごとに九〇％、七九％、七三％、五八％、四二％、三八％、二九％といったふうに減って行き、一一年後の明治二五〔一八九二〕年には一人もいなくなっています。

明治一三〔一八八〇〕年一二月に、栃木県令の藤川為親という方が沿岸の村々に、「渡良瀬川に流毒ありて魚死す。故に衛生に害あるにより魚類の捕獲はもとより売買することを禁ずる」と言ったのが公の最初の布達だというふうにされております。この文面も、この『板倉町史』にあります。ところが、これに関しましては、田中正造が後に戦略上、言い出したことであって、こんなものはなかったということを唱えている方がいます。今度の現地視察でお会いします布川先生と親しい東海林吉郎先生という方の説です。東海林先生の研究によれば、渡良瀬川で魚に異変が起きたことを知るのに信が置けるのが、当時あった「朝野新聞」という新聞の明治一八年八月一二日の記事だと言います。

「栃木県足利町の南方を流るゝ渡良瀬川は如何なる故にや春来／香魚少なく人々不審に思ひ居りしに本月六日より七日に至り夥多《かた》〔おびただしい〕の香魚は悉く疲労して游泳する能はず／或は深渕に潜み或は浅瀬に浮び《ママ》又は死して流るゝも少なからず……人々皆足尾銅山より丹礬《たんばん》〔胆礬／硫酸塩鉱物〕の気の流出せしに因るならんと評し合へり」とあります。これが渡良瀬川における大量死と、その時期を明確に示している最初の資料だと言うことです。

【補記】菅井益郎は「足尾銅山鉱毒事件（上）」（『公害研究』（第三巻第三号））において、明治二三〔一八九〇〕年頃には「増産の真最中であるから丹礬どころか、大量の鉱滓や銅品位の高い廃石が、故意に或は過失で流されたものと想像される」と指摘している。

被害の実態②――田畑の状況

当然、こうした鉱毒が流出すれば、さらには井戸水や農業用水に影響します。井戸水は日常の飲料水であり、調理に使う水ですから、身体に影響が及びます。また、灌漑用水が汚染される訳ですから、農作物に被害が出ます。稲はしっかり育ちません。そして、それらを食べれば、当然身体に影響します。すでに御覧になったことのある方もいらっしゃるだろうと思いますが、田畑の被害や洪水の様子を今に伝える写真が残っています。これは『足尾鉱毒　亡国の惨状』という本ですが、この中に、こうした写真が一杯掲載されています。記録写真は本当に大切だと思います。

毎年、こうした状態が繰り返されるのですから、そうすると、まず現金収入がなくなり、生活ができなくなります。他にも様々な問題が出て来ますが、とにもかくにも現金収入がなくなれば生活が成り立たなくなるのは自明のことです。

被害の実態③——公民権の喪失

そこで、明治三一〔一八九八〕年に群馬県、栃木県、茨城県、埼玉県の関係する郡町村の町長、村長、助役ら一二七名が連名で政府に「鉱毒被害地特別免租処分請願届」を提出するまでに至っています。

この話を別の面で見ますと、公民権を喪失する者が一挙に増えるという事態が引き起こされています。といいますのは、当時の選挙は多額納税者だけの選挙ですから、具体的な数字をあげますと、群馬県邑楽郡館林町では、もともと九四六名だった衆議院議員選挙の有権者が明治三二〔一八九八〕年の時点で一五六名に激減。減少率は八三・五％にもなります。桐生は六一・六％、太田は六一・一％、足利は五一・七％減っています。こうなれば、町会議員、村会議員をやっている人が税金を納められなくなって、その地位を失い、結局のところ地方自治か成立しなくなるという問題も生じました。つまり、もともと金持ちだけの民意ではあった訳ですが、それでも、それが渡良瀬川沿岸地域では、さらに後退するという事態になったのです。

被害の実態④——身体への影響

先に汚染された井戸水や鉱毒被害地の農産物を飲んだり食べたりすることで身体に影響が出たと申しましたが、これは例えば、喉が爛れ、下痢をし、目が悪くなり、流産や母乳が出なくなったりするといったことを引き起こしています。興味深い資料をありますので、ご紹介します。当時の人がこんな記録を残していました。

栃木県安蘇郡植野村〔現佐野市〕というところに関口権平さんという方が住んでいた。その奥さんのクマさん、四一歳の場合、明治三〇〔一八九七〕年の時点で、その二〇年前に長男を産んだ時に乳は十分だった。「乳充分」と書いてある。一九年前に長女を産んだ時も乳は十分だった。一二年前に次男を産んだ時も十分だった。ところが、七年前、つまり明治二三〔一八九〇〕年に三男を産んだ時には足りなかった。「不足」とある。次いで、五年前に四男を産んだ時には「皆無」と書かれている。全然出なかったという訳です。二年前に五男を産んだ時も「皆無」。こういう記録を当時、運動していた人が残しています。安蘇郡、足利郡、邑楽郡の三一軒分あります。乳が出なくなっている時期は、どのあたりか、そういったところからも身体に対する鉱毒被害が顕在化した時期に迫って行くことができます。

現地の被害農民の一人で、田中正造と一緒に運動をしていた岩崎佐十という方がいます。この岩崎や、先にちょっとご紹介した邑楽郡海老瀬村〔現邑楽郡板倉町〕の松本英一、それから後でお話しします谷中村村長の茂呂近助といった方々は、チームを組んで「足尾銅山鉱毒被害地出生、死者、調査統計報告書」というのをまとめました。明治二七〔一八九四〕年頃から明治三一〔一八九八〕年頃にかけて、渡良瀬川沿岸のどこの村では何人生まれて、何人死んでいるということを調査しています。そして、「鉱毒ノ劇甚ナル其結果ヤ人命ヲ殪《たお》スニ至ル」と訴えています。

被害の実態⑤ ――「鉱毒地鳥獣虫魚被害実記」

孝徳秋水や片山潜などと社会民主党を結成したり、日露戦争に反対する発言をしたりするなど、積極的に時の社会問題に取り組んだ人物に木下尚江という人物がいます。田中正造の最期を看取った一人ですが、彼が「渡良瀬川の詩」と呼んだ文章があります。鉱毒被害以前の渡良瀬川はこうだった、ああだった、それが今はこれこれだといったことを書き綴っているものです。

これは栃木県足利郡吾妻村の庭田源八という方がまとめたものです。庭田源八は田中正造との因縁の深い方です。ある時、体調を崩した正造が源八の家を訪ね、休ませてもらおうと思った。だが、不在だった。そこで分家の庭田清四郎の家に行って休んだ。そして、正造はそのままそのお宅で亡くなるのです。そんな庭田源八が東京芝区〔現港区〕の信濃屋という鉱毒事務所にしていた旅館で書き上げた渡良瀬川の哀惜の記録です。「渡良瀬川の詩」というのは木下尚江がそう呼んだものであって、正しくは「鉱毒地鳥獣虫魚被害実記」と言います。先程、被害状況を示す写真が掲載されている『足尾鉱毒　亡国の惨状』という本をご紹介しましたが、その中に収められています。これを読んでいますと、汚染される前の渡良瀬川の様子がよく分かります。実は、この『足尾鉱毒　亡国の惨状』は今度我々が現地でお世話になります布川了先生が古書展で見付けた資料を中心にまとめたものです。こんなに貴重な資料をこのままにしておく訳には行かないと復刻版を出しました。

「鉱毒地鳥獣虫魚被害実記」から、一つ二つご紹介します。「啓蟄二月の節に相成りますと、渡良瀬川を《ママ》よび枝流川々には、多くハヤと云ふ魚が……とれました。……亀が多くおりました」。ところが、ほとんど見かけなくなった。どうしてか。「即ち鉱毒被害なるべし」です。「小魚が一日分二升も、二升五合、三升位迄は毎晩取《ママ》れました」。ところが…、「只今では鉱毒被害のため更に取《ママ》れません」。

こうした話が月ごとに描かれて行きます。一月にはこうでした。それがダメです。二月にはこうでした。それがダメです。そういうことを淡々と書き綴っているのです。故郷の河川が、自然が破壊されて行く悲しみが胸に迫って来ます。

被害のメカニズム

以上、鉱毒被害の実態ということでお話し申し上げて来ましたが、では、どうしてそんな被害が生じるのか、被害のメカニズムについてご説明します。簡単にまとめますと、以下のようなことです。足尾銅山で銅鉱を掘ります。そして、その精錬の過程で煙が出ます。亜硫酸ガスです。この亜硫酸ガスが近くの山の木を枯れさせます。酸性雨が降っている状況です。山の木が枯れて行きます。それから精錬のために高熱を必要としますから、山の木を伐採します。この両方で山から木がなくなって行きます。

山に木がなくなると、雨が降った時、土砂がそのまま流れてしまって、山は岩肌を露出します。一方、流れた土砂は渡良瀬川に流れ込み、川底を上げます。つまり河床が高くなります。同時に、雨水は岩肌を露呈した山に止まることなく、河床の高くなった渡良瀬川に、そのまま流れ込みます。従って、渡良瀬川は大氾濫を起こし、堤防は決壊します。そして、その渡良瀬川に鉱毒を流し込んでいる訳ですから、下流域は堪ったものではありません。田畑は鉱毒水で覆われ、収穫は激減します。収入を失い、かつ、健康を損ないます。

銅鉱石から銅を採った後に残る鉱滓…、つまりカスを精錬所の近くの谷に捨てて行ったということもありました。谷へ捨てれば谷は埋まります。当然、雨が降れば、こうした有毒な物質は渡良瀬川に流入します。

具体的な数字をいくつかご紹介しますと、亜硫酸ガスの話ですが、これからお話するのは布川先生、東海林先生の研究成果ですけれど、亜硫酸ガスの累計を濃硫酸に換算した場合、足尾の創業時の明治一〇〔一八七七〕年から明治一七〔一八八四〕年までは、約一万四千トンです。そして、同じく明治一〇年から明治二三〔一八九〇〕年までとなると、約一一万四千トンになる。さらに、明治三〇〔一八九七〕年までとなると、約二八万六千トン。明治四〇〔一九〇七〕年までだと、約五四万トンです。これ程までに厖大な亜硫酸ガスが大気中に流れていたのですから、今日においても、元に戻るには、あと百年はかかると言われるくらいの足尾の禿山が生まれたのです。そして、下流域はどんどんどんどん鉱毒で汚染されて行った訳です。

鉱毒被害地が動き出す

では、次に考えたいのが地元の反応です。最も早い段階で自らの意思表示をしたのは、栃木県足利郡の吾妻村という村だと言われています。先程の「渡良瀬川の詩」の庭田源八の村です。この村は臨時村会を開きまして、そして栃木県知事に鉱毒の上申書を提出しました。明治二三〔一八九〇〕年一二月のことです。どんなことを言ったかと言うと、「一個人の営業の為め社会公益を害する者に付き／其筋へ稟請《ひんせい》の上／製銅所採掘を停止し、渡良瀬沿岸村民の農業を増進し、安寧幸福の域に到らしめんことを希望に堪へず」です。これが被害民から出された初めての操業停止要求だとされます。

さらに、吾妻村は害毒を被るのは吾妻村だけではあるまいと、吾妻村、毛野村、梁田村の三村の有志が毛野村に集まって、「熟議」をし、足尾銅山の調査や、農科大学…、後の東京帝国大学ですが、そこに土砂の分析を依頼することを決めています。その際の「費用は三村有志者の義捐金を以て支弁」としました。鉱毒被害地が自ら動き出したのです。こうして当時農科大学助教授の古在由直という方に…、後に東京帝国大学総長になりますが、この古在先生に土砂の分析を依頼しました。

それから、栃木県も古在先生に調査を頼んでいます。そして、明治二五〔一八九二〕年ですが、栃木県の内務部というところが「渡良瀬川沿岸被害原因調査に関する農科大学の報告」というのを出します。

古在先生の前者への回答は「過日来御約束の被害土壌四種調査致候処／悉く銅の化合物を含有致し

／被害の原因全く銅の化合物にあるが如く候」でした。古在先生は銅が流入していると明言しました。

それから栃木県の方には、次のように言いました。「渡良瀬川ノ河底ニ沈殿スル淤泥《おでい》ハ／植生ニ有害ナル物質ヲ含有シ／被害地ノ有害物ヲ含有スル所以ハ／此淤泥洪水汎濫ノ際／田圃ニ澱渣若クハ流入セシニ因ルコト明白ニシテ／足尾銅山ハ工業所排出水ノ渡良瀬川ニ入ルモノ有毒物ヲ含有スルコト亦事実ナリ」。この資料は『近代足利市史』の「別巻・史料編・鉱毒」や『資料足尾鉱毒事件』に載っていますので、簡単にご覧頂けます。

【補記】飯村廣壽は、吾妻村以前に、谷中村と三鴨村が明治二三（一八九〇）年一〇月頃、古河市兵衛に対して損害補償と製錬所の移転を求める決議をしていることを指摘している（「谷中村と渡良瀬遊水地（河川法と谷中村買収）」（『日光市文化財調査報告第11集・足尾銅山跡調査報告書8』（二〇一八年、日光市教育委員会）所収）。

左部《さとり》彦次郎

田中正造が初めて衆議院で、足尾鉱毒事件を取り上げたのは第二回帝国議会、明治二四年、一八九一年の一二月一八日のことでした。

その話に入る前に、一人の人物を紹介しておきたいと思います。「ひだり」に「ぶ」と書きまして、「さとり」と読みますが、左部彦次郎という男がいました。彼は東京生まれで、群馬県利根郡の素封家の養子になり、東京専門学校…、今の早稲田大学を卒業しています。そして、田中正造の指示を受け、群馬県邑楽郡大島村の小山孝八郎という方のお宅に約一年、住み込んで、鉱毒被害の調査をずっとやっていたのです。その報告を受けて、田中正造は国会で追及を始めました。

【補記】従来、左部彦次郎については右記のように考えられていた。しかし、その後の研究で認識を新たにする必要がありそうである。安在邦夫は「第三者的な目から見れば田中への〝手助け〟に見えた言動も、左部においては主体的な活動であったと言ってよいと思われる」〔『左部彦次郎の生涯――足尾鉱毒被害民に寄り添って』（随想舎）〕と述べている。つまり、田中正造の指示でなく、自発的行動であったということである。

私は先程、この講座の冒頭で、田村紀雄先生が「足尾鉱毒事件に関わったのは田中正造一人ではない。そして、主に田中正造の目を通して事件を語ると、他の関係者の評価を誤らせてしまうこともある」といった趣旨の指摘をされていることをご紹介しました。その際に、「歴史から抹殺された人物」として挙げられているのが、実はこの左部彦次郎なのです。

彼はずっと田中正造と行動を共にし、後に強制破壊されることになった谷中村に田中正造と一緒に入って抵抗します。ところが、ここで彼は一転、栃木県土木課に就職し、逆に谷中村の廃村に手を貸しました。田中正造の側から簡単に言えば、「裏切り」です。彼の「転向」は田中正造側の運動における「汚点」であり、その結果、彼の名が取り上げられることも少なくなります。しかしながら、左部の動向もまた足尾鉱毒事件の中に現れた一つの事象です。ですから、どうして左部はそうした行動に出たのかということを、冷静に、客観的に捉える必要があるだろうといった指摘が近年なされています。

左部のお嬢さんで、俳人の大場美夜子さんとおっしゃる方が『残照の中で』という本をお書きになっています。その中に、左部が休暇をとって娘と一緒に群馬県の館林にある雲龍寺の田中正造の墓参をしたことや、地元を父と一緒に歩いていると父を見付けた人々から、あなたのお陰で今、こうして働くことができるとの感謝の言葉を述べられるが、これが娘としては嬉しかったといったことが書かれています。いわば「正造史観」とは違った像が、そこにはあります。甚大な被害を発生させた足尾鉱毒事件です。そこには様々な立場の、無数の、無名の星が光彩を放っています。こうした煌《きら》めく星々を眺めて行くことは、事件をより深く知るためには大事なことだと思います。私がこの講座名を「田中正造と足尾鉱毒事件を巡る人々」としたのには、そんな思いがあります。

【補記】山口徹は次のように言う。「左部が栃木県の土木吏となったことは『裏切り』です。『裏切り』は『裏切られた者』からの評価であり、……大多数の人々が移住を受け入れた谷中の現実に直面し、左部も移住促進の立場に立ったのではないか。……後世の者が、残留民や田中正造と同じ気持ちになって、『左部の転向や裏切り』に同調できるのか。……私だったら最後まで残留を貫けたか、多くの谷中村民と同じように移住していったのではないか。自分ならどうする、が問われているのです」〔山口徹『左部彦次郎の選択と決断』(二〇二四年、NPO法人足尾鉱毒事件田中正造記念館)〕。

要するに「現実の直視」である。左部彦次郎の話は、左部同様、後に田中正造と意見が対立した菊地茂と重なるところがあるように聞こえる〔第二章第三節参照〕。

田中正造の衆議院での質問①

さて、田中正造による衆議院での質問に話を進めますが、田中正造によって国政の場に最初に出された質問書のタイトルは「足尾銅山鉱毒の儀につき質問書」です。先程言いました通り、明治二四〔一八九一〕年一二月一八日のことです。そして、これは翌年五月二四日の「足尾銅山鉱毒加害の儀につき質問書」に続きます。この本は先程お見せした『田中正造全集（第七巻）』ですが、共に原文があります。

この二つ目の質問書にまとめられている被害の実態が参考になります。

「栃木県上都賀郡足尾銅山ハ近年工業ノ盛大ニ致シ、同山ヨリ流出スル鉱毒ハ群馬栃木両県ノ間ヲ通ズル渡良瀬川沿岸七郡二十八箇村ニ跨リ巨万ノ損害ヲ被ムラシメ、尚ホ毒気ハ年ヲ追テ愈〻其度ヲ加へ、現今ニ至テハ之ガ為メニ田畑ノ殆ンド不毛ニ至レルモノ大凡ソ千六百余町歩ニ及ビ、其他尚ホ害ノ及ブベキ土地甚ダ多シ、加之《しかのみならず》渡良瀬川堤防ノ芝草漸次枯死スルガ為ニ／一旦洪水ノ汎濫スルアラバ意外ノ崩壊ヲ来スベク、且ツ渡良瀬川ノ魚族ハ頓《とみ》ニ其数ヲ減ジ／現今ニ至テハ殆ンド其跡ヲ絶チ、為メニ漁業ヲ以テ生計ヲ営ムモノ／明治十四年ニハ二千七百七十三人ナリシニ、二十一年ニハ七百八十八人ニ減ジ、現時ハ殆ンド皆無ノ有様トナレリ、而シテ鉱毒ノ加害ハ啻《ただ》ニ此ニ止マラズ、引テ飲料水ニ波及シ沿岸人民ノ衛生ヲ害スル等／其惨状実ニ見ルニ忍ビザルナリ」

非常に簡潔にまとめられています。また、原因については、先の農科大学の報告書を引用して、次のように述べます。

「足尾銅山採鉱坑内撰鉱所ヨリ流出スル水ハ夥《おびただ》シク銅鉄及硫酸ヲ含有ス、而シテ其銅及鉄分ハ概ネ硫黄ト抱合シ粘土質ノ淤泥《おでい》ト混合ス、又採鉱坑内ヨリ流出スル水ハ多少硫酸銅ヲ含有ス……渡良瀬川ノ河底ニ沈澱スル淤泥ハ植生ニ有害ナル物質ヲ含有シ、被害地ノ有毒物ヲ含有スル所以ハ此淤泥洪水汎濫ノ際／田甫《圃》ニ澱渣若シクハ流入セシニ因ルコト明白ニシテ、足尾銅山工業所排出水ノ渡良瀬川ニ入ルモノ有毒物ヲ含有スルコト亦事実ナリ」。田中正造は、このように政府に迫ったのです。

田中正造の衆議院での質問②

では、どうしたら良いのかということになります。彼はこう言います。

「這般《しゃはん》〔これら〕ノ惨状ヲ来サシメン所以ノモノハ多年行政処分ノ緩漫《慢》ニ失シタルガ為」であると断じます。つまり、行政の責任だという訳です。これについては、すでに最初の「足尾銅山鉱毒の儀につき質問書」で追及しています。まずは、大日本帝国憲法の第二十七条。そこには日本臣民の所有

田中正造生家／県道拡幅工事に伴い一部改修され、敷地も移動した／栃木県佐野市小中町

権は不可侵だとある。次に、「日本坑法」と「鉱業条例」。共に公益に害のある時は、農商務大臣は許可を取り消せるとある。それなのに、なぜ政府は緩慢で対処しないのか。また、すでに生じている損害について、どのように救済するのか。さらに、今後の損害をどのように防ぐつもりなのか。こうしたことを問い詰めています。

それに対する農商務大臣陸奥宗光の答弁が官報に載ります。何と返事して来たかと言いますと、足尾銅山とは断定できない。原因は調査中だ。そして、銅山は鉱毒を流出させないための機械を外国から買って準備中だ。そんなところです。

この答弁はよく考えると、いや、よく考えなくても、妙な論理です。足尾銅山を犯人としているのか、いないのか、分からない。全く筋の通らない答弁です。これは水俣病と一緒で、チッソとは断定できないとして垂れ流し続けて、そして患者がどんどん増えて行ったというのと全く同じことが、ここで起こっていた訳です。足尾と水俣はよく並べて論じられます。

田中正造が二番目の「足尾銅山鉱毒加害の儀につき質問書」で指摘したのは、正にこの矛盾です。二番目の質問書で述べられた被害の実態や鉱毒の原因の部分は先に引用した通りですが、同時に、そこで次のような追及がなされています。

答弁では被害の原因は「定論」がないとしながらも、足尾銅山は「一層鉱物ノ流出ヲ防止スルノ準備ヲ」していると言う。これは「暗ニ鉱毒ノ有害ナルヲ自認」している訳ではないか。農商務大臣の答弁は曖昧模稜《もりょう》で、要領を得ないと。

それから、これも有名な話ですが、最初の「足尾銅山鉱毒の儀につき質問書」の一週間後、田中正造は、鉱山が公益に反する場合は許可を取り消せるという立場の農商務大臣が陸奥宗光であり、その陸奥の子供〔潤吉〕が古河市兵衛の養子になっているが、まさか公私混同はないだろうなという趣旨の追及もしています。

それにしても、この頃は田中正造自身も、足尾鉱毒事件が人生を賭した問題になるとは思っていなかったのではないでしょうか。先に申しましたように、このことは実際に『田中正造全集』を見ていて感じます。鉱毒事件を激しく追及しているかというと、それほどでもない。たまにしか追及していません。

足尾と水俣

こうした事態になって、政府の取った対応策は示談でした。二年前〔一九八八〔昭和六三〕年八月〕、私が水俣に行った時にお世話になった方〔砂田明／水俣病を問う独り芝居「天の魚」で全国を行脚〕に電話して聞いてみました。先月〔一九九〇〔平成二〕年九月〕、国が和解を拒否しましたが、どう思いますかと。すると、「あれで結構だ」とおっしゃる。それがその方の見解でした。もちろん早く和解しないと患者さんが亡くなって行くから和解は大事だが、ここで和解したらどうなるのか。企業責任はどうなるのか。和解には白黒を付けないところがある。すべてをはっきりさせた上で終わりにしないといけない。だから、あれはあれで結構なんだと。私は足尾と重ねて聞いていました。これは判断が難しい問題です。徹底的な闘争か、示談・和解か。人々には日々の生活があります。闘い続けるのも大変です。皮相的な理解しかない部外者には…、部外者とは私のことですが、軽々に口を挟めません。

可憐《あわれむべし》三百人中一人として知るものなし

こうして示談の動きが始まります。明治二四（一八九一）年一二月頃ですから、田中正造が初めて国会で取り上げた時期ですが、栃木県知事から郡長を通して渡良瀬川沿岸の町や村に示談の内容を提示しました。もちろん政府の意向あってのことでしょう。

それから、翌年二月には「鉱毒仲裁委員会」なるものが組織されています。これは『足利市史』に載っている資料で分かりますが、栃木県知事を仲裁委員長にして、郡長や町村長が入り、そして被害を受けた農民からも代表を何人か出して、組織したものです。

こうして本格化した示談において大変な出鱈目をやっているのです。どういうことかと言いますと、「粉鉱採聚《集》器」なるものを設置する。これを据え付けたら、もう鉱毒は渡良瀬川に流れないから安心せよという話です。ところが、粉鉱採聚器というものは鉱毒予防にならない。これは何に使われるかと言うと、精錬の過程では価値のあるもの、使えるものも出ますから、それを回収する機械なのです。ですから、これは鉱毒防止でも何でもない。

「足尾銅山鉱毒事変　請願書并始末略書草稿」を見ますと、「此器械たるや……粉鉱の遺利を…」、遺利とは遺産の「遺」と利益の「利」ですが、まだ「残っている利のあるもの、使えるもの」といったところでしょう、この「遺利を採聚するの器械にして／決して鉱毒流布の予防器械にはあらざるなり／世界各国鉱山多し／然れども未だ一ヶ所と雖も此器械を以て鉱毒の予防器として用ゐたるものあるを聞かず／然るに該鉱業主は…」、古河市兵衛のことですね、「該鉱業主は前農商務大臣陸奥宗光と共に此器械を以て鉱毒予防の名器なりと吹聴し」、それを田中正造の明治二四（一八九一）年一二月の質問に対する答弁の材料としたが、「衆議院は国務大臣が詐欺の答弁を為したることを可憐《あわれむべし》三百人中一人として……知るものなし」とまとめています。

実際には、この器械を据え付けたから、しばらく試させて欲しい。三年間の試用期間は文句を言わないで欲しいというようなことで示談が進められました。中には、お前にだけ教えてやるが、足尾銅山はもうダメだ。ここで金をもらっておいた方が良いなどと言って、切り崩したという話も伝わっています。

明治二五（一八九二）年、二六年辺りで、鉱毒激甚地として知られた村々で、谷中村も含めて、次々に示談が成立して行きました。明治二五年八月二三日、栃木県梁田郡久野村の一三人。九月二一日、安蘇郡植野村、界村、犬伏村の一八四一人。同月同日、下都賀郡藤岡町、生井《なまい》村、野木村、部屋村の一一一二人。同月同日、下都賀郡谷中村、三鴨村の五三二人。明治二六年三月六日、足利郡足利町、吾妻村、小俣村、梁田郡筑波村、山辺村、御厨村、梁田村の六七九人。こんな具合です。先程の松本さんの邑楽郡海老瀬村とは、この後、明治二八（一八九五）年二月に、示談金五千八百円で永久示談を結んでいます。

一つ二つ具体的に示談の中身をご紹介します。一つは、今、言いました「明治二五〔一八九二〕年八月二三日、栃木県梁田郡久野村」のケースです。以下、原文は堅い文ですから、意訳します。

「下野国上都賀郡の足尾で、古河市兵衛が経営する銅山から流出する粉鉱が渡良瀬川沿岸の町村に被害を与えたので、仲裁人を立てて、梁田郡久野村の人民より正当な手続きを尽くして委任された惣代の稲村忠蔵ほか十二名と古河市兵衛との間で熟議の上、契約をする」として、その第一条で「古河市兵衛は粉鉱が流出するのを防ぐため／明治二六〔一八九三〕年六月三〇日を期して／精巧な粉鉱採聚器を足尾銅山工場に設置する」と約束し、そして、その第二条で古河市兵衛が「徳義上示談金」〔傍点筆者〕を支払うとしています。これでは、後で被害民が激怒するのがお分かりになると思います。

それから、次に明治三〇〔一八九七〕年二月の御厨村など五ヶ村との永久示談をご紹介します。「先に御厨村、筑波村、梁田村、山辺村、葉鹿村と古河市兵衛との間で示談がなったが、その契約の期限が過ぎたので、さらに仲裁人を立て、この五ヶ村の人民の正当な手続きで委任された栗原嘉藤次ら二九名と古河市兵衛との間で熟議し契約をする」として、第一条で「明治三〇年一二月までの示談金六百円を直ぐに払う。三五四円を翌明治三一年より毎年四月二五日に永久に払う」と言い、第二条で「古河市兵衛がこの示談金を払った上は、関係地の人民は政府や帝国議会や裁判所に何らの請願もせず、かつ、この問題については永久に一切苦情を言わない」という永久示談を結んでいます。こんなのでは後々《のちのち》尾を引くのは当然でしょう。

田中正造の位置

このように、示談は強圧的に進められ、脅迫や欺瞞は当たり前のような有様でした。田中正造は、こんな示談ではダメだと思っていましたが、特に積極的な反対はしていません。これは田中正造支持派の県議や被害民も示談に傾いていたからだと言われています。それに田中正造の選挙区、栃木三区のライバルの木村半兵衛は独自に示談を進めて地盤を固めようとします。そうなると田中正造グループの人達もうかうかしていられません。だから、この時期、田中正造は栃木県内の田中グループの中では孤立していたのではないかと、何度か名前を出しました田村紀雄先生は推測しています。

日清戦争は明治二七〔一八九四〕年七月から翌年四月までですが、この日清戦争を挟んだ第四回議会から第八回議会の間…、年月で言いますと、明治二五〔一八九二〕年一一月から明治二八〔一八九五〕年三月までの間、田中正造は足尾鉱毒関連の質問をしていません。示談による反対運動の一時的な鎮静化や、示談を巡る田中正造支持派の内情、そして、さらには挙国一致の日清戦争、そうした様々な要因があったと思われます。

【補記①】赤上剛は、明治二五（一八九二）年七月三〇日、第一回目の示談金が古河から支払われた時に田中正造がその示談金の中から謝礼を貰っている事実を踏まえ〔「市澤音右衛門日記」〔板倉町史・別巻一〕〕、最初から示談に反対していたなら、こうした金は受け取らなかっただろうと指摘し、そして、明治二六年には同趣旨の金の受領を断っていることから、示談に対する田中正造の態度が次第に変わって行ったと述べている〔赤上剛「日清戦争前後の田中正造の行動と思想

――日清戦争支持から非戦・無戦（軍備撤廃）論への軌跡」）。

【補記②】 田中正造の日清戦争に対する立場について、赤上は次のように指摘する。「正造はのちに非戦論者となっていきますが、はじめからそうだったわけではなく、いろいろ揺れ動きながら進んでいったのだと思います。……田中正造は日清戦争に反対したとか、消極的賛成だったという人がいます。そういえますか。ここではあえて結論は出しませんが、私は相当疑問視しています。正造はこういうことを踏まえながら、やがて非戦・無戦論へと進んでいきます」（前掲赤上論考）。

明治二九（一八九六）年三月、第九回議会において、田中正造は「遼東還附の罪責を以て軍隊及衆議院に帰せんとし且つ外に於ては更らに三国に請託し内に於ては国民を瞞著《まんちゃく》したる件に関する質問書」を提出した。いわゆる三国干渉である。その冒頭で田中正造は「遼東半島ノ還附ハ千古ノ大屈辱ナリ、外交上未曾有ノ大失敗ナリ」と口を極めて断じている。田中正造の思想を窺う上で重要な資料である（『田中正造全集（第七巻）』）。

この間にも被害は拡大していました。日清戦争の明治二七（一八九四）年には、足尾の産銅量は全古河の産銅量の七三％を占め、その古河の産銅量は全国の産銅量の四〇％を占めているのですから、これは国家的にはやめられるものではありません。明治の時代は生糸やお茶、石炭、銅といったものが主たる外貨獲得の手段です。明治二一（一八八八）年から二年半、古河はイギリスの企業と売買契約を結んでおり、その間に足尾の産銅量は飛躍的に増大しました（前記の「補記」（「被害実態①――まず魚から」）の菅井益郎の「増産の真最中であるから丹礬どころか」云々の指摘はこの時期である）。

私は東京の日野市に住んでいますが、近所の知人が面白いものを持っていました。日露戦争時の薬莢《やっきょう》に「旅順」と彫って火箸《ひばし》にしたものです。今日では、実用品ではありませんが、歴史を伝える貴重なものです。薬莢は真鍮〔銅と亜鉛の合金〕などで作りますので、戦争に銅は必需品です。その知人の薬莢が足尾の銅かどうかは、もちろん分かりません。しかしながら、外貨獲得のためにも、戦争のためにも、当時の日本に銅は不可欠であり、足尾銅山の経営はやめられない。だからこそ、政府は示談の路線を強力に進めることになる。そして、そのために渡良瀬川に鉱毒が流れ続け、ついには谷中村は潰されたのだと、そうしたことを考えつつ「旅順」と彫られた薬莢を見ていると、ずっしりと重たいものを感じました。

大洪水、東京に及ぶ

さて、示談ですが、明治二九〔一八九六〕年の大洪水で事態は一変してしまいます。明治二九年のことを後で取り上げますと、先に言ったのは、このことなのですが、この年、七月二一日、八月一七日、九月六日から八日にかけて起こった大洪水は示談交渉までも押し流してしまうことになりました。そして、由井先生は「田中正造が自己の政治生命をかけて鉱毒問題にとり組むようになるのも、この二九年九月の大洪水によって沿岸の被害が拡大した時からであるといえる」と指摘しています。

この洪水によって、鉱毒被害地の田畑は二五センチもの毒土に覆われました。それだけに止まりません。この大洪水はどこまで行ったかと言いますと、東京にまで及んだのです。被害地域は栃木、群馬、埼玉、茨城、千葉、東京です。被害面積は一〇万五千町歩…、と言われても、もうピンと来ません。これで示談なんてとんでもないということになってしまいました。先に明治二九年頃から農民の団結が強固になって行くと言ったのは、こうした背景があったのです。

時間の関係で、詳細にご紹介できませんが、この時の被害の様子を「四県連合足尾銅山鉱業停止同盟」が翌年二月にこと細かに公表しました。四県とは栃木、群馬、茨城、埼玉です。五〇項目以上に及ぶ箇条書された具体的な被害の実態、それと各町村の被害を示す詳細な数値、これらが並びます。この資料を読みますと被害民の怒りが如実に伝わって来ます。『資料足尾鉱毒事件』で読めます。

現代はどうなのか

ところで、この問題は明治の昔の話なのかということについて、ここでちょっと考えたいと思います。これは一ヶ月くらい前の『アエラ』〔№37／'90・9・18〕という朝日新聞の雑誌ですが、「利根川治水」について特集を組んでいましたので、何か関係があることが書かれていないかと思って買ってみました。

現在、利根川は、埼玉県栗橋町〔現埼玉県久喜市〕辺りで地下水を汲み上げ過ぎて地盤が一メートル下がっており、それに伴って堤防も一メートル下がっていると書かれています。堤防が一メートル下がると、利根川上流、下流三〇キロに影響があるとのことです。そして、もし現在、一九四七〔昭和二二〕年に利根川の堤防を決壊させたキャサリーン台風並みの大雨があったなら、東京の下町は水浸しになるというコンピューターのシミュレーションを載せています。こんなのを見せられますと、ギョッとします。明治二九年と同じようなことが今日において起きる可能性があるという訳です。栗橋町には「何年の洪水では、ここまで水が来た」という注意喚起が電柱に記されているといった写真も載っておりました。これは一度見に行きたいものです。

渡良瀬川の目の前の雲龍寺

という訳で、この洪水をきっかけに示談は吹き飛びます。そして、雲龍寺というお寺に対策本部を置いて、そして、押出《おしだ》しという請願行動を始めることになります。雲龍寺は鉱毒激甚地の真只中、群馬県邑楽郡渡瀬《わたらせ》村下早川田《しもさがわだ》〔現群馬県館林市〕にあります。目の前は渡良瀬川です。ですから、堤防が決壊すると、このお寺さんも水浸しです。

ここは田中正造の分骨地の一つです。先程、大場美夜子さんが父の左部彦次郎とお参りしたという話をしたお寺です。田中正造が亡くなった時、色々な方がお骨を頂きたいと言って、分骨されることになりました。それでちょっと細かい話になりますが、従来、分骨地は五ヶ所と言われて来たのですが、最近もう一ヶ所が分かりまして、六ヶ所になりました。

具体的に申しますと、この「雲龍寺」…、田中正造の密葬が行われました。次に「惣宗寺」…、「佐野厄除け大師」の名で知られていますが、本葬が行われました。それから佐野市の「浄蓮寺」…、田中家の菩提寺です。それと、「田中霊祠」…、谷中村の中に作られた祠です。後に移転します。次に、

「北川辺霊場」…、利島《としま》小学校〔現埼玉県加須市立北川辺西小学校〕の敷地内にあります。この一帯については後でお話ししますが、谷中村と並んで遊水地化の候補となっていたところです。そして、六番目として、昨年〔一九八九（平成元）年〕だったと思いますが、もう一つ分かりました。足利市の「寿徳寺」です〔一九九三（平成五）年、境内に顕徳碑を建立〕。ということで、雲龍寺は、この六つの分骨地のうちの一つです。

雲龍寺に集結する

大洪水の最後が九月でしたが、その翌月の一〇月五日、雲龍寺に「群馬栃木両県鉱毒事務所」が設置されました。そして、同年一一月には、鉱業停止を求める運動を行うに当たって「精神的契約」を結んでいます。これは非常に興味深いものですので、具体的にご紹介します。参考にしているのは『板倉町史』ですが、このような取り決めです。

「ここに死をもつて精神的契約とする

一、徹頭徹尾鉱毒問題の解決のため運動する
二、運動は終始一貫する
三、いかなる困難にも挫折しない
四、鉱毒地域に指導啓発の遊説をする
五、被害民中裏切る者ある時は徳義的制裁を加える

六、右条項を確守して初期の目的を貫徹すべく一死をもつて精神的契約とする」

こうしたものです。裏切り禁止です。裏切りと言いますと、先程言いました左部彦次郎という名が思い浮かびます。

翌明治三〇（一八九七）年一月には、東京芝区の旅館・信濃屋に「東京鉱毒事務所」を置きます。地元と東京の両方に拠点を持った訳です。ここは先程お話ししました庭田源八が『渡良瀬川の詩』こと『鉱毒地鳥獣虫魚被害実記』を書き上げたところです。

「公益に有害の鉱業を停止せざる儀につき質問書」

この流れの中で、田中正造は明治三〇（一八九七）年二月二六日、第一〇回議会で「公益に有害の鉱業を停止せざる儀につき質問書」を出します。その質問をした理由についての彼の演説が『田中正造全集』の第七巻で読めますが、これが非常に面白い。鉱毒という深刻な内容ですから面白いと言うと語弊がありますが、田中正造が何を言いたいのか、それが、その人柄と共によく分かる興味深い演説です。今、その演説を文字で読んでいるだけで、当時、帝国議会で彼が必死で訴えている様子が脳裏に浮かんで来るような、そんな思いになるほどの迫力があります。鉱毒被害の竹を手にして、この竹が簡単に抜けるんだと演説をする話はよく取り上げられますが、それはこの時のことです。その箇所をちょっと読んでみます。

「諸君、御賢察ヲ願ハナケレバナリマセヌ……此堤防ニ生ヘル所ノ竹ガ枯レテシマフノデアル、是ガ（此時竹ヲ示ス）堤防ニ生ヘテ居ル竹デゴザイマス、是ハ当年ノ竹ガ死ンデシマッタノデアル、鉱毒ノタメニ、此根ガ皆長クナラナケレバナラヌノニ、是ガ是ダケシカ根ガアリマセヌ」といった調子です。

そして、政府は人民に嘘を吐《つ》いている。地方官は人民を欺くことを職務としている。国家というものの値打ちがなくなっている。法律で保護できなくなっているのだから、人民は法律を守る義務がない。そんなことを言っています。

木下尚江の書いた文が今、ここにありますが、田中正造は服装や頭髪には余り構わない「巨大な野人」で、「破鐘のような大音声」だと言う。演壇に立つといつもヤジが飛ぶ。しかし、この明治三〇〔一八九七〕年二月の演説の時には誰も何も言わなかった。この演説は二時間にも及びますが、シーンとして聞いていたことが『田中正造全集』から分かります。というのは、次に登壇した議員がこんなふうに言っています。「私は、今日は大分田中君の演説にも感服致しましたが、諸君の黙って謹聴されたにも感心致しました」。

残酷なる政府

それに対して政府の答弁は、示談が済んでいるから何もないと言う。以下の通りです。

「栃木県上都賀郡足尾銅山鉱毒事件ハ／明治二十三〔一八九〇〕年以来数回ノ調査ニ依リ／渡良瀬川沿岸地ニ鉱毒含有ノ結果ヲ得タリ、而シテ明治二十五年ニ至リ／鉱業人ハ仲裁人ノ扱ニ任ジ／正当ナル委任ヲ附托セラレタル沿岸町村被害人民ノ総代トノ間ニ熟議契約ヲナシ、其正条ニ基キ被害者ニ対シテ徳義上示談金ヲ支出シ、且明治二十六〔一八九三〕年七月ヨリ同二十九年六月三十日マデヲ以テ粉鉱採収器《ママ》実効試験中ノ期限トシ、ソノ期間ハ契約人民ニ於テ何等ノ苦情ヲ唱フルヲ得ザルハ勿論／其他行政及司法ノ処分ヲ請フガ如キコトハ一切為サヾルコトヲ鉱業人ト契約シ其ノ局ヲ結ビタリ」。要するに示談で終わっているということです。

これに対して、三月二四日、田中正造は「足尾銅山鉱業停止についての再質問の理由に関する演説」の締め括りで、次のように言います。

「ドウゾ諸君ハ御情ガアリマスナラバ、諸君一日デ往《い》ッテ帰ラ《ママ》レマス……此被害地ノ模様ガ、私ハ嘘ヲ吐クノデアルカ……諸君ガ御一見下サレバ相分カルコトデゴザイマス……此答弁書ノ有様ヲ以テ残酷ナル――愚ナル何トモ名ノ付ケヤウノナイ政府デアルト、私ハ断念致シマシテゴザイマスカラ、政府ヲ頼マヌ位ノ決心デゴザイマス、宜シク諸君、此被害地ヲドウゾ日帰リモ出来マスカラ、御一見下サルコトヲ御願申《ママ》シタウゴザイマス」

「残酷ナル――愚ナル何トモ名ノ付ケヤウノナイ政府」と吐き捨てました。田中正造は、こうして政府を見限って行ったと言われます。

谷干城と榎本武揚の視察

明治三〇〔一八九七〕年三月二日、田中正造の質問に連動して、第一回目の「押出《おしだ》し」という大体二千人の人間が雲龍寺から東京に向かって請願に赴く行動を起こしました。この数字は研究書によって違いがあるのですが、途中で警察に止められながらも、布川先生の研究では約八〇〇名が日比谷に到着して、貴族院議長、衆議院議長や大臣などに面会を求めます。そして、五日には、栃木、群馬の両方の代表五六名が榎本武揚農商務大臣と農商務省の会議室で会います。榎本は戊辰戦争の箱館五稜郭の戦いのリーダーだった元幕臣です。この時の様子は東京日日新聞が詳しく伝えています。

実は三月二〇日に、谷干城という西南戦争時の政府の将軍で、初代の農商務大臣が現地視察に行きました。超大物ですから、地元は大変な期待を寄せます。視察した谷は「名にしおう　毛野国の名もうせはてて　涙を袖に渡らせの川」と詠み、そして、帰京した三月三〇日には、田中正造のことを「社会の神様」だといった発言をして話題になりました。大鹿卓という作家〔詩人・金子光晴の弟〕が書いた『渡良瀬川』の第二篇第五章は、谷の現地視察をこんなふうに描いています。

「諸君、今後はいささか安んぜられよ。この事実を知ったからには、私も徒手傍観しているものではない。必ずや諸君の土地に安んじて農耕にいそしめるよう、諸君の願望を達するよう、尽力するつもりである。この老躯が…」、老躯…、年老いた身体という意味ですが、「この老躯が多数の被害民諸君のために役立つならば、一死もまた辞さない覚悟を持っている」。これに対して「群衆の中から感極まった啜り泣きがきこえた。それが隣りから隣りへ伝って、庭いちめんの愁嘆場となった…」、愁い嘆く場となったということです。小説ですが、雰囲気が伝わって来ます。

現職の農商務大臣である榎本武揚が、この谷の勧めもあって現地視察に訪れたのは、その数日後の三月二三日のことでした。現職の大臣が直接出向く訳ですから、これは大変な出来事です。榎本自身、相当な勇気と決断が要ったと思います。その夜、上野駅に帰って来た榎本は馬車で早稲田の大隈重信邸へ直行します。そして、翌日の二四日に「足尾銅山鉱毒調査会」というのが設置されました。その五日後の二九日に、榎本は農商務大臣を辞任します。後任は大隈外務大臣の兼務となりました。榎本は己のポストを捨てて、この調査会を作ったとも言えます。

第二回押出し

三月二三日の夜のことですが、農民達、今度は五千人が東京へ繰り出します。第二回押出しです。これは榎本農商務大臣が現地視察に赴いた日の夜です。永島与八という方が、この時のことを『鉱毒事件の真相と田中正造翁』の中で次のように書いています。

「時は明治三十年の春尚寒き三月下旬。雲龍寺に総会を開いて愈々大挙上京と云ふ事に決定した。蓑笠に草鞋穿き、五六日分の弁当持参で、二十三日の夜、先づ雲龍寺に集合することになつた。早くも此事を知つた被害地関係の警察署では、総動員で之を沮止すべく四方に防禦線を張つた」

「而して警官の目を忍び防禦線を潜つて、夜の明けぬ前に雲龍寺に集つた者が大凡五千人余りに達した。やがて警官が赤い提灯を点けて騒ぎ出した時には、我々の方は防伍を整へて上京の途についた」

「途中到る処に於て沮止せられ、衝突を重ぬる毎に追ひ還へされたから警官も憲兵も殆ど全部帰国したものと思つたであらふ。然るに二十六日の朝、突如として日比谷ヶ原に数百名の被害民が現はれた」

例の左部彦次郎は出発前に、「われわれは凶徒ではなく、あくまで憲法で許された人民の権利として、中央政府へ請願をしに行くのである」と確認しています。ところが、永島与八は埼玉県の蓮田の辺りで警官に殴られ大怪我をしました。彼は医師の診断書をもらい浦和地方裁判所で告訴の手続きをします。この暴行は警察内でも問題になりました。

こんなことが起こっていた間の三月二四日に、足尾銅山鉱毒調査会が設置され、かつ田中正造が先にご紹介した「足尾銅山鉱業停止についての再質問の理由に関する演説」をやっていた訳です。ここで、これも田中正造の有名な台詞ですが、「〔榎本武揚〕農商務大臣ノ向島《むこうじま》ノ邸デ、菜ガ一本デキナクナッタラ諸君ドウスル、忽チ自分ノ頭ニ感ズルノデアル」と吠えています。

被害民らは二七日に榎本武揚に会いました。榎本は涙を流しながら聞いたと言います。三月二八日付の読売新聞によりますと、「十三名にて出頭したる所／榎本大臣も快よく《ママ》面会し……余〔榎本〕も……自ら被害地を視察したるに／如何にも聞きしに優る《ママ》惨状にて／棄て置くべきにあらずとし……内閣会議に於て調査委員を任命して調査する事となりたれば／何分の処分をなすも遠きにあらざるべし」と語っています。二日後の二九日に榎本は農商務大臣を辞任している訳ですから、こうした応対ができたとも言えそうです。

NHK市民大学講座の背景

さっき私は早稲田の由井先生にお目にかかったばかりだと申しました。実は由井先生が講師をされたNHKの市民大学「田中正造」が終わった後、栃木県佐野市で由井先生をはじめ、布川先生などの地元の研究者、田中正造大学の坂原辰男さんなどの市民運動家、そしてNHKのスタッフが一堂に会して、番組終了の一席が設けられたのですが、そこへたまたま私も参加させて頂き、由井先生とお話をしたのでした。

そこに戸崎賢二さんというNHKのディレクターがいて、次のような話をしました。宮城教育大学の学長をした林竹二先生〔※1〕という方がいらっしゃる。以前、戸崎さんは林先生の番組を作って、色々な方から「林竹二」を語ってもらった〔※2〕。その時、林竹二という人物を理解するには田中正造を理解する必要があると分かった。ところが、林竹二にとっての田中正造を描こうとすると、逆に林竹二の像が出せなくなってしまいそうだった。そこで、いつか機会があれば、田中正造の番組を作りたいと狙っていた。ただ、田中正造は良いのだが、その背後にあるのが今も存在する大企業による犯罪的行為だから、NHKとしては少々やりにくく、なかなか通らなかった。ようやく戸崎さんの熱意で、あの番組は実現した。そんな内容でした。

〔※1〕哲学者、教育学者。一九六九（昭和四四）年六月から一九七五（昭和五〇）年六月まで宮城教育大学学長。一九八五（昭和六〇）年四月一日逝去。

〔※2〕「子どもたちよ　教師たちよ～林竹二が残したもの」（NHK東北地方ローカル）（一九八七〔昭和六二〕年一一月）／ETV8「授業巡礼～哲学者林竹二が残したもの」（一九八八〔昭和六三〕年二月一五日）。

【補記】『魂に蒔かれた種は――NHKディレクター・仕事・人生』〔二〇二一年、あけび書房〕という戸崎賢二さんの著書がある。その中に戸崎さん自身が捉えた林竹二の「凄さ」が描かれている。また、田中正造についても言及している。戸崎さんから我家に、二〇二一〔令和三〕年一月七日、同書が送られて来た。発行は翌日の「一月八日」となっていた。できたてのホヤホヤである。同年末、一枚の年賀欠礼の葉書が届き、絶句した。戸崎さんの訃報であった。ご送付頂いた直後のご逝去であった。最後の気力を振り絞って執筆した「辞世の書」であった。

＊＊＊

日向康「小中村における田中正造」（『救現（№3）』〔一九九〇年、田中正造大学〕所収）に、林竹二の田中正造への関わりが述べられている。

鉱毒予防工事命令

その林竹二先生が講談社新書の『田中正造の生涯』の中で、こういうふうに言っています。「国家は唯一度だけ本気で鉱毒問題を解決しようとする意志を示した」。鉱毒調査会の設置、そして、それに次ぐ「鉱毒予防工事命令」の公布です。明治三〇〔一八九七〕年五月二七日のことです。

ただし、これも一捻りありました。どんな内容かと言いますと、全部で三七項目です。ここにコピーを持って来ましたが、その指示は極めて具体的です。だーっと眺めて行きますと、「どこどこ」

の「何」を「どのように」、「命令から七日以内に工事を始めて」、「何は三〇日以内に行え」、「何は九〇日以内に行え」といったものです。そして、最後の第三七項目に、この命令書の事項に違背したら直ちに鉱業停止とあります。

古河の幹部は、この過酷な内容にたじろぎます。『古河市兵衛翁伝』には、「命令書が足尾に到達した時、短急なる期限と峻厳なる條件とは所員一同を驚かした。足尾全山は俄に戦時の如き混乱と緊張とを呈した」とあります。木下尚江も銅山関係者に聞き取りをしており、関係者は「身体の裂ける程に憤った」とか、「無理無法」と怒っていたと書いています。

しかし、こうした中で古河市兵衛は政府に従うべきだとして、当時の足尾銅山の年間の生産額の倍に相当する一〇四万円という莫大な費用を投じて実施しました。この金額が如何に大きいかと言いますと、前年の明治二九〔一八九六〕年に三菱に払い下げられた佐渡金山や生野銀山等の総価格が一七三万円ですから、一〇四万円は一つ二つの鉱山分のお金でした。尤もこの金額が事実その通り要したのかと、布川先生は疑問を投げ掛けています。

この時、足尾町民は「全町を挙げて一軒毎に一名を出し、七日間手弁当にて各方面の工事を助けた。協心戮力《りくりょく》の至情はこの時足尾一山に漲《みなぎ》った」と『古河市兵衛翁伝』には記されています。足尾の町の人達にとっては、ここを潰したら自らの生活が成り立たないということです。人間、立場が違えば、全く違う行動に出ることを知ります。

この鉱毒工事予防命令は、実は「大隈重信の腹芸」とも取れます。先に言いました通り、榎本武揚が農商務大臣を辞めた後を承けたのは、外務大臣大隈重信でした。外務、農商務の両大臣の兼務です。「腹芸」とは、どういうことかと言えば、「これこれをいつまでにしなければ鉱業停止だ」ということは、裏を返せば「その通りにすれば操業できる」となる訳です。布川先生は、この命令は欺瞞であり、工事は馴れ合いだと断じています。

「一回だけ本気で解決しようとした」と述べた林先生の文は、この後、こう続きます。「だが、結果においては、それはただ停止命令を回避させる手段となるに了《おわ》った」。

足尾銅山・古河市兵衛に対して、どんな命令を出すのか、鉱毒調査会の中でも停止派と古河派に割れており、そして、一時的ではあれ、原案は鉱業停止を考えていたようです。それに対する修正案、再修正案が出され、先の鉱毒予防工事の命令になりました。

こうして、厳しい条項が守られたというふうに監督官庁が認めたことによって、工事完了後も相変わらず毒が流れ続けているという事実が問題にならず、話は洪水をどうするかという治水問題にすり替えられて行くのです。

「所長の孫」と「郡長の娘」

この過酷な工事を進めた足尾の所長は近藤陸三郎と言います。鉱毒予防工事の命令が出たので、古河市兵衛が工部大学校〔後の東京帝国大学〕卒の近藤を急ぎ新所長に据えました。そして、彼はこの難工事をやってのけます。古河方の大功労者です。

その長女が後に東京帝国大学教授舟橋了助に嫁ぎます。生まれた長男が…、有名人です…、お分かりでしょうか、名字が舟橋ですから…、そう舟橋聖一、作家です。NHKの大河ドラマの第一回「花の生涯」の原作者です。この舟橋聖一が『風中燭』という自伝的一文の中で、次のようなことを書き残しています。

彼は木下尚江や永島与八などの本を読んで、渡良瀬川沿岸の農民を窮乏に追いやり、魚を死なせ、田畑を荒廃させ、毒を含んだ川の水で惨憺たる荒野にしてしまった張本人が祖父や古河市兵衛だと知って「頗《すこぶ》る黯然《あんぜん》とした」。祖父は度々刺客に狙われたそうだが、「なるほど、これでは……暗殺されかけても仕方がない」。こんなふうに言っています。

この舟橋聖一は紫式部の『源氏物語』の現代語訳に挑みましたが、作家の吉屋信子も同じく源氏をテーマにした作品を手掛けました。そうした共通項のある二人は、これまた競馬好きで、馬主仲間でした。そんな吉屋信子がある日、舟橋聖一の家系を知ってショックを受けます。『私の見た人』という吉屋信子の本があります。彼女が出会った著名人について語っているものですが、その冒頭の人物が田中正造です。その中に舟橋聖一に関する話が書かれています。

「〔一九六三（昭和三八）年新年号の〕『新潮』の舟橋聖一氏の自伝的作品の『風中燭』を読むと、なんと谷中村悲劇の原因の足尾銅山経営の会社の支配人格が氏の外祖父だった。その祖父は巨富を積んで豪奢な生活にあったとしるされてある。……そうとも知らず競馬場の馬主仲間の席で舟橋さんの愛馬を応援したりしてつまン《ママ》なかった」

では、どうして吉屋信子は舟橋聖一が古河の幹部の血を引くことを嫌がったのかと言いますと、今、引用した文章は途中を略しているのですが、そこにはこうあります。

「してみると舟橋さんのお祖父さんのぜいたくな生活の代り《ママ》に、私の父は谷中村で酷吏の名を得、あげくの果てに出張中一児を失い、母は気絶したということになりそうである」

どういうことかと言いますと、吉屋信子の父・吉屋雄一は、この後水没させられる谷中村が属した下都賀郡の郡長だったのです。村民や田中正造らの主張と国策との間に立たされ、翻弄される憐れな父の姿が大鹿卓の『谷中村事件』の至るところに描かれていると吉屋信子は『私の見た人』で言い、農民との折衝の最中に、父が農民に土下座して謝ったという逸話を引用しています。

そして、谷中村問題で奔走している最中に、疫痢で幼い息子〔吉屋信子の弟〕が亡くなる。そうした中で、やっと帰宅した父は愛児の亡骸を抱いて暫しの別れをするや、すぐまた谷中村へ戻って行く。それを見て、母はその場で気を失ってしまった。吉屋信子には、そんな強烈な、過酷な過去の記憶があったのです。ですから、舟橋聖一の立場を知ると、当然思うところが生じるのです。いずれにせよ、舟橋聖一も吉屋信子も共に、終生、足尾鉱毒事件を引きずっていたという訳です。

なお、一言添えておきますと、古河に鉱毒予防工事の命令を出した東京鉱山監督署長の南挺三なる人物は、工事終了後、足尾鉱業所の所長になりました。実に見事なまでに露骨なやり方です。

保木間氷川神社

そうしたところに、また洪水が起きました。明治三一〔一八九八〕年九月三日から七日にかけての大洪水です。今回は鉱毒予防命令に従って作っていた沈殿池が決壊するというとんでもない事態が起こってしまいましたから、鉱毒予防命令も何もあったものではないということになりました。

そして、九月二六日、第三回目の押出しです。この時は一万人が雲龍寺を出発します。途中、官憲の妨害を受けながら、二千五百名が埼玉県と東京府の境に当たる現在の東京都足立区の保木間《ほきま》まで到達します。実はここに至るまでが大変で、警官隊によって怪我をさせられています。また、利根川を渡るための舟橋が警察によって取り除かれてしまって、どうしようもなかった時、義侠心溢れる船頭が「ワシも男だ」と、彼らの渡河を助けたというエピソードもあります。そうやって、どうにかこうにか保木間までやって来た。

この時、田中正造は、先にご紹介した東京の芝の信濃屋に置いた事務所で、風邪で寝込んでいましたが、事態を電報で知ります。これ以上、官憲との衝突は避けないといけないと考え、田中正造は急ぎ保木間に飛んで行きます。

保木間氷川神社／ここでの発言が後年の田中正造の「難戦苦闘」の始まりとされる／東京都足立区西保木間

そして、詳しくは申し上げませんが、と言いますか、詳しく申し上げると随分時間を取ってしまう内容ですのであっさりとしか言えませんが、この時の内閣は「隈板《わいはん》内閣」と称される日本で初めて生まれた政党内閣だったのです。「隈板」とは、「首相になった大隈重信」の「隈」と「内務大臣の板垣退助」の「板」を並べたものです。田中正造はずっと大隈重信の率いた政党に所属していました。

そんな訳ですので、田中正造は、保木間の氷川神社で、今の政府は政党の政府だ。民衆の政府だ。薩摩と長州の藩閥の政府ではない。だから我々の言うことを聞いてくれる。こう訴えたのです。さらには、代表一〇人を選んで、それ以外は家に帰って欲しいと説得します。この時、「田中正造は死を決して事に当たる」とか、「諸君の願いが徹底しない時は、田中正造が先頭に立って運動する」といった趣旨の発言をします。最終的には代表五〇人が残ることでまとまりました。この保木間氷川神社境内での熱弁は、取り囲んだ官憲も涙ながらに聞いたと伝えられます。

ただし、この発言で田中正造は後に引けなくなりました。田中正造の弟子とも言うべき島田宗三〔第二章第一節の島田清さんの叔父〕という方は、『田中正造翁余録』という上下二巻の本を著しましたが、その下巻で、保木間氷川神社での発言こそが後の田中正造の苦闘につながると指摘しています。「後年の〔田中正造〕翁の難戦苦闘は此時の言責に出づ」と書き記しました。

この年の一二月から翌年の明治三二〔一八九九〕年三月にかけての帝国議会で、田中正造の物凄い追及が展開されます。一つひとつをご紹介する時間はありませんが、詳しくは『田中正造全集』の第八巻をご参照下さい。

足尾鉱毒事件がなければ、全く知られることもなく生涯を終えたはずの渡良瀬川沿岸の名もなき農民達が近代化を突っ走る明治ニッポンの激流に巻き込まれ、歴史にその足跡を残して行きます。この島田宗三の名も鉱毒事件がなければ、日本史に刻まれることはなかったでしょう。

そうした民衆の塗炭の苦しみを国政に訴えていた田中正造は、この保木間で、彼自身、抜き差しならぬ状況に追い込まれて行った訳です。東京の郊外の一神社であった保木間氷川神社もまた、この時、つまり明治三一〔一八九八〕年九月二八日、忘れ難い日本史の舞台となりました。

【補記】二〇二四年春、氷川神社を訪ねた。案内版によれば、神社の前を横切るのは、かつての流山道で、この地は戦国時代には千葉氏の陣屋があったとある。今は小学校と住宅地に囲まれたこぢんまりとした空間となっている。鉱毒被害民と田中正造が熱い議論を闘わせた境内は、筆者の訪問時は誰一人いない静かな空間だった。

庭田清四郎宅 —— 田中正造最期の地

ここまで何度も雲龍寺という名が登場しました。農民が集まって協議する拠点です。少々先の話になりますが、田中正造が亡くなる直前のことです。その頃、彼は強制廃村となった谷中村に入り、そして、ずっと河川調査のため出歩いていました。これでは老躯に堪えるでしょう。そんな中、体調が悪化して雲龍寺に駆け込みました。大正二〔一九一三〕年のことでした。ところが、何と出て来た寺の住人が田中正造を知らなかったのです。今お話ししている明治三一〔一八九八〕年から一五年が経っています。薄汚い親父が来たと、胡散臭い目で見られました。あの鉱毒被害民の拠点・雲龍寺で忘れられてしまっていたのです。世の中、そんなものなのでしょうね。

仕方なく田中正造は少し歩いて、近くの庭田源八の家に向かいます。『渡良瀬川の詩』を書いた方のお宅ですが、ここは不在でした。しかし、そこにいた子供が田中正造だと分かり、隣の庭田清四郎宅に担ぎ込まれました。そして、三十数日の後、このお宅で亡くなります。

庭田家は、今も田中正造の亡くなった部屋をそのまま保存しています。庭田源八も足尾鉱毒事件で思い掛けず、歴史に名を残すことになりました。そして、庭田清四郎宅は田中正造最期の地として、歴史の舞台となりました。冒頭でご紹介した田村先生のご指摘を待つまでもなく、足尾鉱毒事件は田中正造という巨星以外に、数多の人物を歴史の舞台に押し出しました。一般に足尾鉱毒事件と言うと田中正造ですが、こうした無数の煌《きらめ》く星々の存在をもっと意識しないといけないだろうと思います。

川俣事件――年寄りを狙う

話を戻します。その雲龍寺で、被害民はその後も会議を重ねます。明治三二〔一八九九〕年八月末に第四回目の押出しを決行するということにしました。この時期には、警察のマークも非常に厳しく、当然内偵もなされ、雲龍寺でいつ、誰が、どんなアジ演説をやったか、例えば、左部彦次郎がこんなことを言って扇動したなんてことが分かっています。郡長は農民の動きを県庁に伝えています。ですから、何月何日に、どこで、どんな動きがあったか、当局は掴んでいます。だからこそ、今日、我々も当時の動きがリアルに分かります。

彼らは第四回の押出しは決めましたが、いつ決行するかということは、はっきりさせませんでした。警察にばれてもいけませんし、また明治三二〔一八九九〕年一一月から翌年二月にかけての第一四議会を待って、つまり田中正造の国会追及に合わせてやりたいというのもあって、ギリギリまで決行の日は外に出ていません。

そして、いよいよ明治三三〔一九〇〇〕年二月一三日の明け方、二千五百人とも言われる人々が東京に向かって出発しました。彼らは雲龍寺を出て直線で一〇キロくらい、群馬県邑楽《おうら》郡の川俣という利根川を渡るところで警官隊と衝突します。川俣事件です。「襤褸《らんる》の旗」という田中正造を描いた映画がありますが、その冒頭で描かれているのは川俣事件です。

この時、警察のやったことは本当に酷かったようです。色々な証言がありますが、例えば、元谷中村民の一人は「警察は年寄りを狙って、川へ投げ込んだ」と言っています。それから、先にも登場しました永島与八は、あいつが永島という悪い奴だと言われ、警官数名に殴打されています。こうして、多数の幹部を含む百余人が逮捕されます。

田中正造の怒りは、この時にピークに達したと言われます。川俣事件は二月一三日ですが、翌一四日に「院議を無視し被害民を毒殺し其の請願者を撲殺する儀につき質問書」と「警吏大勢兇器を以て無罪の被害民を打撲したる儀につき質問書」を提出し、さらに、一五日には「政府自ら多年憲法を破毀し曩《さき》には毒を以てし今は官吏を以てし以て人民を殺傷せし儀につき質問書」を提出。そして、同一五日に「同上三件質問の理由に関する演説」を行います。これは『田中正造全集』第八巻に載っていますので、ぜひお読み下さい。田中正造の肉声が本当にリアルに伝わって来ます。大変な迫力があります。

田中正造は、自らの言動が党利党略や選挙活動だと思われたくないから、所属する憲政本党を脱党すると言います。さらに国会議員も辞めたいが、まだ言うべきことがあるから、それが済んだら辞める。こうした発言をしています。その際、保木間での自身の発言を強く意識していることに触れています。

さらに二日後、二月一七日、「亡国に至るを知らざれば之れ即ち亡国の儀につき質問書」を提出し、同日「同上質問の理由に関する演説」をします。これは「民ヲ殺スハ国家ヲ殺スナリ」という言葉に始まる質問書ですが、「民ヲ殺スハ国家ヲ殺スナリ。法ヲ蔑ニスルハ国家ヲ蔑ニスルナリ。皆自ラ国ヲ毀《こぼ》ツナリ。財用ヲ濫リ民ヲ殺シ法ヲ乱シテ而シテ亡ビザルノ国ナシ。之ヲ奈何」と言っている。これは「亡国演説」と称されることになる大演説です。これも『田中正造全集』第八巻に直接当たってみて下さい。その心情の吐露に圧倒されます。

これに対して政府の方は何と言ったかと言うと、「質問ノ旨趣《ししゅ》其要領ヲ得ズ、依テ答弁セズ、右及答弁候也」でした。つまり、要領を得ないから答弁しないという答弁をしました。

煙の如く消滅した裁判

ここで「鉱毒議会」というものについて、一言触れておきます。明治三二〔一八九九〕年一二月二二日、成立しました。第四回目の押出しの前のことです。鉱毒被害地の人々が集まって、彼らの議会を作った訳です。

「鉱毒議会規約」もきちんと作って、今後の運動を決めて行こうというものです。『資料足尾鉱毒事件』という本に規約も、議員名もすべて載っております。二県四郡一八町村から集まりました。この後で取り上げます谷中村からは四五人、藤岡町は五一人といったふうで、全部で千人以上になります。これまでに出て来た名前では、永島与八、岩崎佐十、茂呂近助、松本英市〔英一〕らの名も見えます。この鉱毒議会をバックにして第四回の押出しがあった訳です。

川俣事件は二年半裁判をやりました。この裁判がどうなったかと言いますと、まず地裁で判決が出て、双方不満で控訴。控訴院でも双方不満で大審院に行きます。今の最高裁です。その大審院は控訴院に差し戻します。そして、最後には、検事の起訴状には本人がサインしていないから控訴が成立しない。従って、刑事訴訟法第二六一条第一項に従い棄却と、これで裁判は終わりです。『板倉町史』は「煙の如く消滅してしまった」と書いています。新聞も大きく取り上げ、世間の注目を浴びましたが、一種の政治決着とも言えるかもしれません。何とも言えない終わり方でした。『板倉町史』には、このように書かれています。

「裁判経過からしても、当時の国家権力が鉱毒発生源である足尾銅山鉱業主、古河市兵衛を監督せずに鉱毒のたれ流しを許し、何の罪もない善良な農民を被害のどん底に落して《ママ》おいて、なおも足蹴にし、ツバを吐き、その上、人間として最低の生きる権利と鉱毒源の追《ママ》究するため、憲法で許されている請願権を行使するための請願行を、暴徒と決めつけ、何の武器も持たず、抵抗する意志のない国民を、サーベルで叩き、突き刺し、捕縛し、兇徒嘯聚罪《きょうとしょうしゅざい》で農民指導者を告訴した事件は、法的根拠なく裁判所をして『不法にして其の控訴の理由なし』として原判決を取消さしめたのである。まさに、日本の近代国家成立の過程で国や資本（企業）が伸びるために、農村と農民が踏み台にされ、彼等だけが伸びたのである。まさに農民の虐げられた歴史でもあり、農民棄民政策とも言える」

ものすごい怒りの文章です。これは川俣事件から七八年後の一九七八〔昭和五三〕年に刊行された「町史」です。発行人は板倉町長です。個人レベルの感情の吐露ではありません。これは日本の近代化の過程で踏みにじられた群馬県民の怒りの表明なのだろう、そう思って、私は読んでいました。

田中正造の直訴――地を這う研究者の成果

明治三三〔一九〇〇〕年一二月から翌年三月までの第一五回議会においても、田中正造は次々に質問をぶつけます。いくつか拾ってみますと、こんなふうです。

「足尾銅山鉱毒の件に関し院議を空しくせし処置に対する質問書」、「憲法無視に関する質問書」、「足尾銅山鉱毒生命権利財産に関する質問書」、「鉱毒につき無責任の答弁に対する質問書」、「亡国に至るを知らざる儀につき再質問書」、「鉱毒を以て多大の国土及び人民を害し兵役壮丁を減損せし古河市兵衛を遇するに位階を以てせし儀につき質問書」といった具合です。

そして、田中正造は、この第一五回議会を最後にして、この年、つまり明治三四〔一九〇一〕年一〇月二三日、衆議院議員を辞職しました。そして、二か月後の一二月一〇日、余りにも知られた直訴に及びます。明治天皇が第一六回議会の開院式から戻る途中でした。直訴地は現在の日比谷公園の南西の角の交差点の辺りです。

直訴は世論を喚起しましたが、この行為に及んだ本心はどこにあるのかということが議論されています。と言いますのは、もはや天皇陛下におすがりするしかないと田中正造は考えたと、そういう書き方をするケースは結構あります。しかし、これに対して、田中正造の本音は天皇に直訴すれば世論喚起になる。そうした「戦略」という見方もあります。このことについて布川先生や東海林先生が実に綿密に検証作業をなさっています。この辺のことを由井先生のNHKの市民大学のテキストには、どう書いてあるかと見ますと、ここも世論喚起ということでまとめられています。

先にも述べましたが、NHKの講座終了時の一席に私も参加しました。そこで布川先生がこんなふうにおっしゃいました。ちょっと微妙な感じもあるのですが、歴史研究の上で時折聞こえて来るようなニュアンスの話が如実に現れていましたので、少々お話ししたいと思います。

布川先生はこんなふうに言いました。「我々〔郷土史家〕が地を這うように何十年も研究して来たことが由井先生のお陰で全国的に有名になり、多くの方が当地に来てくれるようになった。田中正造や足尾鉱毒事件について多くの方に関心を持って頂けたのは、我々にとっては大変有り難いことだが、本当に我々が地を這うようにしてやって来たことを先生はさっと持って行ってしまった」。

「研究上問題になっているところを、由井先生のテキストには、どのように書いてあるかと思って読ませて頂くと、何かウナギやドジョウを掴むようにするっと抜けて行くような感じがする文章だ。なかなか巧みで素晴らしい文だ」

そういう趣旨のことを、一言一句正確には覚えていませんが、こんなふうに言ったことが耳に強く残っています。確かに田中正造の直訴に関する布川、東海林両先生の論文は緻密の一言です。「田中正造と足尾鉱毒事件研究」には長大な論考が載っています。それに対してＮＨＫのテキストはコンパクトにまとめないといけませんから、短文になるのは仕方ありません。しかし、直訴に関する研究だけに限らず、布川、東海林のお二人の先生の田中正造と足尾鉱毒事件に関する長年の研究の足跡を見ると、こうおっしゃる気持ちはすごくよく分かる思いがします。

布川先生も由井先生も共に早稲田の卒業生です。ひょっとしたら布川先生には、そんな意識もあったかもしれないと、同じく早稲田の卒業生である私には、そんなことも頭を過《よ》ぎりました。

この発言を承けて、由井先生は、「布川先生から褒められたのか、お叱りを受けたのか分からないようなお言葉を頂きましたが…」と返しましたが、ＮＨＫの放送で表に出て脚光を浴びた方と、片やあくまでも「知る人ぞ知る」といった存在で、黙々と地道な研究を続けて来た方との関係として、考えさせられる印象深い場面でした。

直訴の反響は大きなものになりました。新聞は号外を出し、その後も鉱毒問題を取り上げます。全国的に同情の声が広がって行きます。石川啄木が義捐金を送ったというのは、この時です。

また、学生の鉱毒地視察も盛んになりました。先程ちょっと名前だけ紹介しましたが、菊地茂という田中正造と共に鉱毒被害民の支援に当たった人物がいます。この頃、早稲田の学生で、田中正造の直訴に刺激を受け、鉱毒地の視察に行き、支援を始めました。後に山梨日日新聞や東京毎日新聞などに勤め、早稲田大学を作った大隈重信系の憲政会、民政党といった政党と深く関わる人生を送ります。そのお嬢さんの斉藤英子さんが〔東京都〕八王子〔市〕にお住まいで、私は何度か足を運んでお話を伺いました。

これは『谷中村問題と学生運動』という斉藤さんがお書きになった本ですが、今年一月、群馬県の布川先生のお宅に伺って、色々教えて頂いた時に、何冊かあるからと譲って頂いたものです。また、斉藤さんのお宅では『谷中裁判関係資料集　その他』を頂きました。大変参考になる本ですので、ご紹介しておきます。

【補記】布川了は、二〇〇一〔平成一三〕年、『田中正造と天皇直訴事件』〔随想舎〕を刊行し、東海林吉郎の問題提起に始まる研究の経緯をはじめ、田中正造の直訴に関する問題を詳細に論じた。

絶句

田中正造が議員辞職をしたのは、明治三四〔一九〇一〕年一〇月二三日です。そして、直訴は一二月一〇日でした。この間の一一月三〇日、一人の女性が亡くなりました。入水《じゅすい》です。遺体は神田橋の下で見付かります。飛び込んだのは、何と古河市兵衛の妻・為子でした。

その前日の二九日、潮田《うしおだ》千勢子、矢島楫子《かじこ》といった女性陣によって「鉱毒地救済婦人会」という組織の設立準備会が神田の青年会館で開かれました。この潮田千勢子をはじめ安部磯雄、木下尚江、島田三郎らの男性陣も演説し、会場は興奮の坩堝《るつぼ》と化したようです。ここに為子は女中を密かに送り込んでいました。亡くなったのは、その次の日のことだったのです。

作家の永畑道子は、彼女の作品『華の乱』の中で、こう言っています。「〔古河為子に〕荒らされた気配はどこにもなく、覚悟の自殺である。……夫の経営する会社が起こした足尾鉱毒の惨状……都に日頃住む身であったから、遠い噂のようにきき流していたものが、これほどまでとは……《ママ》。おそらくため子とすれば、消え入りたいほどのその夜ではなかったろうか。何十万というひとの恨みをおもえば、自分の命を断つほかなかった。ため子は、夜明けに家を出て入水した」。

何とも言葉がありません。ただ、古河為子の入水は夫・市兵衛が多くの妾を持っていたことが本当の原因だともされます。

治水問題へのすり替え

明治三五〔一九〇二〕年三月、桂太郎内閣はもう一度「鉱毒調査会」を作ります。政府には足尾銅山を停止したら国家的大損失との本音があります。一方、渡良瀬川沿岸も対処しなければならない。かって古河は鉱毒予防命令に従ってちゃんとやったのだから、もう毒は流れていないことになります。では、現在の毒は何かと言うと、それ以前の毒である。もはや足尾銅山に責任はない。そして、洪水が起きるから毒が拡散する。従って、洪水対策が必要である。そのためには、どこかに水を溜める場所、つまり遊水地が必要である。こういう論法で来ました。この第二次鉱毒調査委員会の報告について『板倉町史』は「鉱毒の主犯人は古河鉱山でなく、渡良瀬川の氾濫であるから洪水予防のためには遊水池が必要であると御用学者をして問題の本質をすり替え」と厳しく断じています。

先にお話ししました示談を吹き飛ばした明治二九〔一八九六〕年の大洪水は東京まで来ました。そこで、利根川と江戸川が分かれるところ、千葉県の一番北に関宿《せきやど》という町がありますが、その分流点で江戸川の幅を狭くする対策を講じました。そうすることで、そこから先の水量を調整できます。水が東京に行かないようにした訳です。

となりますと、そこが狭くなれば、当然のことながら、その上流に水が溜まります。さらに、利根川との合流点である渡良瀬川の河口を拡張しました。この結果、利根川の水は渡良瀬川に逆流しやすくなり、利根川と渡良瀬川が合流する少し手前の一帯は常時洪水に襲われることになります。そして、それを逆に利用すれば、つまり、その一帯を遊水地にしてしまえば、鉱毒は沈澱し、かつ洪水の調整ができることになるという論理が生まれます。

この遊水地の候補に上がったのが、すなわち水没させられる候補となったのが、一つが埼玉県の利島村と川辺村〔現埼玉県加須《かぞ》市〕で、もう一つが栃木県谷中村でした。結論を先に言ってしまいますと、皆様ご承知の通り、谷中村が水没させられました。

ベクトルは谷中村へ

田中正造は、こうした遊水地のプランに反対しますが、長年苦しんで来た被害地の多くの農民にしてみれば、もう早く終わって欲しい訳ですから、どこか一村が潰れてくれれば助かるという心境にもなります。こうして徐々に運動が下火になって行きました。

そして、今、申し上げました通り、埼玉県の利島村と川辺村も候補地でした。県は違いますが、谷中村の隣村です。この事態に対して、利島、川辺の人達は猛然と反発しました。村長も村会議員も反対。それから、ある郡役所の官吏は、こんなふうに言いました。私は本来、国や県の言うことに反対はできない立場だが、私は利島村民だ。郷土を廃村にするのは許せない。両村は一つの村だという認識で、一致団結して反対せよ。

そして、両村は、次のような決議をしました。

・国が堤防を直してくれないなら、我々の手で築く
・その時は納税はしない。それから兵役にも応じない

この明治三五〔一九〇二〕年は、ちょうど日清戦争と日露戦争の間です。日英同盟締結の年です。こんなトラブルがおごとになると、国家運営にも影響します。それに、この利島、川辺両村は埼玉県です。足尾銅山は栃木県です。栃木県の尻拭いを、どうして埼玉県がしなければいけないのかと、こ

うした論理も出て来ました。つまり、そもそも栃木県の足尾銅山が原因の話なのだから、栃木県内で解決せよ。埼玉県に持って来るなということです。となりますと、栃木県の問題を受け止める最終地点こそが、利島村、川辺村の隣に位置する谷中村なのです。

深夜の栃木県会

栃木県知事に白仁武《しらにたけし》という方がいました。内務官僚で、「手段方法を選ばぬ凄腕」だったと言います。一村を潰すという難しい仕事のために送り込まれたのでしょう。明治三七〔一九〇四〕年から明治三九〔一九〇六〕年まで栃木県知事を務めました。

明治三七年というのは日露戦争に突入した年です。正に国運を賭けた大戦争に突入していました。世間の意識は谷中村どころではありません。また、先に言いましたように、遊水地ができれば、ことは解決するといった雰囲気もありました。谷中村を取り巻く環境は厳しくなっていました。

この明治三七年の一二月九日…、日露開戦は同年の二月六日ですから一〇ヶ月目です。この日、すなわち、栃木県会閉会の前日、白仁知事は追加予算を突然提案しました。そして、翌一〇日に審議が行われました。この一〇日の審議は夜の八時に始まっています。実は始める前に、三〇余名の県会議員を料亭で接待していたのです。周りを七〇人を超える巡査がガードしていたと言います。そして、この夜中の審議において、治水堤防費との名目で、事実上、谷中村の買収が決まりました。

この白仁知事ですが、やはり彼も人の子です。退任する直前、こんなことを言っています。「この仕事を決行しようということについては、心に恥ずるところが多い」。実は、彼は谷中村の遊水地化が無意味であったと、率直に認めた人物なのです。このことについて、先にご紹介しました島田宗三の『田中正造翁余録』の上巻には、次のように書かれています。「〔明治三九（一九〇六）年七月〕二十五日の洪水を見ればよく判る。谷中はすでに潴水池《ちょすいち》となっていたにも拘らず、渡良瀬川沿岸の堤防は何れも決壊して、各町地が水浸しとなってしまった。そこで、谷中買収に反対してきた船田三四郎県議がこの現状を詰問したところ、白仁武知事は、御説の通り谷中の潴水池は全く無効であると今更認めました云々と自白して、その後まもなく文部省に転任してしまった…」。うーん…、ですね。この時、田中正造は「泥棒知事逃げて転じて文部の吏と化す」と罵倒しています。

林竹二先生は、こう言います。「彼〔白仁武〕の手で、谷中村は強殺された。だが、谷中村を亡ぼしてつくった谷中の潴水池は、洪水を防ぐ力をもたなかった。白仁は三十九年七月、谷中附近の大洪水を見て、潴水池の効果がないことを、公の席上で認めた」。こう言って、そして、白仁武について、次のように評します。「彼は人間としては堪えがたいこの任務に堪えて、使命を全うした」。

大正一四（一九二五）年、田中正造没後にまとめられた『義人全集（第一巻）』の冒頭には、「渡瀬の川の流は可《か》れ果てゝ心の底を汲む人もなし」という白仁武の筆になる歌が載せられています。谷中村を追い込んだ当事者たる白仁武。その心の奥底にあったものが伝わって来ます。谷中村の廃村は、関係した多くの人々を傷付けながら進められて行ったのです。

【補記】 白仁武は谷中村の廃村に決定的な人物である。柳川藩士の家の生まれ。東京帝国大学卒業後、内務省に入った。

「白仁武という人物は……とくに本省〔内務省〕から派遣され、それを強引に実施したことから見て、相当辣腕の官僚であったものと思われる」とか、「谷中村民の意志を踏みにじり、多くの人々の反対を無視して谷中村を毒土に埋め、鉱毒事件全体を抹殺した」などと菅井益郎は評す〔「白仁栃木県知事　賞与決定の閣議記録」〕。谷中村買収の手続きが終わった後、白仁は政府から賞与二百円をもらっている〔同右〕。後に関東都督府民政長官、八幡製鉄所長官、日本郵船社長などを歴任した。

一九九七〔平成九〕年二月一六日、白仁成文氏は市民団体「田中正造大学」で講演した。同氏は白仁武の孫である。きっかけは白仁家で保存されていた祖父の栃木県知事時代の資料一三点を「田中正造大学」に寄贈したことであった。「祖父の立場を考えると、田中正造のことを研究する立場の方に資料をお渡しすることについて、やはり考えました」と白仁成文氏は述べつつ、「しかし、これらの資料を歴史的に評価してくれる場があるのなら、その方が意義がある」と判断したと言う〔「田中正造大学」の解散後は佐野市郷土博物館に寄託〕。実際、この資料群の中の一つ、明治三七〔一九〇四〕年八月二〇日付の「稟請書《ひんせいしょ》」〔自身の裁量で決定できない事項について上層部の承認を得るための書類。起案書、立案書〕は栃木県知事白仁武から内務大臣芳川顕正に出されたものであり、谷中村の廃止に至るプロセスを明確にしたものであると思われる。

白仁氏は、こうも述べる。「きょうは、谷中村出身の方が何人かおみえになっています。さきほど、それらの皆さんにご挨拶し、いろいろお話をお聞きしました。先祖同士が対立する立場にあった者が、いろいろお話できた、私にとっては本当にためになる出会いということができます。……こうした機会を作っていただいたことに誠に感謝しております」。

「田中正造大学」は田中正造に学び、田中正造を世に発信していくことを目的とするグループである。それが、こうした言わば「和解」の場を作ったということは重要であろう。

白仁氏によれば、その頃の祖父の苦悩は大変だった。祖母、父、父の兄弟から色々聞かされた。知事公舎に住民が押し掛けて来て大騒ぎだったと祖母に聞いた。しかし、田中正造は死の床で白仁武は騎士道精神を持つ男だと語り、白仁は白仁で亡くなった田中正造のことを「立派な人物だった」と何度も語った。確かに白仁武は亡くなる直前の田中正造に見舞金三十円を送っている。白仁成文氏は言う。「互いに激しく対立しあった人間が、その人物、人格を互いに評価しあっているのです。こうしたことは、私にとっては多少なりともやすらぎを感じるわけなのです」。

谷中村に近い古河町長は、谷中村の強制破壊の人夫の募集に応じるなとは言わない。だが、行った者は二度と古河町に立ち入ることは断ると言った。関係者は、「その立場」と「一人の人間としての思い」との間で揺れ動いた。足尾鉱毒事件は多くの心を翻弄した。

故郷はアイデンティティの柱

明治三九〔一九〇六〕年七月一日〔白仁武の「無効」発言を招いた七月二五日の大洪水の直前〕、谷中村を藤岡町に合併する手続きが完了しました。強制廃村です。明治四〇〔一九〇七〕年一月初めには、土地収用法の適用が認可されました。認可したのは西園寺公望内閣の内務大臣原敬です。原は明治三八〔一九〇五）年一月から内相就任まで、古河鉱業の副社長です。全く、こんな話には考え込まされてしまいます。そして、村内を走り回って、村民を説得したのが吉屋雄一郡長です。

この結果、かなりの村民が退去しましたが、それに応じず、抵抗を続ける村民がいました。この残留民の家に対して強制破壊をやった訳です。同年の六月末から七月初めにかけてでしたが、これを目撃した当時九歳の少女が関口コトさんだったということです。

残留民は強制破壊の後も一〇年、仮小屋を作って生活を続けます。彼らがようやく外に出たのは大正六（一九一七）年でした。実は、この数年前、大正二（一九一三）年九月四日、田中正造が亡くなっています。庭田さんのお宅で亡くなった時のことは、先にお話ししました。その分骨地の一つが田中霊祠ですが、そこに大正六年二月二五日、百数十名の関係者が集まって、奉告祭が行われました。島田宗三は『田中正造翁余録』の下巻に、次のように書いています。

「まったく翁の意志に背くものであるが、これ（旧谷中村から出ること）より他に村民の執るべき途がないと信じたので、筆者は翁

旧谷中村跡地に広がる一面の葦（ヨシ）／渡良瀬遊水地

の霊前に許容を請い、もし容赦されないとすれば、私を罰して欲しいと願った」

読んでいて胸が詰まる思いがします。

かの白仁武知事をして、「心に恥ずることが多い」と言わしめた谷中廃村ですが、田中正造は、かつてこんなことを言っています。

「政府にて此の激甚地を捨れ《ママ》バ、予等は之を拾ッて一ツノ天国ヲ新造すべし」

これは明治三六（一九〇三）年二月五日、古河町停車場にて甥の原田定助宛に書いた手紙の一節です。原田定助は田中正造の妹のリンの長男で、原田家は足利の豪商です。

私は初めてこのフレーズを知った時、言葉がありませんでした。これはどうコメントしたら良いのか。奥が深い。軽々しく言葉が出て来るものではない。これをどう理解するのか、何か尤もらしいことが言えるようになるには、もっともっと勉強しないといけません。

ところで、少し話は戻りますが、強制破壊を受けた直後の七月二七日に、彼らは栃木県知事を相手に「不当廉価買収訴訟」を起こしています。この残留民が谷中村を出た三年後の大正八（一九一九）年、判決が出ました。「不当廉価買収」と言っても、別にお金が欲しくてやったのではなく、強制廃村に対する抵抗の一つの手法と言って良いでしょう。これは残留民の勝訴でした。

それから、印象深いことを一つ申し上げます。一九七二（昭和四七）年三月、谷中村を出て北海道に移住していた人達がどうしても帰りたいということで、栃木県に戻って来ました（「第二章」参照）。移住して六一年目の帰郷です。故郷というものは、人間のアイデンティティの大きな柱だと教えられます。

「足尾鉱毒事件」のその後

では、渡良瀬川の鉱毒の問題は、その後、どうなったのかということも考える必要があります。当然のことながら、依然、足尾の銅は掘り続けられました。言論が封殺されている時代ですから、その被害は表に出ていません。そのことが余り大きく報道されていないのも、また問題のように思います。戦後における鉱毒との闘いについては、板橋明治さんという方のお名前を忘れる訳には参りません。この方にもインタビューしています。お話ししたい話題はまだあるのですが、時間がなくなりました。ご清聴ありがとうございました。

【参考文献】

・足利市史編さん委員会『近代足利市史　別巻史料編鉱毒』（一九七六年、足利市）
・安在邦夫『左部彦次郎の生涯――足尾鉱毒被害民に寄り添って』（二〇二一年、随想舎）
・板倉町史編さん室『板倉町史基礎資料第六十二号（町史別巻一）板倉町における足尾鉱毒事件関係資料』（一九七八年、板倉町史編さん委員会）
・内水護『資料足尾鉱毒事件』（一九七一年、亜紀書房）
・大鹿卓『渡良瀬川』（一九七二年、新泉社）
・大場美夜子『残照の中で』（一九六九年、永田書房）
・鹿野政直『足尾鉱毒事件研究』（一九七四年、三一書房）
・木下尚江『田中正造翁』（一九二一年、新潮社）
・木下尚江『木下尚江全集』（第一〇巻）（一九九二年、教文館）
・小池喜孝『谷中から来た人たち』（一九七二年、新人物往来社）
・国土社編集部『林竹二　その思索と行動』（一九八五年、国土社）
・小林正彬「古河市兵衛」（『政商の誕生　もうひとつの明治維新』（一九八七年、東洋経済新報社）
・斉藤英子『社会政策と普選運動（菊地茂著作集第二巻）』（一九七九年、早稲田大学出版部）
・佐江衆一『田中正造』（一九九三年、岩波書店）
・島田宗三『田中正造翁余録（上）』（一九七二年（初版）、二〇一三年（新装版）、三一書房）
・島田宗三『田中正造翁余録（下）』（一九七二年（初版）、二〇一三年（新装版）、三一書房）
・志賀直哉『志賀直哉全集』（第八巻）（一九九九年、岩波書店）
・志賀直哉『志賀直哉全集』（第九巻）（一九九九年、岩波書店）
・志賀直哉『志賀直哉全集』（第十巻）（一九九九年、岩波書店）
・志賀直哉「大津順吉・和解・ある男、その姉の死」（一九七五年、岩波書店）
・志賀直哉『和解・城の崎にて　他四編』（一九七七年、旺文社）
・茂野吉之助『古河市兵衛翁伝』（一九二六年、五日会）
・東海林吉郎・菅井益郎『通史足尾鉱毒事件　1877－1984』（一九八六年、新曜社）
・東海林吉郎・布川了『復刻版 足尾鉱毒 亡国の惨状――被害農民と知識人の証言』（一九七七年、伝統と現代社）

・城山三郎『辛酸』（一九七八年、中央公論社）
・菅井吉郎『捧げつくして　永島与八の生涯』（一九四七年、群馬教壇社）
・砂川幸雄『運鈍根の男　古河市兵衛の生涯』（二〇〇一年、晶文社）
・田中正造全集編纂会『田中正造全集』七巻（一九七七年、岩波書店）
・田中正造全集編纂会『田中正造全集』八巻（一九七七年、岩波書店）
・田中正造全集編纂会『田中正造全集』十五巻（一九七八年、岩波書店）
・田辺聖子『ゆめはるか吉屋信子（上）──秋灯机の上の幾山河』（一九九九年、朝日新聞社）
・田村紀雄「足尾鉱毒事件」（神岡浪子編『資料近代日本の公害』（新人物往来社、一九七一年）
・筒井清忠『明治史講義【人物篇】』（二〇一八年、筑摩書房）
・栃木県史編さん委員会『栃木県史　史料編　近現代九』（一九八〇年、栃木県）
・塙和也『鉱毒に消えた谷中村』（二〇〇八年、随想社）
・戸崎賢二『魂に蒔かれた種子は　ＮＨＫディレクター・仕事・人生』（二〇二一年、あけび書房）
・永島与八『鉱毒事件の真相と田中正造翁』（一九四三年、永島与八）
・永野芳宣『小説・古河市兵衛　古河グループを興した明治の一大工業家』（二〇〇三年、中央公論新社）
・永畑道子『華の乱』（一九八八年、新評論）
・萩原進『上野国郡村誌16』（山田郡）（一九八七、群馬県文化事業振興会）
・林竹二『田中正造の生涯』（一九七六年、講談社）
・布川了『田中正造と足尾鉱毒事件を歩く』（二〇〇九年、随想舎）
・布川了『田中正造と天皇直訴事件』（二〇〇一年、随想舎）
・舟橋聖一『風中燭』（舟橋聖一選集〔第十巻〕（一九六八年、新潮社））
・村上安正『足尾銅山史』（二〇〇六年、随想舎）
・山口徹『左部彦次郎の選択と決断』（二〇二四年、ＮＰＯ法人足尾鉱毒事件田中正造記念館）
・山田郡教育会『山田郡誌』（一九三九年、須永善十郎）
・山本実彦『政府部内人物評』（一九〇九年、政府研究会）
・谷中村と茂呂近助を考える会『谷中村村長　茂呂近助』（二〇〇一年、随想社）

・由井正臣『田中正造』（一九八四年、岩波書店）
・由井正臣「ＮＨＫ市民大学『田中正造〜民衆からみた近代史』（1月―3月）」（一九九〇年、日本放送出版協会）
・吉屋信子『私の見た人』（一九七六年、朝日新聞社）

＊＊＊

・赤上剛「日清戦争前後の田中正造の行動と思想――日清戦争支持から非戦・無戦（軍備撤廃）論への軌跡」（『救現（№11）』〔二〇一〇年、田中正造大学出版部〕所収）
・飯村廣壽「谷中村と渡良瀬遊水地（河川法と谷中村買収）」（『日光市文化財調査報告第11集・足尾銅山跡調査報告書8』〔二〇一八年、日光市教育委員会〕）所収
・五十嵐暁郎「足尾鉱毒事件と転向――左部彦次郎の生涯」（渡良瀬川研究会『田中正造と足尾鉱毒事件3』〔一九八〇年、伝統と現代社〕所収）
・内山幸男「利根川決壊　ここが危ない」（『ＡＥＲＡ（№37）』〔一九九〇年九月一八日号、朝日新聞社〕所収）
・清水靖久「木下尚江にとっての田中正造」（『法学研究57・4』〔一九九一年、九州大学法政学会〕所収）
・東海林吉郎「魚類における鉱毒被害の深化過程」（渡良瀬川研究会『田中正造と足尾鉱毒事件研究③』〔一九八〇年、伝統と現代社〕所収）
・東海林吉郎「藤川為親県令の『布達』について　足尾銅山鉱毒事件・仮説を追って」（布川了『足尾鉱毒事件　虚構と真実』〔一九七六年、渡良瀬川鉱毒シンポジウム刊行会〕所収）
・東海林吉郎「捕遺藤川為親県令の『布達』について魚族の大量死と煙害発生年にみる足尾鉱毒事件の成立について」（布川了『足尾鉱毒事件　虚構と真実』〔一九七六年、渡良瀬川鉱毒シンポジウム刊行会〕所収）
・東海林吉郎・布川了『足尾鉱毒事件と農民』（飯田賢一『技術の社会史（第四巻）重工業化の展開と矛盾』〔一九八二年、有斐閣〕所収）
・白仁成文「祖父・白仁武について」（田中正造大学『救現（№7）』〔一九九八年、田中正造大学出版部〕所収）
・菅井益郎「足尾銅山鉱毒事件（上）」（『公害研究（第三巻第三号）』〔一九七四年、岩波書店〕所収）
・菅井益郎「足尾銅山鉱毒事件（下）」（『公害研究（第三巻第四号）』〔一九七四年、岩波書店〕所収）
・菅井益郎「白仁栃木県知事　賞与決定の閣議記録」（渡良瀬川研究会『田中正造と足尾鉱毒事件研究２』

〔一九七九年、伝統と現代社〕所収）
・独立行政法人エネルギー・金属鉱物資源機構〔JOGMEC〕「我が国の銅の需給状況の歴史と変遷」（『銅ビジネスの歴史』〔二〇〇六年、JOGMEC〕）
・冨澤成實「志賀直哉と足尾鉱毒事件——鉱毒問題演説会への参加をめぐって」（堀切利高『初期社會主義研究（第十六号）』〔二〇〇三年、不二出版〕所収）
・布川了「渡良瀬川改修工事と鉱毒事件」（渡良瀬川研究会『田中正造と足尾鉱毒事件研究1』〔一九七八年、伝統と現代社〕所収）
・三浦顕一郎「谷中村廃村」（「白鷗法学（18）」〔二〇〇一年、白鷗大学〕所収）

第二章

「谷中村」を生きる

取り上げる方々

本章においては、

【第一節】谷中村残留民

《一》関口コト

《二》島田清

【第二節】谷中村・村長と下都賀郡・郡長

《一》村長・大野東一／子息・大野五郎

《二》下都賀郡長・安生順四郎／係累・安生和喜子

【第三節】谷中村で睨み合った二人

《一》ジャーナリスト・菊地茂／五女・斉藤英子《えいこ》

《二》谷中村強制破壊の責任者・植松金章《きんしょう》

という構成で話を進める。

「谷中村残留民」の関口コトさんと島田清さんの二人は、明治四〇〔一九〇七〕年、谷中村の強制破壊の時、家を壊された残留民である。前者は当時九歳、後者は幼児であった。

「谷中村・村長と下都賀郡・郡長」の大野五郎さんと安生和喜子さんの二人は、谷中村を滅亡に追いやったとされる栃木県下都賀郡谷中村の村長〔大野孫右衛門・東一父子〕、及び、谷中村が属した下都賀郡・郡長〔安生順四郎〕の係累である。

「谷中村で睨み合った二人」の斉藤英子さんと植松金章・元栃木県第四部長の二人は、前者が田中正造と共に谷中村の強制破壊の現場に立ち合っていたジャーナリスト菊地茂の娘であり、後者は栃木県警察のトップで強制執行の責任者の立場にあった人物である。菊地茂と植松金章は破壊される家屋の前で対峙した。

この六人を取り上げる。

廃村まで

栃木県下都賀郡谷中村が廃村に至った経緯は、第一章「解説として」の通りだが、以下に簡潔にまとめておく。

古河市兵衛の経営する足尾銅山から垂れ流された鉱毒によって渡良瀬川沿岸の人々は壮絶な被害を受けた。この問題を地元栃木県選出の代議士・田中正造は国会で厳しく追及した。農民も自らの生活を守るために立ち上がり、警官隊と何度もぶつかった。だが、国策上不可欠な足尾銅山は操業停止にはならなかった。

こうした事態に対し、政府は谷中村を遊水地化する計画を立てた。渡良瀬川や利根川が洪水を繰り返し、それによって被害が一層深刻になるのだから、洪水調整の遊水地をつくればよいと考えた。こうして谷中村は廃村に追い込まれた。

明治三七〔一九〇四〕年一二月、栃木県会で事実上の谷中村の買収が決まり、その後、明治三九〔一九〇六〕年七月、藤岡町に合併。明治四〇〔一九〇七〕年一月、土地収用法の適用が認可された。だが、それに応じず、一六戸が残留した。このため、明治四〇年六月末から七月初めにかけて、彼ら残留民は官憲によって家の中から引きずり出され、家屋は破壊された。

#【第一節】谷中村残留民

##《一》関口コト

私だけ学問ができないの

一九八九〔平成元〕年九月二四日、市民団体「田中正造大学」[1] 坂原辰男事務局長の紹介で、栃木県下都賀郡藤岡町〔現栃木県栃木市藤岡町〕の関口〔旧姓水野〕コトさん宅を訪ねた。コトさんは、この時点において、谷中村の強制破壊を語れる唯一の生存者となっていた。

コトさんはやや耳が不自由であった。話す時は彼女に近寄って大きな声を出す必要がある。「東京から来た」と言うと、「遠いところをご苦労様ですね」と応じてくれる。この時、コトさんは九一歳。一方的に押し掛けた招かざる客への第一声が労いの言葉だった。

谷中村の話を聞きたいと訪問の主旨を伝えると、こう言った。

「お話もできないよ。昔の人で無学だから、恥ずかしい思いをした。口ができないんだから。どうしようもないよ。お話もさ、忘れちゃって」

自分は無学だと何度も言った。

「私がちょうど学校へあがる時分に、そういう訳〔廃村。強制破壊〕だから、家もなくなる、学校もなくなる、そういう中に挟まっちゃったから、学問ができないの。私の妹は学校へ来たよ。だから、妹も兄貴もできるよ」

九一歳になった今でも、私だけ割を喰ったと言う。

コトさんは明治三一（一八九八）年五月五日の生まれである。ちょうど日清戦争（明治二七年（一八九四年））と日露戦争（明治三七年（一九〇四年））の間に当たる。足尾銅山は外貨獲得にも、戦争に必須の銅の供給にも不可欠の存在だった。鉱毒の被害が拡大し、操業停止の声が大きくなっても政府がそれに応じることはない。コトさんが勉強できなかったのは、明治という時代が抱えた矛盾をもろに受けた結果と言える。

白い服を着たお巡りさんが一杯来て

谷中村の強制破壊は明治四〇（一九〇七）年六月末から七月初めにかけてであった。コトさんが九歳になったばかりの時である。

「コトさんは九歳の時に谷中村の強制破壊にあった訳ですね」

「そうだか知んない」

あなたがそう言うなら、そうだろうとの雰囲気である。

「実家は谷中村の役場の近くだったんですね」

「ああ、実家は役場の隣だよ」

筆者は坂原氏の案内で、旧谷中村跡地を二度歩いた。役場とは後述する谷中村の大地主・大野氏の自宅である。コトさんの父は水野彦市と言うが、大野宅と水野彦市宅は並んでいた。

「お家は役場の隣だけど、役場がここだと、ここ〔役場の南側〕が大通りになっていたんだよね。そこで、戦争…、日露戦争って言うんかな、凱旋門って言って、門が建ったのを知ってるよ。すげえ立派で、凱旋門だから、〔式典を〕やりました。見に行ったよ」

谷中村の廃村に不可分の関係がある日露戦争の凱旋門が同村内に建てられ、奉祝の式典が行われ、それが子供の印象に深く残っているというのも皮肉な話である。

水野家は、どのように壊されたのか。

「実家にお巡りさんが来て、たちまちに壊しちゃっただよ。うーん、記憶がねえんだけど、いくつくらいだったんべな。お巡りさんが、まあ、数は分かんなかったけど、白い服を着て、一杯来て、一三軒あった残留民だからね、そいつを一日で壊しちゃったよ」〔傍点筆者〕

「いくつくらいだったんべな」、コトさんは強制破壊時の年齢を忘れていた。

この発言を整理する。

①実家にお巡りさんが来て、たちまちに壊した。

②お巡りさんが数は分からないが、白い服を着て、一杯来た。

③一三軒あった残留民の家を一日で壊した。

①と②は理解できる。問題は③である。一般に強制破壊を受けたのは「一六軒」との理解があろうが、「一三軒」と言っても、実は問題ない。これは堤内の戸数である。残りの三戸は堤腹にあった。堤内の一三戸と堤腹の三戸は共に強制破壊に遭ったが、「理屈」が違った。水野宅を含む「一三戸」は土地収用法の適用である。だが、堤腹の三戸は栃木県からの借地であった。彼らは明治三八〔一九〇五〕年三月、契約期間満了前に継続借用願いを提出したが、栃木県はそれを却下し、さらに、その後、家屋を取り払って原形に戻すようにとの命令を発した。三戸はそれに応じず、強制執行となったものである。このため彼らには損害補償はなかった。[2]

だが、「一三軒を一日で壊した」というのは事実に反する。強制破壊は明治四〇〔一九〇七〕年六月二九日に始まり、七月五日まで行われた。水野家は七月二日〔強制破壊四日目〕であった。

そこで、「一日で一三戸を全部壊してしまったのか」と尋ねてみる。

「そうです。だから、〔お巡りさんが〕来た、来た、来た。有名だよ」

と答えた。やはりあくまでも強制破壊は一日で終了であった。明治四〇年からすでに八二年が経っている。歳月は幼き頃の記憶を曖昧にしていた。

明治四〇年七月二日〈1〉――水野宅にて

水野彦市宅が破壊された七月二日の様子は、島田宗三の『田中正造余録（上）』〔以下『余録（上）』

に詳述されている。また、同日は島田宅が前日に続き二日掛かりで破壊された日でもあった。島田宗三の叙述を通して、その時、残留民はどのように対処したのか。また、田中正造ら支援者はどのように振る舞ったのか。その一方で強制破壊の執行者は、どのように彼らの任務を遂行したのか。こうしたことを確認したい〔（ ）は原文。〔 〕は筆者。傍点筆者〕。

「第四日七月二日は〔島田〕熊吉〔島田宗三の兄。後述の島田清の父〕宅の残された建物の継続破壊に、次いで島田政五郎の母屋・納屋の二棟、水野彦市宅の母屋破壊。

この朝、執行官一行が水野方に到り、破壊に着手しようとしたところ、長女リウ（二十二歳）は、『父が不在ですから、父の帰るまではどのようなことがあっても、私は此家の長女ですので、絶対にあなた方に手をつけさせません』と拒否して動かず、その毅然とした烈女の如き態度には、皆自から襟を正した。さすがの執行官一行も手の下しようなく、木下〔尚江〕氏の慰撫により漸く同女を納得せしめて破壊に着手した。（その後、翁〔田中正造〕は東京の日本婦人矯風会主催の講演会で、この婦人の毅然たる態度を紹介推賞して満堂の聴衆を感動せしめたことがあった）」

水野家では、このような後世に語り継がれるドラマがあった。

「私の家は貧乏だったから小さかったよ、だいぶ」

部屋数はどれくらいだったのか。

「部屋数は分かんねえね。二間くらいだったべ」

大鹿卓の『谷中村事件』には、次のようにある。

「〔水野〕彦市の家の母屋は三間半に三間のボロ家である。廂《ひさし》はやぶれ、壁が大きく崩れて戸板で塞いである。そして全体がお辞儀をしたように東南に傾いている。屋後へ廻ると、床下の土が崩れ落ちて赤土の崖をなし、わずかに一本の椚の根が片隅の土を危く支えている」[3]

コトさんは言う。「当時、実家は魚屋だったんだよね、昔。お父さんが…、そんで古河《こが》〔古河町／谷中村の隣町。現茨城県古河市〕へ魚を卸しに行って、『いないからお父さんが来るまで壊さないでくろ』って姉〔リウ〕が言ったらしいんだよ。そしたら、それもかまわないの、壊しちゃったの」

右の『余録（上）』の話である。荒畑寒村は『谷中村滅亡史』で、次のように書いた。

「〔七月〕二日は更に人夫数十人を増し、嶋《ママ》田政五郎、水野彦一《ママ》、染宮与三郎等の居宅を破壊す。彦一の女リウは『父上在らざれば、一指たりともふれしむべからず』と、凛乎として拒絶し〔た。〕……この夜、大いに雨降る」[4]

同じ話を大鹿卓の『谷中村事件』は、こう記す。

「やがて〔島田〕政五郎方の三棟の破壊を終えた植松〔金章／強制破壊執行官〕の一行が、数隻の舟で到着した。どういう行違いか、予告の通知が届かなかったので、主人の彦市は早朝から藤岡へ出かけて留守である」

コトさんは「古河」へ行ったと言う、大鹿は「藤岡」である。さて、どちらだろう。

「長女のリウが、銀杏返しに手拭を被り、タスキがけのキリッとした様子で応待に出たが、『予告しなかったのはそちらの手落ちでしょう。お父ッつァんの帰るまで待って下さい』。中津川〔保安課長〕が何を言っても、リウはその一点張りで頑として受付けない。だが、彼はあせっていた。破壊もすでに四日、作業は遅々として捗らない。……今日からはなんとか進捗させたい。それにたかが田舎娘がという軽蔑もあって、有無をいわせず強行する腹になった。彼は顎をしゃくって人夫たちに命令した。すると間髪を入れず、『いけません。絶対にいけません』。凛とした声とともに、リウが、縁側へとびだしてきて、中津川の前に立ち塞がった。

その気勢に中津川が思わず後ずさりすると、代わって植松が気ぜわしく扇子を使いながら、『お前は知らないかしらんが、お父ッつァんはちゃんと承知しているんだ。嘘だと思ったらお母さんに聞いてごらん』。リウはその純潔な目に一図な思いをこめて見すえた。『私はこの家の長女です。お母さんがなんと言っても、父が帰らぬうちは私が承知しません。絶対に手を着けてはいけません』。

二十そこそこの娘の言葉とも思われぬ厳としたひびきに、一瞬あたりが粛然となった。母親のモトも四人の弟妹も、薄暗い座敷の隅にかたまっている。それを庇おうとする献身の自覚が、彼女に犯しがたい威を添えていた。

植松も渋い顔をして懐中時計を見つつ、中津川に耳打ちした。『どうもやむをえない。十一時まで十分間猶予するとしよう』[5]〔傍点筆者〕

傍点を付した薄暗い座敷の隅にかたまっていたという四人の弟妹の一人が無論コトさんである。「地位が人を作る」と言う。過酷な現実に直面しても人は成長する。大鹿はこう続けた。

「正造は先刻からのリウの言動を、残らず人々のうしろで見聞きしていた。そしてその毅然とした態度を、独り胸の裡で感嘆していた。……『環境の力はえらいものです。あらゆる虐げを受けたこの村に、ああいう女子が生れた。正義が人物を生むんです』[6]。」

この後、どうなったか。

「十一時になった。待たれた彦市はまだ帰らない。木下〔尚江〕が懇々と諭して、リウを納得させ、ようやく破壊に着手された」[7]

自分の家が壊されるのを、コトさんはどんな思いで眺めていたのか。

「分かんなかったけど、そう、そういうふうに壊されて…、雨が降って来て、凌いだけどね。それから何も考えなく…、いくつくれえだったたんべな」

家が壊されるのを見ながら、どんな思いでいたのかと問いに対して、答えは「分かんなかった」であった。後日コトさんの訃報を掲載した朝日新聞栃木版〔一九九〇年三月一九日〕によれば、「あの時は恐ろしかった」と語っていたとある。だが、この二つの発言は矛盾するものではなかろう。警官がいきなりやって来て、自分の家を壊して行くという通常あり得ない事態に直面すれば、それは当然、恐ろしいことである。そして、同時に言葉を失うであろう。その時、何歳だったかと、コトさんはここでもまた自問しているが、当時九歳であった子供にとって、目前で自宅が壊されたことについてのコメントを求められても、分からないというのも至って率直な思いであると思われる。

明治四〇年七月二日〈2〉──島田宅にて

「この日……憤激抑えがたく、〔東京から支援者が〕現場（島田熊吉・政五郎両家）視察かたがた見舞いに来村、路上で筆者〔島田宗三〕に対して、『谷中の人たちは、田中〔正造〕さんや木下〔尚江〕さんの無抵抗主義を守ってただ傍観しているが、こんな馬鹿げたことがあるものか。此際、君たちは決死の覚悟を以て破壊作業の彼等を叩き殺してしまわねば駄目だ。君たちがやれば、われわれも決して君たちを見殺しにはしない。ここにおいて世論が起り、谷中村復活の端緒となる』と勧めた。筆者がこれを翁に伝えると、翁は、『それは単純な青年の感情論から出た危険な考えです。そんなことをすれば本人たちは牢にぶち込まれる。その余の人たちは見舞いや何かと手がかかる。生活には困る。結果は空しく共倒れになってしまう。一例をあげれば、鉱毒事件が盛んな頃、僕は常々静粛々と注意を与えて来たのでしたが、明治三十三〔一九〇〇〕年二月十三日、大挙請願の途上、群馬県川俣の利根川の渡船場でこれを食い止めようとする官憲と衝突したため〔川俣事件〕、官憲によい口実を与え、兇徒嘯集《きょうとしょうしゅう》事件として被害民の主なるものは収檻され、被害地には毎日官憲が出入りして検挙につとめるという有様で、被害民はみな怯えて死人のようになる、離間中傷は盛んに行われる、人心はこの派生の被害事件に気をとられて、大事な鉱毒事件に尽す力が緩慢となってしまって実に大失敗をした。僕はこうした経験もあるし、如何なる時と場合とに論なく、暴力で対抗することは絶対に好まない。われわれはあくまで憲法・法律を正当に実行せしめて谷中村──鉱毒水害地全体──の復活を図るのですから迷うてはなりません』と諭された。

次いで午前十一時頃〔前記の通り水野宅が壊された頃〕、東京から島田三郎氏〔大隈重信系政党の衆議院議員。ジャーナリスト〕が慰問兼視察のため来村、水野方に至り執行官と会見し、後刻間明田《まみょうだ》方の対策事務所で再会することを約し、翁および木下・小山〔東助〕(毎日新聞記者)両氏と同じ舟に乗り、筆者と島田平次・佐山梅吉〔上記「堤腹」の住民〕・竹沢釣蔵がその舟を漕いで村の移堤(明治二十五、六年頃、赤渋沼の外に移した堤防)の破堤所を視察した。巡査も尾行していた。

午後一時、子爵松平直敬(貴族院議員)来村、対策事務所に於て島田三郎氏と共に執行官と会して事件の経過を質された。

『人の住んでいる家を強制破壊するに当って、その立退き先を指定せず仮小屋をも用意しないということは政治上最も不当ではないか』

この子爵の難詰に対して、執行官は、法律上そうした規定もないから別段差し支えない云々と答えた。子爵は、『法律に規定なしとするも生きている人間を雨曝しにしてよいという法律がありますか。これは人道上・衛生上許すべからざる罪悪ではないか』と責められ、執行官は弁解の言葉もなく、ただ黙するのみであった。

この夜、家を破壊されたものは、各戸とも皆露宿したのである。筆者のところも、庭前の畑に竹藪から刈り出した篠竹四本を立てて蚊帳《かや》を吊り、青空天井のもとで一夜を明かすことになった。

ところが、夜の一時頃、大きな雷が鳴り出し、篠つく雨が襲い、七十歳の祖母、生後八ヵ月の幼児

〔島田清〕など家族八名が一本の破れ傘に固まって、辛くも雨の止むのを待っていた。その時、遠くの方から人声が聞こえてくる。巡査の警戒か気のせいかとジッと耳を澄ましていると、雑草の中にちらちら灯が見える。やがて『やあ、やあ』という田中翁・木下・菊地〔茂／後述の斉藤英子の父〕・星野〔孝四郎〕諸氏のずぶ濡れ姿であった。一行は未破壊の間明田方に泊っていたが、夜間の電光雷鳴を聞き、露宿者の身の上を思って飛び起き、雷鳴豪雨の中、あるところは舟に乗り、あるところは泥水に浸り、またあるところは頭を覆う雑草を押しわけての慰問である。一行は無言の愛撫、至情の涙を筆者の一家に贈って、茂呂家を指して闇の中に消えて行った。

翁時に六十七歳。私はこの老義人の至誠を全世界の何ものよりも有難いと感涙に咽んだことを、いま猶忘れることができない」(8)

＊＊＊

コトさんは言う。

「壊し終えて、夜になって雨が降った。そんで、兄貴とお父さんで、その壊した戸板か何か、こうやった〔仮小屋を造った〕んでしょ、ええ」

人為的な厄難に続いて、自然現象の災難の追い打ちである。こうして、暴風雨の中で、「何も考えなく」〔コトさん〕、時が過ぎて行った。貴族院議員の松平子爵の指摘を待つまでもなく、無茶苦茶である。

「昔と今は違うからね」

とコトさんは嘆いた。確かにいくら何でも、今日においては、ここまではできまい。

『余録（上）』に、強制破壊された水野彦市の仮小屋の写真が掲載されているが[9]、その右脇に一人の少女が立っている。年齢的に見て、コトさんかもしれない。

田中正造と原敬

強制破壊の時、田中正造はどんな様子だったのか。

「やっぱり家を壊すんだから、近所あたりから来るっていうと、田舎へ来るっていうと、正造さんは怒っていたね。『泥棒、泥棒』って怒鳴って、お姿があるよ」

前段の「近所あたりから来るっていうと、田舎へ来るっていうと」の箇所は少々意味が取りづらいが、強制破壊の時の田中正造の様子を尋ねる質問に対する回答であり、かつ、「やっぱり家を壊すんだから」と切り出していることから、「強制破壊の執行官に対して、泥棒と怒っていた田中正造の姿が目に浮かぶ」と言っていると、解釈できそうだ。

あるいは、それ以前に土地収用のため調査にやって来た役人に対して叫んでいた情景と重なりあっているのかもしれない。というのは、田中正造が「泥棒」との罵声を浴びせていたことは知られている。荒畑寒村の『谷中村滅亡史』に、次のエピソードが描かれている。

「彼等は皆な《ママ》大泥棒ですぞ、彼等を御捕へなさい、逃がしチャ可けませんぞ《ママ》」悲痛の叫び風の如くに過ぐる者は、栃木県庁の吏員が数名の巡査を引き連れて、谷中村買収の調査に来れるを追ふ老義人田中翁が大叫声なり」[10]

強制破壊の初日、明治四〇（一九〇七）年六月二九日、内務大臣原敬は次のような日記を書いた。

「栃木県谷中村買収貯水池と為す事は数年前より確定し決行し来りたるも、残十三戸絶対に収用に応ぜず（堤腹の三戸が栃木県の借地であることは前述）、依て本日より公力を以て破壊に着手せりとの報に接す、此事に関しては先達同県警部長植松金章来省し内意を聞きたるに因り、差支なかるべし、但世間の誤解を醸さゞる為めには少々緩慢の謗を受くる位になす方宜しからんと注意せしに因り、本月初より段々延期し来りて遂に今日決行する事となしたるが如し」[11]

強制破壊の執行官、植松金章は事前に原敬を訪れ、原の指示を仰いでおり、原は差し支えないと承認を与えつつ、世論対策として、少々緩慢との誹りを受けるくらいのペースでやった方が良いと指導している。この時の原は第一次西園寺公望内閣の内務大臣である。内務大臣は国内の行政、警察に絶対的権力を有する。だが、ここで忘れてならないのは、彼は内務大臣に就任するまで古河鉱業の副社長であった。[12]

その後、原は強制破壊が終了する二日前の七月三日、明治天皇に事態を報告した。

「参内拝謁して……御礼も言上せり、同時に序を以て栃木県谷中村残留家屋十三戸破壊の情況を奏上せり、此事たる特に奏上すべき程の問題にも非ざれども、新聞紙上に毎日登載に付序ながら奏上せしものなり、要するに法律を無視し、田中正造等の教唆によりて頑として動かざるものなり、百七十戸斗りの内僅かに十三戸は止りて動かず、依て破壊せしなり」[13]

わざわざ陛下のお耳に入れるまでもないことだが、新聞で連日騒がしいから、ついでに奏上したという訳である。そして、残留民は田中正造らに唆《そそのか》されて居座っていると言う。だが、実は、この時、残留民はすでに田中正造を超えていた。彼らの態度に田中正造も心を打たれていた（第一節、関口コト「水野家のその後」、第三節、植松金章「弁護士に転身」等）。

執行官名の「告知書」

植松金章は、七月一一日、残留民に対して「告知書」を出した。[14] その主旨は以下の通りである。

今般旧谷中村に残留する一六戸に対して強制処分をなした。取り壊した家屋の資材は藤岡町の官有地や鹿島神社、あるいは谷中村の雷電神社に移転した。この一六戸の人々には新住居が決まるまで、栃木県は藤岡町の官有地や鹿島神社に「一時仮小屋を造ることを許可したるに、未だ該所に引移りたる者無く、其儘旧所有地に占拠して居る」が、これは不当なことであるだけでなく、「家屋住居の設備なき場所に不完全極まる小屋を掛け、辛うじて雨露を凌ぐが如きは、衛生上より見るも寒心に堪へざるものあり」。従って、速やかに前記の県が許可した場所や、その他適切な場所に移るべきである。

これが告知書の大筋であるが、読んでいて胸が苦しくなる。仮小屋を造ることを許可したのに、そこに移る者はおらず、そのまま居住地を占拠していると非難する一方で、不完全極まる小屋で辛うじて雨露を凌ぐのは「衛生上より見るも寒心に堪へざるものあり」と気遣う言葉を並べる。「寒心に堪へざる」とは「恐ろしさや不安に襲われ、心配でたまらない」との意だが、これについて島田宗三も、荒畑寒村も心配したふりをする狡猾な文章だと批判する。[15]

この告知書には、次の指示もある。取り壊した家屋の材料は、これを保管する責任は栃木県にはないのだが、まとめて置いた場所に一時的に巡査を配置していた。しかし、強制処分開始〔六月二九日〕から十数日が経ち、物件の移転も一応終了したので巡査を引き上げる。今後は各自で適切な処置をせよというものである。

処分から十数日が経ったから巡査は引き上げると言うが、この「告知書」は七月一一日付だから、最終日の七月五日からはまだ六日に過ぎない。初日の六月二九日から数えて、やっと十数日〔一二日〕になる。巡査を置いたのは保管ではなく、あくまでも強制破壊に伴う混乱防止のためだろう。

この告知書は植松の名で出されているが、行政組織としての対応だから植松本人の執筆とは限らない。とはいえ、己《おのれ》の名で出すのだから本人が了解していないことは、まずあり得ない。

島田宗三は「いかにも親切らしく見えるが、……それほど親切心があるならば、破壊前に立退き先を用意すべきではなかったか[16]」と批判する。荒畑寒村も「〔植松金章の〕辞令の巧みなる」が、「されど何故にまず村民のために、粗末なりとも仮住居を作[17]」らなかったかと、同趣旨の批判をする。

これは全くその通りである。だが、親切ごかしにしか読めない矛盾した文面は、少なくとも強制破壊の執行責任者として職務を遂行し終えた結果、そこに現出した事態が紛うことなき惨状であったことを、植松自身、認めざるを得なかったということを示しているとは言えないだろうか。植松金章は、この結果を、一人の人間として、どう受け止めたのだろう。第三節で考察する。

水野家のその後

その後、水野一家はどんな様子だったのか。強制破壊が終了した七月五日から二日目の七日、朝から雨模様のこの日、東京から弁護士やら新聞記者やらが来た。田中正造は木下尚江、菊地茂と共に迎えた。彼らは谷中村を視察し、一旦古河に戻った。ところが、夕暮れ時になって、風を伴う豪雨となった。すると、この日、東京に戻る予定だった万朝報《よろずちょうほう》の某記者が雨中の村民の苦労を実見したいと言い出した。田中正造はひどく疲労していたので、木下尚江と菊地茂が彼に同行して、再び谷中村に戻った。彼らの見た水野家は次のようであった。

「どこの小屋も麦藁《むぎわら》や真菰《まこも》を葺いただけなので雨洩りに閉口しないところはない。水野彦市などは、小屋のなかで夫婦が蓑笠を着て、子供を二人ずつ両腕にかかえて茫然としていた」(18)〔傍点筆者〕

ここで抱えられていた子供の一人がコトさんである。

その数日後〔明治四〇年七月一二日〕、田中正造は甥の原田定助に葉書を出した。

「見るもの皆酸鼻。昨夜も亦暴風雨ニて小屋の屋根ふきめくり、雨ハふりて老幼までもみのかさニて終夜夜《しゅうやや》〔ママ〕をあかし、今朝の顔色蒼ゝ、見るもの皆酸鼻、下野ハ何んの面目」(19)。水浸しの谷中村を襲う雨は残留民を苦しめた。

さらに、それだけでは済まなかった。強制破壊の翌八月半ばから雨が降り出し、月末には暴風雨となった。利根川は逆流し、谷中村付近は大洪水となった。田中正造は古河にいたが、仮小屋の人々が心配で東奔西走した。高瀬船を雇い、水と米を積んで、万朝報の記者と一緒に谷中村へ入った。ある地区の残留民は堤外の同志の家に避難していた。別の地域の残留民は仮小屋の中に小舟を浮かべたり、木につかまって激流に揺られたりしながら過ごしていた。途中、染宮与三郎を訪ねたが、仮小屋も人影もなかった。

やがて田中正造は「水野彦市の屋敷に漕ぎ着けた。この家もまた染宮と同様人影もなく、先端ばかり見える竹と梢まで浸った樹木のみ水中に立っていた。翁はいよいよ不安に襲われながら西進して」、見舞いを続けた。「行方不明ではないかと心配していた染宮と水野（彦）は、南方渡良瀬川沿いの花《はな》立《たて》の堤防が浸水を免れていたので、そこに避難して戸板をかざして減水するのを待っていた[20]」。

この頃、残留民は自らの置かれた立場をどのように考えていたのだろうか。これについて興味深い話がある。下都賀郡と藤岡町の役人が救済米を持って来た。これに応じたある老人は、こんなふうに言った。救済米とは有り難い。だが、この洪水はあなたがたが故意に瀦《ちょ》水池という水溜りを作ったが故のものである。我々は飢死にしても、そんなものは要らない。片手で撲り殺しながら、片手で末期の水をやるというような扱い方は真平御免だ[21]。正に理不尽との闘いであった。「困難と危険に直面しながら、ひとりも居村を離れようとしない残留民の決意を、翁は激賞した[22]」。

彼らは、ただ田中正造に付いて行っただけの存在ではない。足尾鉱毒事件に人生を掛けた田中正造は教科書に書かれる。併せて谷中村残留民の強固な意志も書かれてもいいだろう。彼らは日本の近代化のための矛盾を一身に背負った存在であった。

水野彦市の死

コトさんは続けた。水との闘いはやはり強烈な記憶となっているようだ。

「魚屋だから、家を壊される時にはお魚を売りに行ってていなかったけど、その後、嵐が出て、水が家の中へ、これっくれえ入ってたんだよ。ほんに嵐、おっかなくってさ。四つ上の兄貴がいて、あっ、そん時はお父さん亡くなっちゃったんだ、その大水の時は。

ほんで船に乗って、細引き〔麻などを縒って作った細い縄〕で、こういう柱へ細引きを付けて、壊した小屋だったんべ、兄さんが夜っぴいて引っ張って凌いだよ。水が家へ、これっくれい入ってたんだから。ほんで、夜の明けるのを待った。そん時は、だから、とう〔一〇歳〕くれえになってたんかな」

コトさんはしゃべりながら、記憶を正している。この前半部は、次のように言っているのであろう。「強制破壊の時、父の水野彦市は魚屋だから魚を売りに行っていていなかった。そして、強制破壊に遭った後、嵐になって、水が仮小屋の中へ、これくらい入って来た。本当に嵐は恐ろしい。そこで四歳上の兄が…、あっそうか、今、話をしようとした大水は強制破壊の時ではなくて、父が亡くなった時のことだ」。

強制破壊の二年後、明治四二年五月二六日、水野彦市は亡くなった。コトさんは満一一歳になっている。

「早死にしたからね。四四（歳）かな、亡くなったの、厄年で」

水野彦市が亡くなった時のことは『余録（上）』に詳しい。水野彦市は「かつて、公益のためその所有地が必要ならば貸与しようと申し出て県の買収に応じなかった」[23]と同書は記す。彼の気骨が如実に伝わる。そんな彼が多年の水害や仮小屋生活で病に臥せったと島田宗三が伝えると、田中正造は水野の仮小屋に飛んで来た。この時、「水野は生活の不如意と交通不便のため、医師の往診さえ受けずに、ただ生死を天に任せるよりほかないという悲境にあった」。

「生活の不如意」と「交通の不便」。水没した谷中村の仮小屋で暮らせば、こうもなるだろう。

コトさんが語る後半部は意味が取りづらい。仮小屋の中に、水が「これっくれい」入って来たので舟に乗って、兄が小屋の柱に細引きを付けて引っ張って凌いだ。そうして夜明けを待った。こんなところだろうか。とにもかくにも大雨や洪水を喰らうと、こうだった。通常の人の住まいではない。水野彦市は、こんな過酷な仮小屋生活の中で瀕死の状態に陥っていた。

田中正造は五月二五日、上京して京橋越前堀（現中央区新川）の和田医師に会い、谷中村への往診を頼んだ。この医師はかつて鉱毒被害民の施療に携わったことがある。『余録（上）』によれば、「和田氏も大いに同情して、翌二十六日夕刻往診することを快諾されたので、翁は一泊して帰村。

当日は風波が高くて谷中村へ船を出せるかどうかと案じながら、古河駅前の田中屋で和田院長を待った」

「ところが、〔午後〕六時五十分、谷中から使いが来て、『水野が今日午後四時半ついに亡くなりました。亡くなる時に、谷中事件の解決を見ずに死ぬのは実に残念だといわれたそうです』云々と悲報を伝えた。翁は愁傷落胆潸々《さんさん》として答える言葉もなかった」

そこへ和田医師が東京からやって来た。

「それとも知らぬ和田院長は、七時四十分古河駅に着き、翁からその由を聞いて只黙々。わずかに田中屋で一杯の茶を飲み、哀悼の情にみたされながら次の上り列車で空しく帰途に就いた」(24)

旧谷中村共同墓地、「水野彦市之墓」とある／渡良瀬遊水地・谷中村史跡保存ゾーン

林竹二は『田中正造の生涯』で、水野彦市の死に関連して、次のように語る。

「田中正造は、〔明治四二年〕五月二十八日の日記に、次のように水野彦市の死を悼む記事を残している。一昨二十六日の夜八時、東京京橋和田病院長、古河町に降車す。谷中水野は四時四十分すでに死すとの報あり。和田氏直ちに帰らる。たとえ病者を訪わざるも、心はすでに診察を受け、又診察せられたりとしるす。但し死者を蘇らせ賜えと乞わざりしは、其の時与の信仰の足らざるを覚えたり。

水野彦市の死は、正造の開眼の最初のきっかけになった。左の記事がそのことを示している。これを書いている正造の念頭に、荒野で餓えて悪魔に試みられたイエスに関する聖書の記事があったことはたしかである。

いかなる人にても、野に裸体のまま風雨にさらさば真面目となる。此の時の一瞬間、神に救わるるなり。又悪魔にさらわるるなり。石をパンにせよとはこの時にあり。人はパンのみに生きるものにあらずと答えしはこの時なり。

ここで悪魔に試されたのが、谷中の残留民であることは、イエスについていわれた『荒野で餓えた』が『野に裸体で風雨にさらされた』という語でおきかえられていることによって、明らかである」(25)

田中正造の思想に聖書は強く影響を与えるようになっていた。

「そんで昔の人はやっぱり偉かったね。私の裏の家の人だけれど、海老瀬〔群馬県邑楽郡海老瀬村／現同郡板倉町〕に家があったんだよね。そんで、その家の長屋を一つ貸してくれた。それで、その家を借りて一ヶ月くらいいたでしょ。水の時に、出たらまた行ったの。だから、そこに弟とお母さんがいて、みんなが面倒見てくれたけど、そこへ一度行きてえなあと思うけど」

こうした辛酸の中での厚意は終生忘れられるものではないだろう。

水野家のこと

水野家はどれくらい続いていたのか。

「分かんねえんだよ、それが。あんまり位牌を粗末にするんじゃねえって、お寺様が言うけれど、お父さんは悪い人じゃあなかったけど、でっかい仏様があって、そん中に一杯位牌があって、水が出る度、それが流されるんで、始末が大変で、しめえにゃあ、厄年の年には、こんなにお位牌が…、だからって言って、お位牌をみんな庭に出して燃やしちゃっただ。だから分かんないの、古いんだけど」

水野彦市は厄年、つまり亡くなった年〔明治四二年〕に位牌を燃やしたと言う。仮小屋での生活で多くの位牌の管理が大変だというのはよく分かる。右の証言の水野彦市は悪い人でなかった云々は、こともあろうに位牌を焼いたとお寺さんが非難したのだろうか。だが、普通は、こんなことはしない。詰まるところは、強制破壊によって先祖供養すら困難になっていたことが理解できる。強制破壊は先祖から末裔へと連綿と続く家系も否定したと言えよう。

焼いた位牌は、どれくらいあったのか。

「うんとあったらしいよ。一杯あったらしいから」

コトさんの答えには、残念ながら、おおよその数字も出て来ない。

しかし、「一杯」ということは、水野家はかなり古いのだろう。

「古かったらしいね。水野一家っていうのが五軒ぐれえあったらしいけど、本家は三鴨〔下都賀郡三鴨村／谷中村の北方〕へ上がってんよ、古河と。

ほんで、成田山てのがあって、成田山の屋敷はでかかったよ。成田山を飾って、こんな高い成田山が、ちっちゃいんじゃないんだよ。大きい、今、古河へ行ってる。その一家が古河へ何軒も上がったもんで、持っていかれちゃった。

やっぱり水野ってのが、向こうへ何軒も上がったんで、藤岡にも成田山、あるけど、小さいよ。このは、ちっさいよ。うちのはこんなに大きかったよ」

何を持っていかれたと言うのか。

「成田山だよ」

成田山の御札でもあったのか。

「御札じゃねえ。お姿があったんだよ。ちゃんとお姿が。ちゃんと火を背負った成田山の屋敷が、でかい屋敷があったんだよ。成田山の屋敷が。それが、水野一家があっちへ三軒か四軒上がったんで、向こうへ持っていかれちゃったの。水野一家で持ってたの、成田山を」

ここもコトさんの証言を整理しよう。その趣旨は、

「水野家は古かったらしい。五軒くらいあったようだが、本家は三鴨へ上がった。古河へ行った一族もいる」

「火を背負った大きな成田さんを祀った屋敷があった。水野一族は三〜四軒、古河へ上がったので、

成田山はそちらに持っていかれてしまった。藤岡にもあるが、小さい」

成田山とは「不動明王」のことであろう。大きな不動明王を大きな祠に祀って信仰していたようだ。

「新宅らしいんだよね。まぁー隠居の家は隠居の家って言うんだから」

隠居とは誰なのか。

「本家があって分けて出したから、隠居って言っただべね」

何だか話がうまく噛み合っていない。そのまま話は他に流れた。

谷中村の農業

コトさんが育った頃の谷中村について伺いたい。

「うーん、やっぱり…、何となく良かったね」

谷中村の農業は、どんな様子だったのか。

「お米をとったり、麦をとったりして暮らしたんだよ」

魚が一杯とれたはずである。漁労はどんな様子だったのか。容易にとって食べられたのか。

「食べました。『今日はエビを大根と煮ましょう』と言うと、川が家の方には一杯あったから、ちょいとササっていうのを下げといて、たくさんエビがとれたろ。で、エビで大根を煮て…」

でも、川の魚には足尾の鉱毒が含まれているから食べるなと、皆は言っていなかったのか。

「うーん、大丈夫だったんだね。魚、食べたよ。ワカサギっていうんで、美味しい魚で」

それを食べて、体調を崩すことはなったのか。

「悪くなんない。ワカサギって、今でもあるでしょ。それが川の方のは美味しかった。ナマズ…、ナマズを叩き切って、叩き台があって、鉈で叩いて、それを天婦羅に揚げるでしょ。これくらいの団子にして、そういうの食べてた。それを、こんなザルがあって、ザル一杯揚げて、よく持って行ったよ、兄さんが近くにいて。

で、今は車だけど、昔は歩きだからねえ、佐野〔栃木県安蘇郡佐野町／現佐野市〕から魚屋さんが…、亀井さんて言う人だったけど、大きい人でねえ、うちは問屋していたから、買いに来るんですよ。三日おきくらいに、歩きで、佐野から谷中村へ。

ほんで、何でもお魚はあるけど、しゃれたものもないけど、お昼のお惣菜の何か、谷中でとれたおこうこう〔お香々／漬物〕は美味しいんで、おこうこう出して、『美味しい、美味しい』って食べた覚えがあるよ」

魚や野菜を気にせず食べていたと言う。コトさんが谷中村で生まれ育ったのは明治三〇年代だから、鉱毒被害の影響がすでに出ている訳である。

「その鉱毒事件は毒になんなかったねえ。みんな大丈夫だあ、だから、谷中を立ち退きたくねえって、残留…、みんな…。随分とれましたよ、お魚」

菜の花はかなり大きなものが咲いていなかったか。

「咲いたよ、菜の花。やっぱり白菜はできたよ」

そういうものを食べてはいけないというようなことはなかったのか。

「ああ、そういうことはなかったねえ。知んなかった。結構丈夫だったよ」

谷中村の延命院跡では、今もホウレンソウが育たないと、坂原辰男・事務局長は言う。育つ食べ物と育たない食べ物があったようだ。これについて、筆者はかつて布川了・渡良瀬川研究会代表幹事の見解を問うた。それによると、足尾銅山の採鉱や精錬の工夫ないしは進歩によって、中下流域にまで及ぶ全面的被害から、上流の毛里田《もりた》〔群馬県山田郡毛里田村〔現群馬県太田市〕〕等の用水の取入口に集中するようになったのではないかとのことであった。確かに毛里田の被害は甚だしく、鉱毒被害が顕在化して百年になろうという一九八九年時点で、そこでとれた米は食用でなく、糊に使われていた。そして、用水路には太陽光線を受け、キラキラと輝く銅の欠片があった。また、他には明治三五〔一九〇二〕年の大洪水で渡良瀬川上流で土砂崩れがあり、そのため毒土が一時的に埋まったという見方もある。飯村廣壽は、明治三五年一二月、第二次鉱毒調査会に提出された「古在由直・上野英三郎報告書」において、堤外地を除く谷中村〔堤内地〕は鉱毒を含む土壌が比較的少ない状況にあることを指摘している。(26)

仮小屋時代

強制破壊にあってから仮小屋には何年くらい住んでいたのか。

「一〇年くらいいたんではないでしょうか」

明治四〇〔一九〇七〕年の強制破壊から、島田宗三が田中霊祠に詫びた大正六〔一九一七〕年までである〔第一章「故郷はアイデンティティの柱」参照〕。記憶は間違いない。

どんな暮らしだったのか。冬は寒かったのではないか。風が吹きやすい地形のように思われる。

「感じがないね、若いから。風はあったよ。だけど、やっぱり葦があって、こう葦を掛けておいたから、〔家の〕周りに、温かかったよ」

とはいえ、吹きさらしではないのか。

「風はあったねえ」

水野家は魚屋であったが、後に藤岡に上がってから葭簀《よしず》製造をしている。谷中村では冬場の重要な仕事であった。

先の話では佐野から魚屋が買い付けに来たと言うが、それは強制破壊後も続いたのか。

「うん、そうすると冬まで佐野から、ほら問屋だから〔買いに〕来るんだよ」

魚は年間通して結構とれたのか。

「魚、とれたぁー。お蚕様《こさま》いれるザルがあるね。こう大きい。ああいうのにエビを乾しといて、それを売るんで、ほんだから一杯広げてね」

蚕を入れるザルにエビを干したという話だが、谷中村では蚕も飼っていたのか。

「うちは蚕は飼わない」

谷中村の養蚕はどうだったのか。

「古沢ってのが下宮《したみや》に上がってるけど、あれは大物でね、そこの家は飼っていたよ」

機《はた》はやらなかったのか。

「機織やった。私もやったよ、機織。ほんで谷中から機織ると、道陸神《どうろくじん》〔道祖神〕ちゅう、あそこまで背負って来るんだよ」

谷中村では賃機《ちんばた》〔機屋から糸などを預かって賃銭を取って機を織る〕は盛んで、村の経済を潤していた。

＊＊＊

魚や野菜が安心して食べられたのかとの点は気掛かりだが、ともあれ、強制破壊を受けた後の谷中村で仮小屋生活を続けて行くには、村でとれた魚や野菜を食べていかねばならなかったであろう。城山三郎は、田中正造と足尾鉱毒事件を描いた作品『辛酸』の中で、谷中村復活を唱えて動けるのは田中正造と数名の農民だけであって、「土を食ってでも、と言い張るがんこな残留民たちは、相変らず仮小屋に住みつき、萱を編み魚をとるその日その日の生活に追われていた」(27)と表現している。

そんな中でも、何か少しでも楽しい思い出はないのだろうか。

「楽しい思いはなかったねえ（笑）」

例えば、お祭りとか、正月とか。

「ああ正月…、新しい下駄買ってもらって…、何の感情もないねえ」

「買収になってから一遍、盆踊りがあったよ。〔牛頭〕天王様があって、土手の上に、そこで盆踊りがあった、一回。盛《さか》っておったね。櫓《やぐら》をかけて、そこで、まあ周りを踊ったんだ」

土手というのはどこか。

「古河へ行く、ほら、あっちの方にずうっと土手があったから。下宮《したみや》っていうところ。今、渡良瀬〔川〕はこっちになったけど、昔はあっちにあったからね。私らが子供の時には渡良瀬〔川〕はこっちで、こう土手があったんですよ。大きい土手があって…」

大鹿卓の『谷中村事件』には、この牛頭天王の祠の辺りを田中正造が福田英子〔後述〕と一緒に歩く場面が描かれている。

その盆踊りには、どれくらいの人が集まったのか。

「うーん、若者だけ。私ら一四〜五歳だったべ。ほら、お兄さんのあとくっ付いて…」

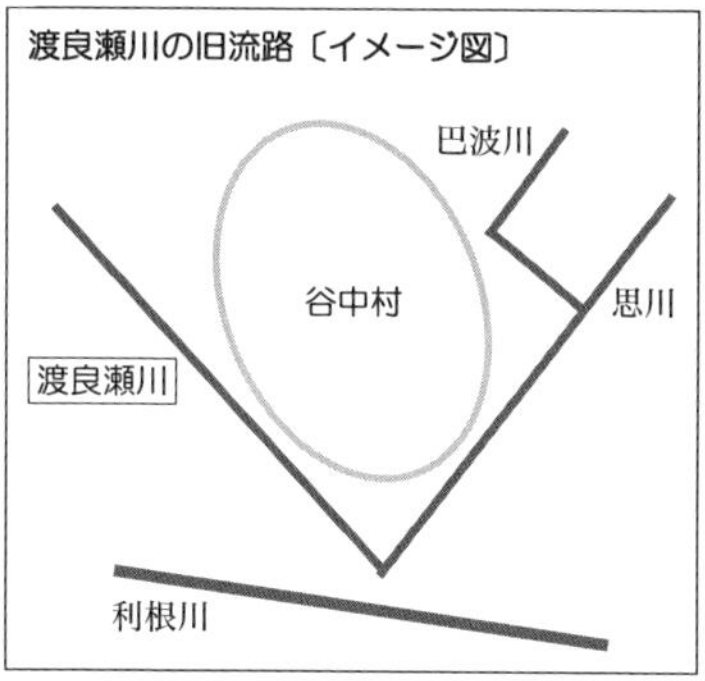

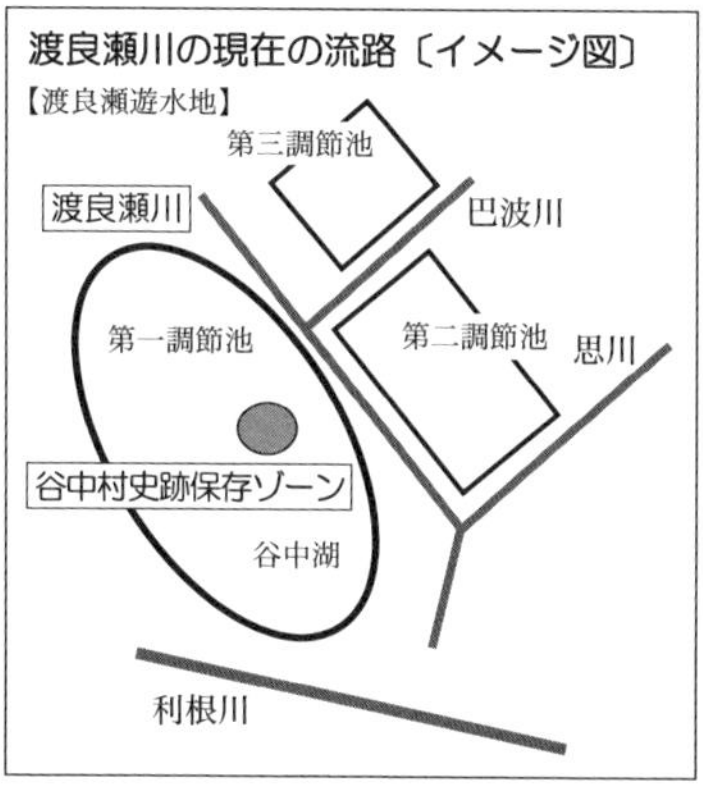

ということは、強制破壊から五〜六年後、明治末から大正初頭〔一九一二年前後〕の話である。
「大きな土手があって、それが切れると水が出て、それでひでえめにあった」
再び洪水の話になった。
「怖かったね。嵐でさ、早く夜が明ければって、ただ考え…、そんなもんだったべ。怖くて、嵐で、水が家ん中へ、これっくれえ来てるんでしょう。ほんで船に乗って兄貴が細引きを柱へくっつけておさめて、夜っぴいて過ごしたんだもの。ほんで夜が明けてから上がったんだよ、海老瀬へ。だから、昔の人は良い人だったべ。長屋一棟貸してくれて、それもお礼したんだか知れん。分かんないよ、私は。一ヶ月くれいいたの」

表現に多少の違いはあるが、先の話の繰り返しである。やはり強烈な記憶なのだろう。

「お兄さんが兵隊に出る時にゃあ、昔は兵隊から逃れるようにって言って、神社を巡っただよ。拝んで畳に上がったのね。怖いから、私を連れて行くんだよ、兄貴」

「徴兵逃れ祈願」である。盆踊りで兄と一緒に歩いた記憶から思い出して話題にしたのだろう。

コトさんは、最近、テレビの取材で谷中村を訪れた。

「見たよ。なぁんとなく恋しかったね。そんで実家はお墓とそんなに離れていないんだけど、寄りたくなって、ほら、テレビ局で連れて行ったんだから、寄らなかったけど、〔旧谷中村は〕草で一杯。何年ぶりだべね。藤岡へ上がってから…、一八〔歳〕ぐれいで〔藤岡へ〕来たんかな」

残留民が旧谷中村を出たのは、大正六〔一九一七〕年のことだから、藤岡へ上がって以来ということは七八年ぶりになる。

北海道移住

コトさんは、谷中村から日露戦争に出征する人達や、北海道や那須へ移住する人達を見送ったことになる。

「強制破壊は覚えがあるけれども、北海道へ行ったのは覚えがないね。北海道は谷中の残留の前の話じゃないんですか」

北海道サロマベツ原野に移住したのは明治四四〔一九一一〕年から大正二〔一九一三〕年である。「第一章」で何度かその名が出て来た茂呂近助ら谷中村民一九戸、渡良瀬川沿岸鉱毒被害民九六戸が移住した。(29) 時系列としては、
・明治四〇〔一九〇七〕年、強制破壊
・明治四四〔一九一一〕年、北海道移住
・大正六〔一九一七〕年、残留民、谷中を出る
となる。つまり、北海道移住は残留の後である。コトさんが一三歳の頃だが、記憶がないようだ。こうした動きは子供の耳には入らなかったのだろうか。

北海道に渡った彼らは、「望郷の念やみがたく、部落名を栃木と名づけまして、栃木神社を部落の中央に、又日光山多聞寺を建立しまして、遠い故郷栃木県を偲びつつ……生活を育ん」(30) だ。だが、厳しい環境などに堪えかねて、数度の帰郷請願がなされた。この「帰郷」とは、「遊水地貸下げ」であった。つまり、旧谷中村――故郷そのものに――戻りたかったのである。

北海道に渡った人々は移民でなく、棄民のような扱いであった。(31) 北海道への移住に田中正造は無論

のこと反対した。[32]片や、かの吉屋雄一郡長は移住の実現のために奔走した。[33]吉屋は北海道にも行き、移住先の報告書を作成している。だが、そこに記された地形など自然環境についても、その地の収穫量についても、出鱈目であった。しかも、彼は実際にサロマベツにまで足を運ぶことなく、報告書を作ったのであった。移住した人々は、現地に赴いてから、この嘘を知った。彼らはどんな思いで現実を受け止めたことだろう。人を愚弄するにも程があろう。

吉屋の報告書の虚偽については、それを論証した小池喜孝の著作『谷中から来た人々』の中の『「いつわり」の報告書』に詳しい。[34]尤もこれは吉屋一人の責に帰すべきものでもない。彼の背後には国家的意思があった。小池は、これを「奸策」――人を陥れるための謀《はかりごと》――だと評する。[35]

「俺たちはだまされて来たんだ」[36]と、北海道移住後六〇年以上が過ぎた一九七〇年代においても彼らは憤っていた。そして、帰郷を心から願った。「物ずきで来たんじゃない。県の命令で来たんだ」[37]と、四歳で父の川島平助と共に北海道に渡った川島清は言う。これに対し、交渉相手の栃木県は、北海道への移民は鉱毒移民でなく水害移民であり、強制移民ではなく希望移民であったと主張した。[38]強制移民と認定すると、北海道以外の移住者への補償問題にも波及する恐れがあったからだろう。この「鉱毒」から「水害」への論理の転換はかつて渡良瀬川の鉱毒問題の本質を逸らすためになされたすり替えの論理であり、それが帰郷要求に対しても使われた。故郷を潰される時も、故郷に戻ろうとする時も、同じ論理がそこにあった。

結局、彼らの執念は実り、一九七二〔昭和四七〕年三月、川島清ら六戸二八人が下都賀郡壬生町に帰

還し、(39)翌四月、田中霊祠で行なわれた田中正造六〇年祭の場で、彼らのうち八人が島田宗三と会った。(40)

第一章に記したように、吉屋信子は作家仲間の舟橋聖一に思うところがあった。それは彼女の父、吉屋雄一下都賀郡長は足尾銅山に振り回されたとの思いがあり、そして、その足尾銅山の所長が舟橋聖一の祖父、近藤陸三郎だったからである。とはいえ、足尾銅山の近藤陸三郎に翻弄されたと娘が言う吉屋郡長だが、その彼は谷中を廃村に追い込んだだけでなく、その後の移住地についても人々を愚弄した。それが職務であったからとはいえ、内心は、どのようなものであっただろう。

「那須へ、うちの親の家は上がったんだよ。だけど、兄さんが一度、親が生きている時、来たけど、兄さんの嫁さんが意見が合わねえで、それっきり来ないの」

もう一つの移住先の那須もひどかった。「下野の那須野原等の天産力に乏しき土地」(41)を見て、栃木県官吏から聞いた話と余りにも違うことに怒り、騙されたと知って縁故を頼って逃げ帰った者もいた。(42)南那須の志鳥《しどり》に谷中村から移住した鈴木さんがいる。コトさんはご存知か。

「〔返事のないまま〕谷中村が買収になったっちゅうのは、水排器をでかした〔つくった〕んだって。そしたら、その水排器が価値がないんだって。向こうは利根川でしょ。で、あっちの方へでかしたんだね。今でも形はあるって言ってたよ。〔そのために村に〕借金ができたんで、偉い人が…、今は偉い人が金を受け取るっていうけど、やっぱり偉い人が買収したちゅって、色々お話を聞いてるよ」

ここで言う「水排器」とは「排水器」のことである。これが谷中村滅亡の要因になった。詳細は後述する。

コトさんの見た田中正造

コトさんにとって、田中正造はどんなふうに見えたのか。

「怖かったな（笑）、怖かったの。私は東京の大尽様へ、そんな貧乏じゃねえところへ、〔田中正造が〕仲人〔として〕、養子へくれてくれっかって、それが怖くて、やっぱりぼろ家だってうちが良くって、田中さんが来ると隠れ隠れしたよ（笑）」

田中正造にすれば、コトさんの将来を思ってのことだったのだろう。だが、子供にはボロ家でも我が家が良い。田中正造が来ると隠れたとは面白い。

「〔田中正造の〕写真があるよ。村の人はやっぱり尊敬していたよ。好い人だから」

養子が嫌で逃げた田中正造の写真をいつまでも持っている。田中正造は谷中村民の心に深く染み込んでいる。

田中正造をどのように呼んでいたのだろう。「田中のじっちゃま」といった話を聞いたことがあるが。

「『田中さん、田中さん』って言ってたよ」

田中正造は普段どんな格好をしていたのか。

「ああ昔だから、羽織も長い羽織で、家に泊まった時にはお礼だって言って、脱いで羽織をくれた。

それはどこへやっちゃったか、なくしちゃったよ」

藤岡には羽織・袴の銅像が建てられている。一方で、蓑を被っている写真もある。それらは、その時々の必要に応じての服装だと思うが、通常はどんな格好だったのか。

「袴は穿いていなかったよ。袴はなかったよね」


田中正造と話をしたことで覚えていることがあれば聞かせて欲しい。

「ただ怖くって、何もなかったね。まあ偉い人だっていうのは知ってたけれども、まあうちあたり、田中さんが泊まる家じゃねえんだけど、泊まってくれたよ、田中さん」

泊まった時、怖くて逃げてばかりだったのか。田中正造とは遊ばなかったのか。

「怖くってよ、避《よ》けてたから、私は。東京の方の大尽様へくれろって言ったんが、それが頭にあって」

どうしても谷中村を離れたくなかったのか。

「お裁縫をまだやってなかったし、そんで、田中さんは、そん時は〔裁縫ができるようになった時は〕亡くなっちゃったからね」

大正二〔一九一三〕年、田中正造が亡くなった時、どんな思いだったか。

「まあ、偉い人が亡くなって、惜しい人が亡くなったちゅうだけで、何の感じもなかったよ。頭がちょっと…」

怖い人がいなくなって、安心するようなことはなかったか。

「ああ、そういうのはない。治った（笑）」

この時、コトさんは一五歳である。

コトさんのプライベート

コトさんが娘時代の集合写真を見せてくれた。

「お針にあがった時だね」

裁縫学校のことである。

「藤岡に写真屋がなくて、古河から来て、お針場へ」

素敵ですね。

「あはは…、昔はそういう姿〔和服〕」

何歳の時か。

「これ一七くれえだったべね。篠山の人が合わせたんだよ」

篠山は谷中村の西方。今ここには旧谷中村合同慰霊碑がある。一九七三〔昭和四八〕年、旧谷中村墓地と墓石碑を下都賀郡藤岡町篠山の堤防下に移して建立したものである。また、その傍らには谷中村最後の村長・大野東一の息子で、早稲田出身の詩人、逸見猶吉〔大野四郎〕の詩碑も立つ。このことは後で話題にする。

この頃、将来は何になりたかったのか。

「そんな知恵はないよ。恥ずかしい思いをした。私は…、うちの主人は機関士だったから、一級機関士で…、医者へ、佐野の方まで行ったんだからね。医者へ掛かったら、何しろ無学なんだから、だから恥ずかしい思いしたよ。うーん、医者へ掛かったら一級機関士って、どんなふうにして取ったって聞かれたから、無学で分かんなかったから恥ずかしかったって。今はすぐにくれるけれどね。昔はほねぎだったよ。七年とか五年とか学校へ行ったんだって言うけど、たった一人になっちゃったって辞めちゃって」

発言を整理すると、「私には将来のことなどという知恵はない。私の夫は一級機関士だった。佐野の医者に掛かった時に、一級機関士とは、どんなふうにして資格を取るのかと聞かれたが、無学だから分からず、恥ずかしい思いをした。今はすぐにくれるが、昔は五年、七年、学校へ行ってとるような面倒なものだった。一人だけになったので辞めた」であろう。

コトさんは自身を無学だと何度も言うが、夫についても、「やっぱり無学の系だからダメ」と語った。きちんと学校に行っていないことが彼女の人生の痛恨事のようだ。

結婚はいつですか。

「昔の歳じゃあ、数えの二〇歳」

大正六〔一九一七〕年頃になる。お子さんは何人ですか。

「たくさんいたけれども、間が悪くて亡くなった。でも半分生きた。八人から九人。あの三人目の子が亡くなっているから、赤ん坊で、運が悪いんですよ、私は子供に…、倅が亡くなって、孫です、今は。

〔倅が〕亡くなったのがやっぱり運が悪いって言うか、癌だよ、癌、みんな癌。赤ん坊は何だったか知んないけど、医者に聞いたら、あとは癌ですよ。こういう筋の癌だって、ここらの癌だって。酒を飲んで自動車に乗ったら、こういう下水へ落っこって、自動車が跳ね上がったんで頭打ったって。そんで悪いところがあっちゃしょうがねえから、よおっく診べえって診てもらったら、それが、それよりも癌の方が見付かっちゃったの。筋の癌があるんかねえ。宇都宮の良い医者で、いい加減掛かったけれども、癌じゃダメだね。良い倅だったけど。孫も良いよ、うん」

今は孫が楽しみで生きている。

お父様〔水野彦市〕のことは先に聞いたが、お母様はどうされたのか。

「お母さんは八〇〔歳〕いくつまで。やっぱり頭に無い。だから、寝ているところへ見舞いに行ったけれどね。ほら嫁さんがいて、孫嫁がいて、幸せでした。余り行かなかったけど、喜んでね」

これから島田清さんのお宅に行きます。そろそろ失礼します。

「寄って行くんか。田中正造さんに付き切りに…、ほら、くっついていたのが島田宗三」

その島田宗三の甥が島田清さんである。

関口コトさんは一九九〇〔平成二〕年三月一七日、お亡くなりになられた。九一歳。

《二》島田清

島田家と田中霊祠

コトさん宅を後にし、次いで島田清さん宅を訪れた。清さんは『田中正造翁余録』の著者島田宗三の甥である。

「島田宗三は儂の叔父になります。親父〔島田熊吉〕の弟ですから」

島田熊吉宅の強制破壊は七月一日と二日の両日であった。二日目の七月二日はコトさん宅が壊された日でもある。

「谷中村にいた時には内野…、小字で言うと、内野の高沙《たかすな》っていうところに住んでいました。儂どもの元谷中村が廃村になった時…、つまり明治三八〔一九〇五〕年に、谷中村は買収になりましたが〔決議は明治三七年一二月一〇日深夜〕、儂どもなんか一六戸が買収反対で、村の復興を念願し、田中翁の指示に従って残留して立ち退かなかったんです」

「元の屋敷の跡に仮小屋を建てて、そん中に住まかってたんですが、大正二〔一九一三〕年九月四日に田中翁が亡くなり、五ヶ所に分骨しました。その〔分骨の〕一つを頂いて、その年の一二月に住まかっていた仮小屋へ石の祠を建立したのが、そもそもの田中霊祠の始まりです」

田中正造の分骨地が六ヶ所であることは、すでに述べた〔第一章「渡良瀬川の目の前の雲龍寺」参照〕。田中正造をどこに葬るか。このことについて各方面から要望があり、甥の原田定助が苦慮して分骨としたことが『田中正造翁余禄(下)』に記されている。[43]

島田家の分骨地をなぜ「田中霊祠」と呼ぶのか。「神社」ではないのか。斉藤英子さん(後述)は島田宗三に尋ねた。すると、

「私(島田宗三)は相談に預からなかった。島田三郎(第二章第一節「明治四〇年七月二日〈2〉――島田宅にて」参照)らが決めたから分からない」と答えたと、筆者は斉藤さんから直接聞いた。

「その時はまだ検閲でしたから、許可をもらわずに勝手に田中翁の石の祠を建立したというので、儂の親父(島田熊吉)が当時の金で二〇円罰金を仰せつかった訳なんです」

当時の物価は、大正元(一九一二)年において「白米一〇kg、一円七八銭」[44]、大正四(一九一五)年には「うな重、四〇銭」[45]、「新聞購読料、五〇銭」[46]といったところである。

「でも、罰金は取られましたが、撤去命令はなかったんです」

罰金を取ることで一応の形を付けて、それ以上、撤去とまでは言わなかった。行政側も人の子と言ったところか。それとも、撤去すると、また揉めて面倒なことになるとでも考えたか。あるいは、この両面か。

田中霊祠／元は旧谷中村の仮小屋にあった／栃木県栃木市藤岡町

「それで大正六〔一九一七〕年二月に、儂どもがこっち〔藤岡〕に移転するのに際しまして、翁の社もこっちへ奉遷した訳です」

つまり、最初は強制破壊後に、旧谷中村に作った祠であり、そして、大正六年の移転時に、現在地に遷したということである。

「儂は明治三九〔一九〇六〕年〔の生まれ〕で八三歳ですから〔一九八九年現在〕、いくらか頭の方、巡りがボケたような訳で、うまい話もできないんですけれども」

田中正造が名付け親

清さんが強制破壊にあったのは何歳の時か。

「強制破壊は〔明治〕四〇〔一九〇七〕年です。儂は〔明治〕三九年生まれですから、満で言うと、まだ一歳にならなかった。強制破壊は生まれたばかりだから分かんないんです。その当時のことは、後で儂は聞いたんですが、強制破壊で家を取り壊された晩に、昔は藪蚊《やぶか》が一杯いたもんだから、外で、庭先に蚊帳《かや》を吊って休んでいたところが雷が出まして、大雨が降って来て、蚊帳の中で唐傘《からかさ》を差して凌いだって話を聞いています」

先にコトさんの箇所で引用した『余録（上）』の一節に、「夜の一時頃、大きな雷が鳴り出し、篠つく雨が襲い、七十歳の祖母、生後八ヵ月の幼児など家族八名が一本の破れ傘に固まって、辛くも雨の止むのを待っていた」とある幼児が清さんである。

「田中翁に対する私の記憶としちゃ、まあ、儂の名前の『清』っていうのは翁が付けて下すったんだそうですが、膝の上に抱かれて『坊や、坊や』で頭を撫でられたり、他人様《ひとさま》で頂いて来た菓子をもらって食べたりしたのを記憶しています。その当時は、まだほれ、ちっちゃかったから、どういう偉い方だとか、そういうことは全然分かんなかったんですが、子煩悩の優しいおじいちゃんだという記憶があります」

清さんの名付け親が田中正造だと言う。この時期、谷中村は藤岡町に編入され、土地の買収が強要されていた。そんな中での「清」との命名。それは「渡良瀬川の清流」を意識したのか。はたまた「汚れのない人の心」を意識したのか。田中正造は谷中村の新生児に「清」と名付けた。

旧谷中村・現在の風景／渡良瀬遊水地・谷中村史跡保存ゾーン

「田中翁は無抵抗主義者で、県の人夫達が取り壊しに来ても、それに対して抵抗はしなかったらしいんです」

田中正造が無抵抗を貫いた理由については、先にコトさんのところで『余録（上）』を引用した。

「取り壊しの時の話は余り詳しく聞かされていないんです。〔明治〕四〇〔一九〇七〕年六月二九日に家を壊された〔のが始まった〕んだそうですけれども〔島田熊吉宅は七月一日、二日〕、それから大正二

〔一九一三〕年に翁が亡くなって…、大正二年から大正六〔一九一七〕年〔に谷中村を出る〕まで、谷中から今の藤岡の小学校、校舎は新しく建て替えになっていますけれども、現在の藤岡の小学校まで通っておった訳です。

春先、雪解けの水が出ることが毎年のようにあったんです。そうすると、普通、学校へ通うのは道ばっかりじゃなくて、道路の高いところは余り大水じゃないんですから、高いところは〔地面が〕出ているし、低いところは膝までも水が上がるような訳です。三月頃ですから雪解けの水で冷たくて、裸足で水の中を学校へ通ったという、そういう記憶があります。尋常六年〔旧制小学校は尋常科六年と、尋常科終了後に通う高等科二年があった〕にはならないんですが、尋常五年の大正六〔一九一七〕年二月に、ここ〔藤岡〕に移転した訳です。何か質問を頂ければ、分かる範囲でお答えします」

自己紹介が理路整然としている。島田家と田中霊祠のこと、島田家の血縁関係のこと、自身は強制破壊の記憶がないこと、いつからいつまで谷中村にいたかなど、谷中村に関して当方が質問する前提となる情報をきちんと述べている。先に頭の巡りが鈍ったようなことを聞いたが、とんでもない、実にクリアである。

谷中村の生活

谷中村でとれる魚や作物には毒が含まれているから食べてはいけないのではないかと思っていた

が、コトさんによると、魚も作物も一杯とれて、普通に食べていたと言う。清さんはどう思うか。

「食べたっていうことは本当でしょうね。しかし、こんなに大きい竹が手で抜けたということがあるんですから、実際、鉱毒は相当ひどかったっていうか…」

それは谷中村の話か。

「そうです。だから、やっぱし鉱毒関係で胃病の方が多く出たって話を聞いてます」

そうした話が語り継がれていたのか。

「だいたい言い伝えですが、儂のじいちゃんに当たる者が四五〜六歳で亡くなったんです。やっぱし胃病で亡くなったんです」

鉱毒被害で竹が簡単に抜けてしまったというのは人口《じんこう》に膾炙《かいしゃ》している。田中正造が議会で演説した時に、抜けた竹を持って演説した話はよく知られている。第一章「公益に有害の鉱業を停止せざる儀につき質問書」で触れたが、再掲する。

「諸君、御賢察ヲ願ハナケレバナリマセヌ……此堤防ニ生ヘル所ノ竹ガ枯レテシマフノデアル、是ガ（此時竹ヲ示ス）堤防ニ生ヘテ居ル竹デゴザイマス、是ハ当年ノ竹ガ死ンデシマッタノデアル、鉱毒ノタメニ、此根ガ皆長クナラナケレバナラヌノニ、是ガ是ダケシカ根ガアリマセヌ」(47)

田中正造ドキュメンタリー映画『赤貧洗うがごとき』では、役者が演ずるこのシーンがある。

かつての県知事の子孫から連絡

「明治政府は大体薩長の方が作った訳ですが、薩長から出た〔方で〕名前は忘れちゃったんですが、栃木県の県知事が鉱毒の…、何て言ったらいいんだろう、今で言うＰＰＭとかというのを正直に農商務省に頼んで検査してもらって、こういう結果が出たというのを政府に出したところが、その方、薩長から出た県知事なんですが、左遷じゃあなくって馘になっちゃったっていうことが事実なんですね。その馘になった知事さんの子孫が今、東京にいるんですが、その方が、あれはどういう新聞か、新聞に出したんですが、それを儂どもに送ってくれましたんです」

この発言について、田中正造の発した言葉を使って確認する。以下は第一章〔「川俣事件——年寄りを狙う」〕で言及した「亡国に至るを知らざれば之即ち亡国の儀につき質問書」の「同上質問の理由に関する演説」〔明治三三〔一九〇〇〕年二月一七日〕において、田中正造が衆議院で咆《ほ》えた一節である。

「此鉱毒ノ流レ始ッ《ママ》タノハ、〔明治〕十二年カラデス、十二年ニ足尾銅山ニ此製銅——銅ヲ製ス所ノ機械ヲ据附ケマシタ大機械ヲ据附ケマ《ママ》シタノガ、十二年ニ完備シタノガ、ソレデ十三年カラ毒ガ知レタノヲ栃木県ノ知事ガ之ヲ見附ケタノデ、ソレカラ其知事ガ十三年十四年十五年ト此鉱毒ノコトヲヤカマシク云フト、此藤川爲親《ふじかわためちか》ト云フ知事ハ忽チ島根県ニ放逐サレタノガ、鉱毒ニ政府ガ干渉スル手始メデアル、古イコトデゴザイマス、決シテ此鉱毒事件ハ今日ヒドクナッタカラ言ヒ始メタノデナイ、此藤川爲親ト云フ者ガ先達デ始テ《ママ》放リ出サレルト、其後ト《ママ》ノ知事ハ最早鉱毒ト云フコトハ願書ニ書イテハナラナイ、官吏ニ口ニ言ッテモナラナイ、鉱毒ト云フコトハ言ッテハナラナイト云フコトニシテシマッタ[48]」

この藤川爲親のことを清さんは言っている。一般に渡良瀬川の魚を食べてはいけないという布達を出した県令〔明治一九年以降「県知事」〕だとされているが、東海林吉郎の研究で疑義が生じていると、第一章で述べた人物である。

藤川は佐賀県士族。県令就任以前を含め、栃木県の行政に関わって一六年[49]に及び、『栃木市史』に栃木人を愛した人物[50]と紹介されている。明治一八〔一八八五〕年八月二八日、島根県に在職中、五〇歳で亡くなったが、その翌年、「栃木縣に歸葬[51]」した。これは遺言であった。[52]栃木県との関わりの深さは、島根県に転出する際、栃木から数十人の官吏を引き連れて行ったことからも窺われる。

清さんは肥前閥の藤川を薩長閥と考えていたり、転出なのに馘になったと思っていたりと誤認があるが、その発言のまま掲載しておく。

そんな藤川為親の末裔が清さんに連絡を取って来たと言う。先述〔第一章「深夜の栃木県会」〕の白仁成文氏が「田中正造大学」で講演した話を思い出す。二人の知事の末裔が足尾鉱毒事件と谷中村を忘れていない。被害民に対する痛恨の思いが世代を超えて伝わっていると言えよう。

「だから、いかにその富国強兵で、銅は輸出物の優先物だったか。鉱毒被害があったって、百姓がちっとくれい苦しんだって、どってことないというので、銅の採掘を一所懸命やらせたっていうのは事実らしいですね。薩長から出た県知事が正直に農商務省へ頼んで測ってもらった答えを出したところが、鹹になっちゃったって言うんですから」

足尾銅山は、第一章で述べた通り、明治一〇〔一八七七〕年の創業当時は全国の産出量の一・二%に過ぎなかったが、明治一八〔一八八五〕年には三八・八%を占め、足尾だけで全国の三分の一を超えていた。(53) 外貨獲得のためにも、さらに、その後の戦争〔日清、日露戦争〕のためにも、不可欠の山となっていた。

洪水の話

「儂が数えじゃ五つ、満では三歳と何ヶ月でしたが、明治四三〔一九一〇〕年〔八月〕に大洪水があって、その時は、まあ当時の堤防は…、堤防が決壊したんでなく、堤防が全部潜《くぐ》っちゃって、ヘラヘイトウに群馬から東京の方まで全部水になっちゃったんです」。ヘラヘイトウは「平平等《ヒラヘイトウ》」あるいは「平等平等《ヘラヘイトウ》」と書く。「すべて一様」とか、「いっしょくた」とかの意味である。

先に名をあげた川島清〔谷中村出身〕は、この洪水について次のような証言をしている。高く盛土して家を建てて、二階に救命の磯舟をつけていた。そこへ八メートルの洪水があり、この磯舟で逃げ出した。(54) 同様に五歳で下都賀郡寒川村〔現栃木県小山市寒川〕から北海道に渡った今泉米次郎も「すごかったな。堤防が切れて、ゴーッという音がした。どこかへ背負われて逃げたことを、おぼえている」と言う。なお、今泉の故郷、寒川村を流れるのは渡良瀬川でなく、思川《おもいがわ》である。(55)

『群馬県邑楽郡水害誌』によれば、「明治四三〔一九一〇〕年夏淫霖《いんりん》〔長く降り続く雨〕あり、七月より八月に亘りて旬を連らね、次《つぎ》ぐに《つぎ》河川の氾濫を以てす、災害の及ぶ所、全国に遍ねく、堤塘の崩潰、橋梁の流出、田畑の陥沒幾むど算なく、家屋の流出、人畜の死傷亦少からず」(56)とある。そして、「渡良瀬川筋に於ては頻年の破堤に鑑み……爾来水害の予防に努め来りしが明治四三年は、既に七月二六日の増水以来常に警戒を懈《おこた》らず、殊に八月七日以来の増水に就ては……警戒防禦に従事し、櫛風沐雨《しっぷうもくう》渾身の力を竭《つく》して死守せしも、各方面共崩潰箇所次第に加はり、又下流海老瀬村〔現群馬県邑楽郡板倉町〕方面の如きは堤上高五六尺も横溢し、水威遂に人力の抗すべき境を超えて、遺憾ながら各所の破堤を見るに至りたり」(57)〔傍点筆者〕とある。清さんの言う通り、堤防が決壊したのではなく、水が堤防を超えたのである。かつて白仁武知事が「谷中の瀦水池は全く無効であることを今更認め」た話が想い起こされる。文中の櫛風沐雨とは、風雨にさらされながら、苦心惨憺、対処することである。東京府の状況については、ここでは引用しないが、『明治四三年東京府水害統計』〔明治四四〔一九一一〕年、東京府内務部〕が被害の甚大さを伝えている。

「その時は儂共に限らず、残留民はみんな被害にあって、堤防の上に避難したんですが、堤防が潜っちゃう訳ですから、それから、また堤防から逃げ出して親類へ行って、一週間ばかり泊めてもらっていたということを覚えています。藤岡の小字で言うと、『原』というところなんですが、そこに儂の親父のいとこの家があるんで、そこへ避難させてもらったんです」

家財道具が浸水でやられたり、流されたりしたのではないか。

「あったんでしょうね。とにかくまだ満で言うと三歳何ヶ月ですから、そういう細かいことは自分としちゃあ覚えてないんですけんど」

皆さん、一軒一軒、舟を持っていたのか。

「ああ、もちろん水村ですから、どこの家にも少なくとも一艘、多い家は三艘くらい船があったんです。そして、土を盛り上げて屋敷を高くして、その上にまた『水塚《みづか》』というのを一段と高くして、洪水の場合は、そこへ食物だの味噌だの、そういうものを高いところへ入れていたんですが、それでも〔明治〕四三年の大水じゃ、水塚なんて、わーっと上まで来ちゃってダメだったんで……」

当時の堤防の高さは今の堤防の高さのどれくらいか。半分くらいか。

「半分よりずっと以下です。ちょうど三分の一くらいの高さでしょう。最近、昭和二二〔一九四七〕年の大洪水で相当この近辺が被害にあったんですが、二二年の洪水後に、そうですね、約三メートルくらい高くなったんですから」

これはカスリーン台風であろう。栗橋の堤防が大きく崩れたのではなかったか。

「そうそう、栗橋の町の上が崩れて、埼玉へ相当水が入った」

この一帯は渡良瀬川の遊水地問題〔谷中村廃村〕云々以前に、水害に長く悩まされて来たエリアであった。こうした証言は戦後生まれの筆者には必ずしも実感として理解できないところがある。だが、筆者はカンボジア支援を長年行っており、同国渡航は五〇回に及ぶが、カンボジアの状況を通して、かつての日本の水害の惨状も多少は類推できる。メコン川、トンレサップ川、トンレサップ湖などが氾濫すると、カンボジアの国土のあちこちが水浸しになり、道路が分断され、河川や湖沼の近くのジャングルが完全に水中に消えてしまう。そして、人々はその沈んだ道やジャングルの上を船で移動している。こんな様子を、地上を走らせる車からも、上空の飛行機からも何度も見た。水害は人々の平穏な生活を破壊する。

谷中村を諦める決定打か

「堤防」から連想したのであろう、清さんは、こんな話を聞かせてくれた。

「今の堤防じゃないんですが、藤岡から古河に渡良瀬に沿った堤防があったんですが、大正四〔一九一五〕年に大洪水という程でもないんですけれども、ある程度の大水が出て、その時に、そうじゃなくっても堤防がちゃんとしてなかったんですから、谷中へ水が入るのは決まり切っているんですけれども、群馬の方が高台を人為的に決壊して、そこから谷中に水を流し込んだらば、群馬の方が助かるというんで、土手をかき切ったんです。それで、以前はもちろん洪水があれば堤防がちゃんとしていないんですから入るんですけれども、それまでは田んぼはダメですが、畑だけは冬作はほとんど満足に作物がとれていたんですよ。それが今度は高台を決壊させられちゃったんで、少しの水でも、すぐ水が出るようになって、冬作も全然とれなくなっちゃったんです」。いわゆる「堤防かっ切り事件」である。これでは手の打ちようがない。完全に追い詰められてしまったか。清さんは「大正四年」だと言ったが、『板倉町史〔別巻一〕』は「大正三年」のこととする。実際は大正四年であり、清さんの証言が正しい。

この事件は洪水に苦しんだ群馬側の農民五人が大正四年九月一一日に、堤防をかっ切り、旧谷中村に水を流し込むことで自らの村を守ったというものである。実行者は逮捕され、裁判が始まったが、彼らは自らを犠牲にした英雄的存在であった。だから、群馬の人達は彼らを支え続けた。その中心人物の一人に、第一章〔「被害の実態①――まず魚から」、「被害の実態④――身体への影響」〕で触れた松本英一もいる。つまり、この行為は彼ら五人だけの判断というよりも群馬の村々の潜在的願望が背景にあったと考えられる。

佐江衆一が、この事件について綿密に分析している〔『洪水を歩む』（一九九〇年、朝日新聞社）〕。それによると、群馬側は、残留民が住んでいるとはいうものの法的には廃村になっている谷中村であり、そこに洪水の濁流が流れ込むのをむしろ当然のこととしていたようである。

「大正四年に高台の堤防を壊されないうちは、冬作はとれていたんです、畑だけは」

清さんは、実に無念そうに、こう言った。それまで歯を食いしばり、石にかじりついてでも谷中村に居続けた残留民が大正六〔一九一七〕年二月、移転した背景には、こうしたこともあったと言えようか。

「そこで残留民も内心困っていたと思うんですが、田中翁の妹さんの倅さんで、足利の原田定助さんて方が県会議員やってまして、原田さんばっかりでなく、栃木県の県会議員が県と何度も交渉して、ここ〔藤岡〕に儂共を移転させる計画を立って、ここへ移転した訳なんです」

原田定助は足利の素封家で、田中正造の甥である。これまでに数度、その名が登場している。ところで、谷中村は東北から思川が、そして西方から渡良瀬川が流れて来ていた。従って、同じ谷中村でも思川の方と渡良瀬川の方では、農作物の出来に違いがあったのではないのか。

「そういうことは分かんないです。とにかく尋常〔小学校〕五年まで谷中にいたんですが、後で書物なんかで見て、翁がどういう仕事をしたというのは、なんぼか分かるんですけれども、当時としちゃあ、まだ本当の子供ですから、ほとんどたいしたことも覚えておりません」

楽しかったってことはなかったです

肩肘張らずに、思い出すままにお話し頂きたい。

「たいして記憶はありません。ただ、残留組の子供が一般の方におかしな目で見られたとか何とか、そういうことはなかったですね」

那須方面への移住者が谷中村から来たということで、学校に行く度に馬鹿にされたり、白い目で見られたりといった話を聞いたことがある。

「まあ、自分の記憶としちゃあ、おかしな目で見られたとか、そういうことはなかったんですね」

先程コトさんから、盆踊り大会が一度、盛大に行われたという話を聞いた。

「その盆踊りというのは谷中ですか」

谷中村だと聞いた。

「全然知らないです」

清さんの記憶の中で、そうした楽しい話題はなかったのだろうか。

「楽しかったってことはなかったです。ただ、さっきも言った春先の雪解け水で膝までもあるところを、三月頃の冷たい水の中を学校に来て、下校して、悲しかったってことはあった。楽しかったことはないですね」

緊迫した生活だったことを再確認するだけになった。

「昔はマラリア。この辺では俗に『瘧《おこり》』って言ったんですが、マラリアがちょくちょくどこへでも発生して、儂共子供が多く罹るんですけれども、学校へ来て途中でよそ様の家へ連れ込まれて看病してもらったという記憶があります。楽しかったっていうのはないですね」

楽しい思い出はないと、清さんは繰り返した。

マラリアでの死者はいたのか。

「亡くなった方は余りなかったそうですね。ただ、マラリアというのは一日おきに大熱が出るんですよね。日瘧《ひおこり》ってんで、毎日熱が出ず、ほとんど一日おきでした」

飲料水は井戸水だと思うが。

「井戸を掘って、地下水を飲んでいた訳です」

この辺りは深く掘らなくても、すぐに水が出るのではないだろうか。

「うん、そんなに深くはなくも、やっぱし水は出たんです。洪水の時はもちろん井戸も潜っちゃうですから、井戸の水は使えない。ですから、高台からもらって来た水を持ってて、凌いだのが実際らしいです」

その井戸水と最初に聞いた胃病とは無関係とは思えないのだが。

「鉱毒が浸透したってことと、それから〔洪水が入らないように〕井戸へ蓋をして上へおもりを付けておくんですが、やっぱし井戸の中へ洪水の水が入ったんでしょうね」

谷中村、総括

谷中村の問題について、どのようにお考えか。

「まあ谷中がどうしても買収に早く応じたというのは、村債、借金があったんですよ。安生順四郎という郡長さんが谷中の湿地帯を大方買い占めて、それで排水器を作って、美田にして一儲けしようと、そういう計画で排水器を作ったんですが、当時の石炭焚いて、蒸気で水車をめぐすような排水器だったんですけれども、儂のおふくろが子供…、小娘の時だそうですが、排水器が止まっちゃって、ほとんど性能が発揮できなかったというのが本当らしいんです。

それで借金ばっかりで、当時の金で五万円くらい村の借金があって、どうしてその借金を返済しようという村の先に立っている連中が苦労しているところへ買収の話が持ち上がったもんだから、先に立っている方々が買収に応じるのが早かったということなんです。

それから、谷中村の買収というのは、名目は買収じゃなくて、堤防修築費というので県の予算を取ったというのが事実らしいんです。それで四八万円という金で村を買収した訳なんですけれども、その内から五万円転用して、村の借金を済まして〔その他一部を賄賂に使って〕、後を地主に払ったというのは本当らしいです」

清さんの言う通り、谷中村が廃村に至るには、村が内に抱えた事情もあった。それが廃村に対する抵抗力を弱めた要因と言えよう。安生順四郎や排水器の話は、清さんの言葉の中にあるように、「おふくろが子供…、小娘の時」のこと、つまり、彼が後から得た情報である。

菊地茂に聞く

そこで、往時の関係者がどう捉えていたか、まずは菊地茂の言に耳を傾けたい。かつて菊地が執筆した「谷中村問題」(58)を参考に、以下にまとめる。菊地は、ここまでに何度も顔を出している。早稲田の学生時代から鉱毒事件に関わり、強制破壊時に執行官・植松金章を罵倒した人物である。なお、菊地茂の筆を全面的に受け入れて、ここに記すのではない。以下に示したことに関しては、後〔第二節〕で検討する。

菊地茂は「谷中村問題」の冒頭で、こう断ずる。

「谷中村問題は、鉱毒問題最後の悲劇である。憐れむべき村民は、官憲の所有暴虐に、譎詐《けつき》、脅喝、誘惑に遭ひ、その最後は住家を破壊せられ、墳墓の地を追放された。此の如きは、明治聖代の一大恨事である」

谷中村は下野国《しもつけのくに》の東南端。東は茨城県に接し、南は渡良瀬川を隔てて埼玉県に、西南は群馬県に接している。北には赤麻沼があり、巴波川《うずまがわ》、思川《おもいがわ》が流れ、そして、南には渡良瀬川。この三河川が合流して利根川に注ぐ。

「三里半に亘る大堤塘《ていとう》〔堤防〕は、円形を画ひて此農村を包」んでいる。堤内の面積は九百七十町歩。堤外の渡良瀬川に接する部分を加えると総面積は千二百町歩になる。

開村以来四百五十年。明治三十八〔一九〇五〕年頃までは人口二千七百、戸数四百五十。(59)土地は肥沃で、天産は豊饒。稲は「何等の肥料をも加へざるに秋に至れば黄穂油々《ゆうゆう》として一反平均七俵乃至《ないし》九俵の収穫」であった。ところが、この村に、とんでもないことが起こった。

「明治二十四〔一八九一〕年、谷中村の大地主大野孫右衛門《まごえもん》と云ふ者、当時の下都賀郡長安生順四郎《あんじょうじゅんしろう》と結託して、此西北弓形の堤塘を拡築して／その堤内の埋地を私有せんと企て」、翌年、改堤工事に着手した。だが、「大野安生等私欲に駆られて改堤せんとした工事」は出水でうまくいかず、村の中に水が溜まった。その後、潰れた堤防は改築したが、水は今も村内に残り、さらに修理した堤防は再び洪水でダメになった。

ここで、「安生順四郎は、一の悪計を企てた」。溜まっている水を掻き出せばいいだろうと、排水器の購入を村に持ち掛けた。「明治二十七〔一八九四〕年三月十六日、彼が資本主と成り、排水器を購入し、之に依て要水を排出することを企画し、先ず彼がその購入資金を支出し」た。そして、「谷中村民は之に対し」て、土地一反歩につき、毎年「玄米一斗一升八合」づつ五年賦で返済することになった。返済が遅れた場合は一斗当たり一升五合の利米を取ると決めた。

林竹二は、この安生順四郎こそ谷中村を潰した張本人だと指摘する。「彼の狙いはおそらく自分が買いこんだ低湿地帯（赤麻沼）の干拓にあったのだろうが、村の余水を掻い出して村全体の利益をはかるという触れこみで、その費用をひろく村民に負担させる契約を結んだ」[60]と糾弾する。

菊地茂は「この排水器は何等の効をも奏せなかった。その無効に終つたのは、排水器なるものが僅かに七十馬力の機械であったからである。即ち此排水工事の完全を期せば、四百馬力を要するのに、かゝる小規模のものを以てしたのであるから、その無効に終ることは、素より当然の事である。而して安生が排水工事に費やした資金は、四万二千余円と呼称し居たけれども、その実彼は老朽にして十年以前の旧式の排水器を購入し、愚直なる村民を欺む《ママ》いて、巨利を博せんと企てたのである」[61]と記し、さらに「〔排水器の無効を知った〕安生は……排水工事を中止し、唯その費用のみを村民より奪取せんとした」[62]と続ける。この通りなら、こんなひどい話はない。実にふざけた話である。この排水器導入の経緯については、この後で詳細に考察する。

谷中村の負債

安生は、こんなことになったのは不可抗力だと主張した。一方、村民は工事の不完全が原因だとした。(63) かくして工事は延び延びになり、「争論紛議は久しきに亘った(64)」。栃木県は安生を支持したと言う。(65)

「明治三十一年九月十七日に至り、再び大洪水は谷中全村を濁流毒水の間に埋没した。悪才に長じ貪欲に充てる安生は、又更に悪計を案出した(66)」

新たな洪水に乗じて、何を企てたのか。

「十万円の村債を起し《ママ》／その費用の一部は堤防修築に充て、その一部は不用の排水器を村に買上げしめ／以て排水工事に関して有する自己の債権弁済の費に充(67)」てようとしたのであった。これはなかなかの策士である。そして、安生は「悪竦なる手段を以て〔谷中村の〕村会議員を自己《ママ》薬籠中のものにしたるがため、この十万円の村債募集は、村会の可決する処とはなつた(68)」。

こうして谷中村は妙な話に巻き込まれて行く。村会は通ったが、十万円も谷中村に貸すところはなかった。ようやく翌明治三二〔一八九九〕年、五万円を日本勧業銀行から借り入れることができた。問題の排水器設置に要した金額は四万二千円とされる。これに二年分の利子を加えた七万五千円で、安生は排水器を谷中村に買い上げさせた。(69) そして、日本勧業銀行から借入した五万円は時の助役大野東一(70)から安生の懐に渡された。この金はあくまでも村債である。ところが、谷中村の収入簿には記載がなく、収入役が受領した形跡がない[71]というのだから、全く以てやりたい放題である。

こんな無茶苦茶なプロセスで、谷中村には借金だけが残った。当然、村民に重く伸《の》し掛かった。

「安生順四郎の私欲を計らんとしたことが、遂に谷中村滅亡の惨劇とはなつた」[72]

安生は明治の政界の要職を歴任した大木喬任の縁者であり、陸奥宗光〔息子潤吉が古河市兵衛の養子〕や古河市兵衛とも関係があった。[73]「この安生順四郎は陸奥宗光の愛顧を受けたる男であつて、明治二十二〔一八八九〕年、時の政府は足尾銅山附近の官林七千六百町歩を古河市兵衛に払い下ぐ《ママ》ると同時に、同県内の官林三千七百町歩を安生順四郎に払い下げた」[74]と言う。陸奥や明治政府との関わりがかなり深いことが理解できる。

そのような人物がなぜ鉱毒の声が大きくなっている時に、好んで谷中村の地主になろうとしたのか疑問だと、大鹿卓は述べている。[75]鋭い指摘である。この点についても、後〔第二節〕で吟味する。

混乱する谷中村

明治三五〔一九〇二〕年八月、洪水で「濁流毒水に浸され《ママ》……谷中村民は愈よ《ママ》疲弊困憊の極《きわみ》に沈淪《ちんりん》した」[76]。谷中村の村長は、『栃木県自治制史』によれば、初代大野孫右衛門、秋山春房、古沢繁治、宮内長太、加藤伊右衛門、茂呂近助、染宮太三郎と続くが[77]、明治三七〔一九〇四〕年夏、谷中村は意見の対立で大混乱に陥り、染宮の後の大野東一村長が辞職した。その後は下都賀郡書記が村長の職務を管掌した。

ちょうどこの頃、元村長・茂呂近助が「鉱毒救済金費消罪」で投獄された。菊地茂は「村長茂呂近松《ママ》は、鉱毒救済として各地同情者より集れる義金を費消し、遂に委託金費消罪の名の下に牢獄の人と成つた[78]」と記す。

これについて山崎信喜は「谷中村の鉱毒反対運動を先頭に立って闘った元村長〔茂呂近助〕を失脚させ、反対派の分裂をねらって県の側が意図的に仕組んだということを推測させずにはおかない」と言う。[79] 布川了は田中派の村長ではやりにくいので、政府の側が同罪で「ひっかけた」と断定する。[80] 茂呂近助の投獄は明治三七年七月[81]であり、谷中村買収案が栃木県会を通過する五ヶ月前のことであった。この「反対派の分裂」には第一章で述べた吉屋信子の父・雄一が関わっている可能性を山崎信喜は指摘する。吉屋雄一郡長は下都賀郡長になる以前に、新潟県警務課長、佐渡郡長を歴任しているが、彼は「画策好き」で、「内偵郡長」と呼ばれており、佐渡郡長たる吉屋を批判する新聞の責任者を横領罪で告訴したことがあった。こうした吉屋であるから、茂呂の事件も策略ではないかと言うのである。なお、北海道の偽りの報告書については、すでに述べた通りである。

吉屋の「画策好き」云々は田辺聖子の『ゆめはるか　吉屋信子』にも書かれている。「明治の典型的官僚」、「谷中村に於ける恥も外聞も一片の良心もないやりくち」と手厳しい。[82] 第一章で述べた幼い息子を亡くした時の吉屋の悲痛な話は強制破壊の頃のことだったのだろうと田辺は言う。[83] 同じく「土下座」をした話も谷中村との折衝時のことだった。(84) こうした逸話も策略が伴ったかもしれない過酷な職務を遂行していた中でのことである、という文脈においてこそ真に理解できよう。明治四二〔一九〇九〕年の時点で、彼は「高等官五等、三級俸、従六位勲五等」という官僚であった。(85)

後年、吉屋信子は島田宗三と会った。島田は言った。「お父さまは立退き村民の心中を察してよくして下すったと兄〔島田熊吉〕も言っていました」。(86) 今更、娘に向かって思いの丈をぶつけても仕方ないとはいえ、ここで、こう言える島田宗三の人格が窺える。

筆者はかつて父の遺した手記を『父に学んだ近代日本史』〔揺籃社〕としてまとめた。単に一個人の自伝のレベルではなく、日本近代史を理解する一助となる文献としたつもりである。父は旧制徳島県立A中学校の英語科教員であった。

この執筆過程で、徳島県A市の、とあるグループに電話した。たまたま電話を取った相手は父のかつての教え子であった。筆者の話を聞き、父を思い出した第一声が「嫌な先生であった」というのには面喰らった。当方は「済みませんでした」と謝りながらも、もはや故人である、今更こんなことを言うのか、勘弁して欲しいと思ったものである。

「A中では、まだ若くバリバリやったから余り好かれなかった」と手記に父は記している。東京に生まれ、法政大学を卒業し、就職難の時代、公立の旧制中学校の英語教師になる希望を捨てずに職を転々とし、その夢をようやく徳島県で叶えた。この時、三〇歳前半。相当な意気込みであったことだろう。また、それまでは都会暮らしであったため、地方特有の人間関係に苦慮したとも手記に書かれている。大いに空回りをしたのだろう。

詰まらぬことを語ったが、だからこそ筆者は島田宗三の対応に感銘を受ける。吉屋雄一によって谷中村がなされたことは、一人の教師が好きだの嫌いだのといったレベルの話ではない。それなのに「村民の心中を察してくれた」と島田宗三は言った。人間のスケールが違う。彼もまた谷中村事件が生んだ人格者である。

＊＊＊

コトさんのところで話題にした北海道に渡った方々は、この茂呂近助らであった。その末裔七人が執筆した共著がある。『谷中村村長　茂呂近助――末裔たちの足尾鉱毒事件』〈随想社〉である。右に山崎信喜の見解を示したが、彼は末裔七人の一人であり、茂呂近助の投獄に関する疑念は同書に提示されている。

津田正夫も末裔の一人である。その著書『百姓・町人・芸人の明治革命――自由民権150年』に、曾祖父・茂呂近助には「裏切者」のレッテルが張られ、一族の中では「疫病神」であり、谷中村の話題は避けられていたとある。しかし、極めて困難な事態に直面した時、如何にそれを乗り越えるか、その方途が一つでないことは当然であろう。第一章の冒頭で述べたように「田中正造史観」で行けば左部彦次郎は裏切者になるが、視点を変えれば評価はまた違って来る。同書は、そうした末裔らによる先祖に関する再確認の主張である。足尾鉱毒事件は子孫にも複雑な癒しがたい思いを残している。

不当廉価買収訴訟

「堤防の中の買収〔が進められたの〕は明治三八〔一九〇五〕年ですが、大体平均して約三〇円でした、一反歩で。それで余りにもべらぼうに安いというんで、田中翁が先立って不当廉価買収ということで行政訴訟を明治四〇〔一九〇七〕年に起こしました。ちょっと日柄が経つんですが、川の水が増えれば、いつでも水害に遭う堤防の外の土地が大正二〔一九一三〕年に買収になったんですけれども、それが一二〇円でした。四倍ですよね。貨幣価値から言えば、多少は違っても、ほとんどその当時は、そんなに通貨の価値の変動はなかったんです。

田中翁が大正二〔一九一三〕年に亡くなっちゃったもんですから、その後は儂の叔父の島田宗三が翁の遺志を受け継いで裁判を続けたんですが、大正八〔一九一九〕年に結審になって、県が負けて残留組が勝った訳です。だから、翁の遺志が通ったと言える訳です。金額はわずかですが、残留組が勝ったということは事実ですから」

強制破壊後、谷中村支援者、谷中村残留民、田中正造らは栃木県の土地の買収価格が安価であったことを捉えて、不当廉価買収訴訟を起こした。当然のことながら問題の本質は土地の買収価格の高い安いではない。「この裁判の継続と谷中村民を支援する広範な首都の世論があったがゆえに、残留民が強制的に立退かされることなく、そのまま住み続けることができたのだとすれば、この裁判もそれなりの意義はあった」[87]と菅井益郎は言う。この裁判の終結で事実上、鉱毒反対運動は終焉を迎えたとも言える。

この裁判について、ここで清さんが語ったのは簡潔な概要である。実はこの訴訟に、先述の菊地茂なる人物が関与している。この後〔第三節〕で、不当廉価買収訴訟を再度取り上げ、その微妙な綾について触れる。

田中正造とは

清さんにとって、田中正造はどのような存在だったのか。

「うーん、まあ年代を追って考えてみると、田中翁は政治家というのではなくて、我々凡人がこんなこと言ちゃあ要らない講釈ですが、釈迦、キリストの類、まあ聖人ちゅうかなんちゅうか…、釈迦、キリストの類と、儂は考えてます」

田中正造を尊崇する人は党派を問わない。田中霊祠には頭山満の碑がある。曰く、「義氣堂々貫白虹」。これは「義気、堂々、白虹〔権力への抵抗〕を貫く」と読む。

「頭山先生は右翼の親方ですからね。それから県道〔九号線〕沿いの社標は左翼の人、木下尚江。碑の字を書いた」

なるほど、興味深い。

「その〔社標の〕石は足利の叔父〔島田宗三〕があげたんです」

「それから、こっちの鳥居のところ〔に建つ社標〕は衆議院の議長をやった島田三郎さんが書いたものです。田中翁が議会議員当時に島田三郎さんとは昵懇でした。だから、田中翁を崇拝している方は右翼もいれば、左翼もいる。中道の人もいる。色々ですよ」

島田三郎の名は、ここまでに何度も出ている。幕臣の家に生まれ、維新後、元老院や文部省に出仕したが、「明治一四年の政変」で大隈派として下野した。以後、大隈の立憲改進党系の諸党に属し、かつ東京専門学校〔後の早稲田大学〕の開設にも関わった。清さんの言う通り田中正造の盟友であり、その活動を長く支えた。谷中村の強制破壊後に、「谷中村救済会」が結成されたが〔後述〕、彼は菊地茂、三宅雪嶺、安部磯雄らと共に、そのメンバーに名を連ねている。上述の不当廉価買収訴訟は谷中村救済会が始めたものである。また、第一章で述べた田中正造の分骨地の一つ、惣宗寺〔佐野市〕の「嗚呼慈侠　田中翁之墓」の揮毫も島田である。

清さんの話で特に記憶に残ったのは、境内の碑のことであった。「そこの碑文は大鹿卓になってますけれども、あれは本当は足利の叔父が書いたんです。原文も儂は見たし、また、記念碑を建てたその年に、足利の叔父はあの記念碑の前で、『これは実際には私が作ったんですけれども、私の名を載せちゃ、ちょっと生意気になるから大鹿先生にしたんだ』ということを〔清さんに〕話して聞かせたのを覚えています」

金田徳次郎

「叔父は田中翁を全面的に崇拝していた。また田中翁も頼っていたということだと思います」。清さんは島田宗三を、このように評する。

一九七七〔昭和五二〕年の「週刊朝日」が島田宗三を取り上げている。[88]「もし田中正造がいなかったら、足尾鉱毒事件の闘いは、ああまで徹底できなかったように、もし、この人〔島田宗三〕がいなければ、完璧な全集の刊行は不可能であっただろう」。

「完璧な全集の刊行」とは、ここまでに何度も引用した岩波書店『田中正造全集』である。島田宗三は田中正造と出会えたことが幸せであり、田中正造の愛の絆にひかれて生きて来たと言う。彼の妻は「お父さんは、田中さんのことしか頭にない」と語る。

強制破壊の後、「大きなカミナリが鳴って豪雨の中、田中さんは、木下（尚江）さんや村の若い連中をひきつれて、破壊された家々をまわられていた。裏山の竹を切り、かやをかけ、やっと人が寝れる程度の小屋のそばに来ると『どうしやんした、どうしやんした』と声をかけて励まして……《ママ》。その愛情のこもった言葉が耳に残って、今も忘れることが出来ないのです」。島田宗三の父や祖父は田中正造を「生き神様」と言った。

島田宗三が田中正造に関する資料収集を始めたのは、ある意外な人物の一言であった。田中正造が亡くなる直前の大正二〔一九一三〕年八月の夕暮れ、谷中村の近くの栃木県警・部屋分署を訪ねた折、金田徳次郎分署長が「いつになく丁寧に扱ってくれて」、「あの人の書いたものは一枚でも取って置きなさい」、「いつか価値の出る得難い人物だから」と島田宗三に言った。この言葉が忘れられず、資料収集を始め、あちこちの家を歩き、資料の筆写や保存に当たった。

「この私が消えてしまっても、なんら惜しむことはありませんが、田中さんのことだけは、書かねばならない、多くの人に知って頂きたいと思って生きてきた」

そんな彼にとって、『田中正造全集』の刊行は如何ほどの喜びであっただろう。

後世に伝えるということ

島田宗三が金田徳次郎に会ったのは「谷中村残留民に対する立ち退き勧告への陳情」を持参した時のことであった。

この立ち退きに関しては、大正二年六月二〇日、金田徳次郎に提出した「谷中村残留民居住立退き《ママ》説諭に対する回答書」が『義人全集（第四編）』に掲載されているが(89)、その冒頭に、島田宗三は、こんな一文を添えている。

「左の一編は／田中翁が大正二年六月／古河町田中屋に於て口述せるを筆記したるものにて／翁の意思を窺ふ好資料なれば／茲に記載す」〔傍点筆者〕

島田宗三は田中正造の記録者であった。歴史は「あることを為した主体者」の取り組みだけでは後世に伝わらない。その主体者に関する記録を残したり、あるいは、その主体者を研究したりする別の存在があってこそ、その主体者は歴史に位置付けられ、人々に記憶される。
であればこそ、島田宗三の背中を押した金田徳次郎の存在は極めて重要である。彼は田中正造を「得難い人物」と評し、島田宗三に資料の保存を勧めた。互いの立場を超えた人間としての情感が読み取れる。金田のアドバイスは「大正二年八月七日」[90]であり、田中正造が庭田邸で倒れたのは、その翌日[91]である。「金田分署長は、すでに、この情報を入手していて、私に暗示してくれたのであった」[92]と、島田宗三は言う。

金田徳次郎は、大正四〔一九一五〕年に野州新聞社が発行した『野州紳士録』に、立派な髭の写真と共に、次のように紹介されている。

「千葉県香取郡佐原町の出身なり／明治二十五年群馬県巡査を拝命……同県警本部より屡《しばしば》賞状を受く／明治三十七年九月栃木県巡査に転じ同月巡査部長に昇進……同四十二年八月巡査教習所教官を命ぜられ好教官の名高かりし……然して氏は人となり温厚篤実にして部下を愛撫する至らざるなし／惟《おも》ふに氏が警察界に於ける令聞〔よい評判〕も亦此性質の発露ならずんばあらず」[93]。この文の限りでは、温厚篤実で評判が良かったようである。

週刊朝日の記事は、菊地茂の五女・斉藤英子さんから筆者に送られたものである。添えられた手紙〔一九九一年五月二四日付〕には、「〔八王子の〕家をすっかり空けますので片づけておりましたら同封コピーの記事が出てまいりましたので、お送り申し上げます。〔記事は〕昭和五一年ごろだと思います〔実際は昭和五二年〕。……宗三さんと〔父の菊地茂や田中正造が〕いっしょに撮った写真もでてまいりました」とある。この写真については、後で再度話題にする。

突然、清さんがこんなことを言った。

「今では、栃木県でも教科書に田中正造を載せるようになったんです」

確かに『光村図書出版（六年国語）』が上笙一郎《かみしょういちろう》の文で、一九七七〔昭和五二〕年から一九八九〔平成元〕年まで、そして、『教育出版（六年国語）』が一九七七年から二〇〇五〔平成一七〕年まで「田中正造」を取り上げた。尤も清さんは「栃木県でも」と言ったが、全国で採用される教科書であり、栃木県内だけのことではない。

ただし、言わんとすることは分かる。足尾鉱毒事件に関して群馬県は積極的だが、当の足尾銅山を抱える栃木県はどちらかと言うと控え目だと指摘する声を現地で何度も聞いている。足尾鉱毒事件は実は栃木県も傷付けていたのであろう。

島田清さんは一九九七〔平成九〕年一月二一日に亡くなられた。九〇歳であった。

【第二節】谷中村の村長と郡長

《一》村長・大野東一／子息・大野五郎

不思議なご縁

中央線快速電車の終点・高尾駅の北西に八王子城跡はある。この城は天正一八〔一五九〇〕年、豊臣秀吉による「小田原攻め」の際、上杉景勝、前田利家、真田真幸という錚々《そうそう》たる北国の武将連によって攻め落とされた。その麓、すなわち、かつての八王子城の城下に、大野五郎さんは住んでいた。彼は画家。主体美術協会の大御所である。『大野五郎――画業八〇年の軌跡』というコンパクトな画集が八王子市夢美術館で売られている。

谷中村の最後の村長・大野東一の子息が画家であると、ある時、関係者に教えられた。「餅は餅屋」と言う。画家のことは画家に聞けば良いだろうと思い、妻の従姉で、画家の高柳サユリさんに電話で尋ねた。

「大野五郎さんという方をご存知ありませんか。画壇の大御所と聞いています。足尾鉱毒事件で廃村になった谷中村の村長の息子です」

「大野さんは高尾に住んでいますよ」

「ええっ」

妻の親戚と大野五郎さんが昵懇の仲だった。これには心底、魂消《たまげ》た。しかも、住まいが八王子市内だと言う。当時住んでいた東京都日野市の我家から車ですぐ行けるところではないか。

ある時、画家仲間の両者でこんな会話があった。サユリさんの旧姓は菱山である。

「菱山には、私の古い友人に、兄貴の友達でもあるけれど、菱山修三というのがいるのだけど…」

「それ、私の叔父さんです」

以来、特に親しくなった。実は五郎さんが高尾に住んだのも、八王子市在住のサユリさんとの関係のゆえだったようだ。菱山修三は詩人である。五郎さんが言うように、五郎さんの兄・大野四郎の友人であった。大野四郎は逸見猶吉のペンネームで文学史にその名を刻んでいる。この方も谷中村を語るには不可欠である。


かくしてサユリさんの紹介で、一九九〇〔平成二〕年四月一〇日、五郎さん宅を訪ねた。この時、我が妻〔サユリさんの従妹〕も一緒に行った。サユリさんの紹介というのは強力であった。五郎さんは実に気さくに我々を迎えてくれた。とはいえ、五郎さんの父・大野東一村長は世評では随分厳しい立場に置かれている。どんな風に話を聞けば良いだろうと、心中、身構えていた。だが、そんな思いはあっと言う間に吹き飛んだ。五郎さんは開口一番、

「まあ、一杯やろうよ」

「えっ、車なの」

「いいじゃないの、やろうよ」

「奥さん、運転するんでしょう。奥さんの運転で帰ればいいじゃないの」

豪放磊落を絵に描いたような方だった。正に大物の風格。一つ部屋の中で、筆者は五郎さんと、片や妻は大野夫人と、それぞれ歓談し、和気藹々の雰囲気で時が流れた。これまで色々な方にインタビューしたが、こんな展開になったのは初めてだ。

うちの親父は恨まれている

そうはいっても、聞きたい内容が内容だけに、どうしても言葉を選んだ。事前に訪問の趣旨は、「谷中村の最後の村長のご子息として思うこと」や「足尾鉱毒事件や田中正造について」などを伺いたいと伝えてあった。それを再確認して話を始めた。五郎さんは、こう答えた。

「うちの親父は村長だからね、恨まれている方だよ」


既述の通り、大野家は谷中村の廃村に深い関係がある。安生順四郎が五郎さんの祖父・大野孫右衛門と結託し、谷中村に排水器を持ち込んだ。だが、全く役に立たず、却って村は負債を抱えた。これが村の滅亡の大きな要因となった。この排水器導入に安生が使った金を回収すべく、谷中村は村債を起こした。そして、日本勧業銀行からの借入金を、そのまま安生の懐に流したのが当時助役の大野東

一、すなわち五郎さんの父であった。だから、いくら友好的に「まあ呑めよ」と勧められても、そうは気軽に聞けるものではない。

「村長ってのは、その上に郡長があり、結局は知事の命令で動くから…」

大野東一は最後の村長である。彼が明治三七〔一九〇四〕年八月、谷中村内の対立で村長を辞めた後は、管掌村長〔下都賀郡書記官兼任〕となった。

実は大野東一は、明治三七年〔一九〇四〕八月、一四〇名余の谷中村民から「辞職勧告書」(1)を突き付けられている。彼と対立した側からの視点ではあるが、彼が村長としてどのように振る舞ったか、その一旦が窺える。

「吾ガ谷中村ガ今日ノ如キ悲惨ノ極度ニ陥リタルハ／鉱毒惨害ニ起因シタルハ天下一人トシテ疑フモノナシ／若シ之ノ事実ヲ打消サントスルモノハ／天下唯一ノ大悪盗タル加害者古河ノ奴輩タル事明カナリ／足下《そっか》ニ於テハ／昨八月六日／村役場ニ於テ吾々村民ニ公言シテ曰ク／鉱毒屋ニ騒ガサレテハ困ル／東京各新聞記者ノ視察モ鉱毒ヲ標榜シテ視察サレテハ困ルト／之レ鉱毒浸害《ママ》激甚地村長タル足下ノ公言ナリ」

谷中村が今日、悲惨な状態に陥ったのは鉱毒が原因だということを天下で疑う者は誰一人もいない。それを否定するのは古河の連中だけだろう。それなのにあなたは「鉱毒屋」に騒がれては困るとか、新聞記者が鉱毒の取材に来るのは困るとか言った。これが鉱毒激甚地の村長の言うことか。

「加之《しかのみならず》足下ハ事実ニ於テ／鉱毒除害ニ運動スル村民ト相反目スルガ如シ／足下ハ鉱毒浸害村ノ村長タル職責ハ毫モ尽サザルノミナラズ／斯《かか》ル公言ヲナスニ至テハ／吾ガ谷中村ガ鉱毒ノ惨害ヲ受ケ／自治制破壊サレ／人命財産ノ滅殺サルルヲ喜ブモノト察セラル」

それだけでなく、あなたは「鉱毒除害」の運動をする村民の邪魔をする。鉱毒に侵された村の村長の職責を尽くそうとしないだけでなく、こんな発言をするとは谷中村の衰退を喜んでいるのだろう。

「吾等村民ハ足下ノ如キ村長ヲ仰グ上ハ本村ハ日ナラズシテ死滅スベシ／吾等村民本村ノ安危ヲ慮《マ》ヘ《マ》／足下ノ辞職ヲ勧告ス」

こんな村長では村が滅びるので、あなたには辞職して頂きたい。

このように大野東一村長は厳しく責め立てられている。この頃、谷中村はいわゆる「正義派」と「売村派」に分かれて対立していた。(2)

白仁家文書を読む

この資料は第一章で述べた「白仁家文書」一三点の一つである。かつて谷中村民と敵対した白仁武の末裔による資料提供の有り難さを痛感する。「田中正造大学」は、この一三点の資料に「資料一」から「資料一三」との整理番号を付し、その機関誌『救現（№7）』に全資料を掲載した。(3)この「辞職勧告書」は「資料八」である。

辞職勧告書以外にも大野東一を糾弾する資料がある。「谷中村正義派民」と自称した村民から白仁武知事への明治三七〔一九〇四〕年八月の上申書〔資料三〕には、次のようにある。

「吾ガ谷中村詐偽村債金五万円ヲ堤防費中ニ組入レ／右ニ支払ヘタル名ノ下ニ於テ／右五万円ヲ安生順四郎及現任村長大野東一外数名ノ悪漢等／之ヲ私慾横領セン事ヲ謀リ／閣下亦之ヲ承認セラレタリトノ風説専ラナリ／右様ノ事／決シテ有ルマジクトハ信ジ候得共《そうらえども》／聞クニ忍ビズ／不取敢《とりあえず》通知及候」

安生順四郎や大野東一らの悪巧みを白仁閣下が承認したとの風説がある。そんなことはないと思うが、聞くに堪えないので通知する。

「鉱毒地本村ノ如キハ／故古河市兵衛同類／旧知事溝部以来／幾重ノ悪謀ハ秘密ニシテ村中ノ悪漢ト結託シテ村民ヲ欺キ／之ヲ篭絡シ／全村ヲ買収シテ／市兵衛ニ払下ントトノ悪事スラ企テタル等トナリ／旁々《かたがた》御警戒アラン事ヲ」

故古河市兵衛の同類の溝部知事以来、色々な「悪謀」が谷中村の中の「悪漢」と結託して秘密裡になされ、村民を騙したり、篭絡したりして、村を買収して古河市兵衛に払い下げようとの「悪事」も企てられているようだ。警戒して頂きたい。

「閣下屢々此ノ被害御視察アラセラレタリ／閣下ノ慈仁／予等感泣／謝セントスル所ナリ」

白仁閣下はしばしば鉱毒被害を視察して下さった。閣下の「慈仁」に我々は泣いて感謝する。

確かに白仁は谷中村に三度足を運んでいる。白仁への請願書の下書きと思われる文書〔資料十〕には、白仁閣下は赴任して日が浅いのに谷中村を三回も視察なさった。近年異例のことであると記されている。(4) この時、白仁は何を考えていたのか。すでに「心の底を汲む人もなし」〔第一章「深夜の栃木県会」参照〕と思っていたのだろうか。

こうした白仁の数度の視察に対し、谷中村民は「大旱《たいかん》ノ雲霓《うんげい》細民蘇生ノ思アリ」[5]と書き記している。大変な日照り〔大旱〕が続く中で、雨の前兆である雲や虹〔雲霓〕を待ちこがれている貧しき民〔細民〕は蘇生した思いでいるとの心中の吐露である。

明治三七〔一九〇四〕年八月の白仁知事への上申書〔資料九〕にも厳しい言葉が並ぶ。「故古河市兵衛ノ奴隷／安生順四郎及旧知事溝部惟幾《いいく》ノ党与ニシテ／旧村長大野東一／其父大野孫右衛門等」と記す。恨みの籠った物言いである。村内が憎しみで分裂していたことが読み取れる。この上申書は次のように続く。

「私借五万円ヲ村民ニ負ワセント／恰モ之ヲ村債ト唱ヘテ／田畑価格ニ影響セシメ……土木吏ト共謀シテ／自身諸般ノ受負《ママ》ヲ兼テ／又々不正工事ヲ共謀シ／堤塘《堤防》ヲ危弱ニ村中ノ浸害ヲ継続セシメテ／倍々田畑売買ヲ下落ニシテ／全村ノ土地ヲ略奪セン事ヲ期シ……」

こうした文言が長々と続く。これら一連の文書を読む限り、安生や大野らは全く以て悪の権化である。反面、当局からすれば、よくやっているということになるのだろう。もし安生や大野に反論の機会があれば、どのように言っただろう。

「うちの親父は悪気はないけれど、農民と一緒に闘わなかった。郡長の方へ付いた。いずれは村を引き上げなくてはならないのだから、こんな村にいつまでもくっついていて、百姓共とワーワー騒いでいるのはもういいって」

この「いずれは村を引き上げなくてはならないのだから」というのは、「廃村に向けて動いているのだから」ということだろう。

廃村に向けて

一連の「白仁家文書」の中には、明治三七〔一九〇四〕年八月、白仁武栃木県知事から内務大臣芳川顕正に出された「稟請書《ひんせい》」〔資料十三〕もある。(6) 正確には「谷中村民有地ヲ買収シテ潴水池ヲ設ケル稟請」である。稟請書とは上層部の承認を得るための書類であり、つまりは、白仁知事と芳川内相が谷中村の廃村に向けて準備を進めていたことが読み取れるものである〔第一章「深夜の栃木県会」参照〕。

「白仁家文書」は明治三七〔一九〇四〕年七月から十月までの短期間に集中しているが、これらを読み込んだ布川了は新たな見解を提示した。従来は、村内の激しい反目の中、大野東一が村長を辞めた。その後、村長の成り手がなく、やむなく管掌村長〔下都賀郡書記官兼任〕となったと理解されていた。しかし、そうではなく、白仁知事が事を進めるのを容易にするために意図的に管掌村長に持って行ったとするのである。(7)

明治四〇〔一九〇七〕年三月二四日「官報号外・衆議院議事速記録第二十号」に掲載されている「谷

中村枉法《おうほう》破壊に関する島田三郎君の質問参考書」には、次のようにある〔傍点筆者〕。なお、「枉法」とは、私意によって法を枉《ま》げて適用することである。

「金五万円ハ当時谷中村助役大野東一ガ株式会社日本勧業銀行ヨリ借受ケ／之ヲ上都賀郡清洲村大字久能／安生順四郎ニ預入レ／其後明治三十四年中／当時ノ谷中村長茂呂近助ガ該預金五万円ノ中／金壹万円ヲ安生ヨリ受取リテ／更ニ之ヲ茨城県猿島郡古河町／丸山義一ニ預ケ入レタルモノニシテ／右金額ハ何レモ谷中村収入役ニ於テ受領シタル証跡ナキハ／明治三十二年度谷中村収入簿ニ／其受入ヲ登記シタル事実ナキニ徴シテ明カナリ」(8)と主張し、さらに、

「助役大野東一カ株式会社日本勧業銀行ヨリ金五万円ヲ借入レタル当時ノ事跡ニ徴スルニ／大野東一ハ単ニ助役タル名義ヲ以テ借入レヲ契約シ／助役タル資格ヲ以テ収入ノ事務ヲ管掌シタルモノナルカ故ニ／是レ唯一個ノ助役トシテ漫然収入役ノ権限ヲ侵犯シタルノ行動ニ止マリ／町村収入ノ上ニ何等適法ノ効果ヲ生スルモノニ非ス」(9)と指摘する。つまり、助役大野東一が収入役の権限を侵してやったことであって、谷中村には無関係である。従って、

「谷中村ガ株式会社日本勧業銀行ヨリ借入タル金五万円ノ受領者ハ収入役ニアラスシテ／助役大野東一ナルカ故ニ／同村ハ之ニ對シテ責任ヲ有セス／従テ村民モ亦之ヲ村税トシテ賦課セラルルノ義務ナク……」(10)と主張する。

これについては、前年の明治三九〔一九〇六〕年に、谷中村民が下都賀郡長吉屋雄一に訴えていたが、左記の通り却下されている。

「訴願人島田政五郎外二十六名ガ明治三十九年十一月十一日／栃木県下都賀郡参事会／栃木県下都賀郡長吉屋雄一ニ対シテ提起シタル村税賦課ニ対スル訴願ニ付／明治四十年二月六日／栃木県下都賀郡参事会／栃木県下都賀郡長吉屋雄一カ右訴願ハ町村制第百二十条第二項ニ規定セル訴願期限ヲ経過シタルモノナレバ受理スベキ限ニアラストシテ／之カ却下ノ処分ヲ為シ……」[11]

つまり、谷中村の「借金」については、収入役が関与していないという致命的な瑕疵《かし》があったのである。こうした状況において、収入役を兼ねた管掌村長が誕生した訳である。布川了は、「五万円は村の借金であるから、村民が返せ。もし村を出なかったら、残った奴が全部返せ、といって税金をふっかけてくるわけです。……がまんしきれなくなるのです。そして、とうとう村を出ていく人がたくさん出てくるのです。こうした策略を組んで、〔栃木〕県は猿山〔定次郎〕を管掌村長として谷中村に送り込んだわけです」と考えた[12]。こうした見解を生み出したところにも、「白仁家文書」が公開された意義があろう。こうなると、村民から出ている大野東一村長への辞職勧告もまた、村内の対立を利用して、白仁側が巧みに仕掛けた策略の一環だったという見方もできるかもしれない。

菊地康雄は管掌村長について、「谷中村へ入った田中正造にそなえるために当局のとった措置のようにも思われる」[13]と指摘するが、布川の見解の方が説得力がある。かくして、明治三七年九月一日に谷中村は管掌村長となり、その管掌村長が収入役を兼務し、その上で、同年一二月一〇日の深夜の会議〔事実上の谷中村の買収決定〕を迎えるのである。

では、もはや村長を村内から選ばない「策略」のプランナーは誰か。「画策好き」の「内偵郡長」

と評され、茂呂近助を引っ掛けたかもしれないという人物が一人ここにいる。郡長吉屋雄一である。ただし、証拠のあることではない。

うちの祖父さんは悪者にされた

谷中村の抱えた負債が廃村の大きな力になった。

「負債というのは、おれは知らないが、堤防の問題ではないんだろうか。堤防のことでは、随分揉めたらしい。どうのこうのって、うちの祖父さんが悪者にされたね」

五郎さんは「負債」を知らないと言った。堤防のことではないのかと答えた。世間によく知られた谷中村の排水器に起因する負債を知らないというのは、いささか首を傾げるところだが、排水器が堤防の問題と表裏一体であることは間違いない。

この証言で気になるのは、「堤防のことで揉めて、祖父さんが悪者にされた」の部分である。悪者にされた――。彼は悪者ではなかったのか。あるいは、身内だから、こうした言い方になったのか。

「うちの祖父さん」とは、大野孫右衛門である。谷中村の元村長で、明治二二〔一八八九〕年五月から明治二六〔一八九三〕年四月まで村長を務めた。[14] 後に村長を継いだ息子の東一と共に悪巧みをしたとして糾弾される存在となっている。

西村捨三の語る大野孫右衛門

元彦根藩士で、維新後は沖縄県令や大阪府知事などを歴任した西村捨三という人物がいる。彼が明治二五〔一八九二〕年、「農業土功排水法」と題して行った講演(15)の中に、大野孫右衛門が登場する。この講演時の西村の肩書は農商務次官〔第一次松方正義内閣〕である。

以下、「農業土功排水法」中の「大野孫右衛門と谷中村」に関連する箇所を眺める。結論を先に言うと、ここには先述の大野像とは全く違う姿がある〔濁点の不統一は原文／傍点筆者〕。

「我国の生存上は申まて《ママ》もなく、輸出上にも大なる望あるものは、米と申しても過言てはありますまい（拍手大喝采）、実に目出度いことてす、是の如く米は重要の地位てあります、されは益ゝこれを増殖することを図らなけれはならぬ、而して之を産出する場処は水田てす、此水田は尤水掛りか好くなけねはなりませぬ、而して本邦には古来天然の引水、天然の排水はありまするか、未だ曾て他の方法はありませぬ、是に於てか開け行く世てあれは、人為を以て天為に打勝つ工風《工夫》を運《めぐ》らさなければなりませぬ、則人為の引水、人為の排水の起る所以てあります、拙者は土木局長の職にありました頃から、平素この事に就き考へて居りましたか、此事に着手する好機会かありませなむた、然る処今回いよゝゝ之か試用の好機会を得る場合になりました、是からか一場《いちじょう》のお話で御坐ります」

日本の生存に米は重要である。従来、水田の引水、排水は自然のままに任せていたが、それ以外の方法はなかった。そこで、人為的な引水、排水という方法が始まる訳だ。私は土木局長の職にあったところから、これについて考えていたが、このことに着手する機会がなかった。しかし、今回いよいよそれについて試みる好機を得た。ここからが「一場の話」、すなわち、一つのまとまった場面となる。

こう彼は切り出す。この話題こそが大野孫右衛門と谷中村に関するものである。

「栃木県下、下都賀郡……《ママ》旧は宮下《ママ》村、今は谷中村……《ママ》此谷中村と云ふ地方は、諸君……《ママ》殊に関東筋の諸君は能く御存《ママ》て御在《ママ》りませうか、徳川幕府の時代より、彼下野と上野の国境の、山間より流れ出る利根の一大支流則渡良瀬川、又上都賀郡宇都宮より流れ来る思川……《ママ》此両川の合湊する衢に当り居る地て御坐ります」

谷中村は明治二一〔一八八八〕年、下宮《したみや》、内野《うちの》、恵下野《えげの》の三村合併で成立した。

「合湊する水は利根の本流に出まするか、此両川の合湊する衢に当り居る、谷中村則旧の宮下《ママ》村は、昔より大層水難に苦むて居る処て御坐ります、徳川時代に於て初め誰かの領地で御坐りましたか、後土井大炊頭《おおいのかみ》が領して居たと思ひます、旧来は八ヶ村、今は合して千七八百戸はかりの戸数を有して居る」

二つの河川の合流する谷中村は水難に苦しんでいたと言う。

「此村昔時にあつては下野国に於て、屈指の豊穣なる村柄てありました、然るに物遷り星変り、漸く利根川に変遷を来たし、渡良瀬川の川床か埋堆した処より、上方は用水を引き得るも、為に下方は用水を十分に捌《さば》くことが出来ぬやうになりました、是に於てか千町歩程あつた良田も、終に其七八分は沮洳《しょじょ》〔土地が低くて水はけが悪い〕の湿地に化して仕舞ひました、此千町歩か昔日の如くであつたならは、四五十万円の価格がありますものを、今日やうやく二十万円の地価しかありませぬ」

かつては豊穣の地であったが、利根川が変遷し、かつ、渡良瀬川の河床が埋まった。上流では用水を引くことに問題ないが、下流ではうまく水に対処できぬようになり、約千町歩あった良田の七〜八〇%が「沮洳の湿地」になってしまい、地価も半減した。

「村民今日の有様は、如何なる暮しをして居るかと申しますれは、二十万円の地価を有し、地租百円を上納し、四千八百石の収入で、或は菅笠を造つたり、或は水溜を設けて鯉鮒など雑魚を漁り、漸くにして生計を営み、実に亡国否亡村と云ふへき有様て、如何ともすることか出来ませぬ」

副業をしてどうにか生計を営んでいる。亡村とも言うべき状態で、どうしようもない。

「利根の一大支流渡良瀬川は、関東八州の中に於て、治水上の一大困難の場処てある、なか〵〵一朝一夕に治しやうかありませぬ、併しなから積年の慣習、斯く幾《ほとん》と無地価同様なる地なるにも拘はらす、村民は堤防を築造して、以て厳然たる一輪中《わじゅう》を搆へて居る、堤防費として年々地方税三千円を充て……《ママ》栃木県の厄介物……《ママ》（大笑拍手大喝采）」

利根川の一大支流である渡良瀬川は治水が難しい。ほとんど無価値の地なのに地方税三千円の堤防費が使われている。栃木県の厄介物である。講師がこんなことを言って、聴講者は拍手大喝采。往時の役人の感性が伝わって来る。

「谷中村の村長か出て来ると談忽《たちまち》こゝに及ふ（大笑）排水法の無きかため、幾と谷中村の人民を魚《ぎょ》鼈《べつ》（魚とスッポン）にせんとして居る（大笑拍手大喝采）、寔《まこと》に気の毒千万の次第で御坐ります」

こんな谷中村の村長が出て来ると、すぐにこの話になる。排水法がないから、ほとんど谷中村の人々を魚鼈にしてしまっている。こう言って、また西村は笑いを取る。水はけが悪い谷中村の村民を小馬鹿にしている。百年以上前の講演録だが、読んでいて胸糞が悪くなる。この一節に続いて、大野孫右衛門が登場する。

「然《しか》る処村長の大野何某《なにがし》と云へる人は、熱心にして而かも篤志家て御坐りますから、此事に就き段々工風《工夫》されたものてある」

大野孫右衛門というフルネームでなく、「村長の大野何某」と紹介される。この人は熱心な篤志家であって、このこと〔排水〕について色々と工夫を重ねて来たと言う。

「横須賀造船所に往《ゆき》て、彼処《かしこ》にて水を排除する有様を見られた塩梅《あんばい》てす、是か抑ゝ人為排水法を仕やうと云ふ起りになったのてす」

横須賀造船所に大野孫右衛門は赴き、そこで機械による排水を見学した。これを見て人為的排水を谷中村でやってみようという気持ちになった。

「是に於て其法に倣《なら》て水を排除せんと欲し、其堤防を堅固にするため、三万八千円の村債を起し、全村の人民熱心以て其事業をやると云ふ考て、内務省に村債募集の許可を願ひ出られた」

大野孫右衛門は全村挙げて谷中村の排水事業を行うために、村債募集の許可を内務省に願い出た。なお、「機械による排水」と「堤防を堅固にすること」は不可分の関係にある。というのは、「此他《地カ》に愈ゝ《いよいよ》之を据付けるに就ては、堤防を治し、十分堅固にしなければならぬ、治さなければ折角大金を擲《なげう》て据付けた機械も、一朝洪水の氾濫することにならは、忽《たちまち》にして押し潰されるからてある」。

「処が〔谷中村は〕今まで一向聞きもしない処ゆえ、如何なる処かと皆んなして土木局長も共に調へた（大笑）、調へて見たら成程あつた／寔《まこと》に小さい処で……《ママ》（大笑）、然る処その願は町村制第百二十六条によつて不認可となつて仕舞つた（大笑）」

町村制第百二十六条とは「新に町村の負債を起」こすなどの「町村会の議決は内務大臣及大蔵大臣の許可を受くることを要す」というものである。それで不認可となってしまった。

「是に於て大野何某大に落胆して仕舞つた（大笑）、夫《それ》を其処までに運はせるには、随分苦心困難されたのてす、不認可となつて仕舞つたから、仕方かない其儘《そのまま》泣寝入り……《ママ》（大笑）」

大野孫右衛門の努力に敬意を表する雰囲気が瞬時漂うものの、結局は見下した笑いの中に吸収されてしまう。

ところが、ここで大野孫右衛門は興味深い情報に接した。

「然る処折しも一昨〔明治〕二十二年、我農務局で農商務技師澤野〔淳〕君が、海外稲田の景況を熟視せんため、米作改良に熱心なる林遠里君と、欧米諸国を巡覧し、大に感せらるゝ所あつて帰朝の後、本邦の稲田卑湿《ひしつ》〔湿気の多いこと〕の地を改良するには、和蘭《オランダ》、独逸《ドイツ》等に於て最多く行はるゝ所の、蒸気喞筒《そくとう》〔ポンプ〕排水法に若《し》かすと話されしかは、時の農商務大臣陸奥宗光君は之を採用して、全国農業家の参考に供せんため、人為排水法の有益なるの説を官報に掲けられた。

大野何某これを見るより天に上ほるの心地して（大笑拍手大喝采）、我法の行はるゝ時機来れりと、直ちに農務局に出て来られ、官報に據つて見れは、斯様云々の排水機械かあるさうて、独逸に注文すれは宜しいさうたから、其蒸気喞筒の構造及ひ価格等を、同国に問合はせるの労を取てもらいたい云々と申出られた」

あくまでも大野孫右衛門は本気である。

明治二四（一八九一）年四月七日付及び十日付「官報」に「耕地排水調査報告」(16)とのタイトルの下、「農商務省ニ於テ農商務四等技師澤野淳ヲシテ田圃排水ニ関スルコトヲ調査セシメシニ其報告ハ即チ左ノ如シ（農商務省）」との書き出しで、澤野が詳しく報告している。大野孫右衛門が見たのは、これである。

西村は続ける。「是に於て、農務局は其労を取り、昨年の十月独逸国漢堡《ハンブルグ》名誉領事に照会し、其正確なる返事を昨年の暮になつて落手しました、然る処これ亦《また》なかゝゝの事業てす、結果は何うなるか知りませぬか、大概旨く行かうと拙者は存します」

西村は楽観的な見通しを語っている。

「扨《さて》ザッと其模様計画を申しますれは……勿論《ママ》拙者の如き素人ては、細密なることは能く分かりませぬか、概算を申しませぬとお話にならぬから、一寸申します」

こう言って、谷中村の排水計画について具体的に話を始める。

「抑ゝ谷中村排水を期する所は五百町歩てあります、蒸気喞筒は一昼夜に凡《およそ》七十九万石余、則五百九万六千五百立法尺の水量を排除する仕掛けてあります、之を深さ一尺のものとして、其坪数段別等に引き当てますれは十四万千五百平坪《ひらつぼ》になります、さすれは四十七町余を排除する割合となる」

以上が排水される水量と広さである。次は、その排水器の価格について。

「而して其価格に至つては、大小種類に従て異なる趣て、三通り四通りありまして、今この地に適当と思ふものは、先つ一万四千六百円位のものてあります、又運賃、保険、関税等に貳《二》千三百円、機械据付、烟筒《えんとう》に六千円、都合二万三千円かゝります」

だが、これだけでは済まない。先述の通り、堤防工事が必須である。

「堤防費三万円、……《ママ》総額五万円を要します」

「是の如くしますれは悉皆不毛の地か、変して五百町の良田となる（拍手喝采）、五百町……《ママ》一段より一石五斗取れるとすると七千五百石、石六円と見積ると四万五千円、果して然らは一年の収穫て、元金はサラリと引けて仕舞ひます、（拍手大喝采）」

そうはいっても、世の中、そうそう甘くはない。

「とは云ふものゝ爾《さ》うは参らぬ（大笑）、新規の事業で御坐りますれは、いろゝゝ予算外の雑用も入ります、且この機械は二十ヶ年間を受合ふので、肝腎役に立つと云ふのか二十ヶ年てす、其間毎年五百円の修繕費か入る、運転師《ママ》を傭ふ費用も入りますから、決して算用通りには参りますまい（大笑）」

それはそうだ。

「併《しか》しなから後々は利益になる、爾《そ》う一年て元を引く訳には参りませぬ、三四ヶ年の中には差引ける勘定てす、決して算盤の持てぬ仕事とは信しませぬ、果して是の如くなりましたならは、谷中村はまた今日の谷中村と同日の論てありませぬ、此事は実に有益なる事業と考へます」

「併し是の如き事業を施すには、地勢に據らなければなりませぬ、此土地の如きは頗《すこぶ》る適当の地と信します、幸に村民の奮発もあり、斯業に就ての調査も日を逐ふて進み、土木局にても其水の容量とか、内外地勢の勾配とか、機械据付の都合等に就き、今専ら講究中てあります、先つ是か人為的排水を日本に施すの開け口……《ママ》端緒てあります」

結局のところ、西村は大野孫右衛門の理解者となっている。そして、この事業は単に大野の熱意に共鳴するといった次元に止まるものではなく、日本の農地の改良の第一歩と認識している。彼の言葉は以下のように続く。

「此排水法にして実効を奏し得ますれは、他に之に類似する利根川筋、則この輪中の隣地〔の〕生井《なまい》村なり、埼玉県下栗橋地方より、或は中利根地方へ参りますれは、十六島《じゅうろくしま》の地方なり、江戸川筋の本川筋等、これに類似する人為排水法を斟酌《しんしゃく》使用すへき箇処は、唯この一川のみにしても、大小数十ヶ処、否百ヶ処からありませう、此機械を据付くへき地方は、啻《ただ》に利根川筋地方のみに止まりませぬ」

つまり、日本の農業の歴史的事業として捉えているのである。大野孫右衛門が言い出した谷中村の排水器設置は、日本農業史に特筆さるべき試みであったと言えそうである。

澤野淳の語る大野孫右衛門

もう一人、大野孫右衛門と谷中村に関して発言している人物がいる。西村の講話中に登場した「農商務技師澤野君」である。フルネームは澤野淳。安政六〔一八五九〕年生まれ。駒場農学校を卒業。初代の農商務省農事試験場長、[17] 農学博士、[18] オランダとドイツに視察に赴き、「蒸気喞筒《そくとう》排水法」を見て帰国後、報告した。大野がこの話に飛び付いたことは、西村が述べた通りである。

澤野は明治三二〔一八九九〕年一〇月、栃木県宇都宮市で開催された第四回関東農事大会において大野孫右衛門について語った。この講演録は明治三三〔一九〇〇〕年七月に刊行された『第四回関東区実業大会報告』に「谷中村の排水器」[19] とのタイトルで掲載されている。また、明治三三年二月に刊行された『農事雑報（第二十号）』には「排水実見談」[20] として、前年の講演内容を加除修正したものを載せている。つまり、「谷中村の排水器」と「排水実見談」は同趣旨だが、後者の方が文章が整えられている。以下、引用するに当たっては後者を利用する。ただし、適宜、前者も引用する〔濁点の不統一は原文のまま／傍点筆者〕。

「茲《ここ》に御話を致さうと思ふ事柄は、一毛作の水田を乾固《かはか》して二毛作の出来得べき乾田と為し、又は多く本邦の各地に散在せる沼沢地或は卑湿不毛の土地を良田に変ずるに、最も適切の器械が、此程始《ママ》めて栃木県下都賀郡谷中村に設置せられて、日本全国の農家の為に摸範《ママ》を示す事の出来る様になりたる一条であります」

澤野はこう話を切り出す。

「其器械は諸君の中には既に御承知の御方もありませうが、谷中村の大野孫右衛門と云ふ人が、殆ど十箇年の間種々様々の艱難辛苦を経て、漸く本年に至りて／其成功を見るに至りたるものである、私は過日農務局長其他の技師と共に、実地運転して居るところを見聞きし、且つ排水器の事に関しては嘗て取調べたることもあれは、諸君の御参考までに、暫時《ざんじ》其概要を御話致す考へであります」

ここでは、大野孫右衛門はフルネームで紹介されている。

先の資料で西村捨三が谷中村について「村民は堤防を築造して、以て厳然たる一輪中を構へて居る」と紹介した通り、集落や耕地を堤防で囲み、水の侵入を防いでいた。澤野は「抑々《そもそも》谷中村と称するは、一千有余町歩の面積を有して居る所の土地にして、其村の周囲は赤間《麻》沼、思川《おもいがわ》、渡良瀬川、巴波川《うずまがわ》等に依て取囲まれ、延長七千三百有余間の堤防内に在るところの一村落である」と述べている。

この谷中村の状況を郷土史家・熊倉一見は、次のように説明する。「栃木県谷中村では、排水ポンプ設置後の明治30年代においても、谷中囲堤輪端部に悪水用の紀州流圦桶《いりひ》〔水の流れを調整する土手に埋めた樋〕が敷設されている。思・巴波両川〔思川と巴波川の二つの河川〕の逆流洪水が脆弱な輪頂部に廻り込み赤麻沼側から破堤させ内水氾濫を起し、増幅しながら輪端部に進み今度は堤内側から破堤させた。しかも、前後して渡良瀬川左岸の同村知市渕付近でも破堤入水するという、内水と破堤の二つの複合氾濫に特徴があった」[21]。これでは全く以て大変である。

谷中村に近代的な農業用機械排水機を設置しようとする試みは、熊倉の研究では、茨城県立崎村〔谷中村の隣村〕他三ヶ村、新潟県巻村、岐阜県池辺村に次ぐ事例である。明治二七〔一八九四〕年九月に国産[22]〔後述〕の連鎖式排水器[23]を設置し、次いで明治二九〔一八九六〕年五月にドイツ製排水器を設置、さらに明治三二〔一八九九〕年一一月には、そのドイツ製を改良している。(24) 今ここで引用している澤野の話は明治三二年一〇月の講演である。従って、澤野が視察したものは明治二九年のものということになる。尤も改良された排水器の設置が明治三二年一一月だから、改良作業中のものを見たのかもしれない。いずれにしてもドイツ製である。

澤野の話に戻る。「斯の如き堤防内の村であるから降雨の為に其地面に湛《ママ》まるところの水を、排除すべき水門の設はあれども、周囲の川床が、昔時に較ぶれは、漸次《ぜんじ》大に高くなりたるがため、近来に至りては、河水の余程減ぜしときに非《あら》ざれは、其水門より水を排出せざる様になり、若《も》し一朝大雨ありて、河水の膨漲するときは、却て河水か堤防内に逆流するが故に、止を得ず其水門を鎖さなければならぬ」。

先の熊倉の説明と併せ考える時、谷中村の状況がよく分かる。

「水門を鎖すときは、忽ち堤防内に溜滞する雨水のために、作物は浸水の害を蒙ると雖も、周囲の河水の減ずるまでは、水門を開放すること能《あた》はざるを以て、其出水の時期如何に由ては、折角丹精して培養せし稲も、悉皆《しっかい》腐敗して、三年に一回万一の収穫を僥倖とするが如き哀れなる土地であります」

この一節は「谷中村の排水器」〔編集前の口述に近い方〕が分かりやすい。

「水門を閉ぢますと、降雨の為めに溜滞する水に作物は浸されます、何程作物が浸水の害を蒙ると雖も、周囲の川が減水する迄は、いつまでも水門を開放することが出来せん《ママ》から、其出水の時斯《期カ》如何によりては、其土地に培養してある稲は悉皆腐敗して仕舞ひ、折角の丹精も全く徒労に帰して、三年に一回万一の収穫を僥倖とする様な哀れななる《ママ》土地てあります」

つまり、大雨の時は川から村内に水が入るから水門を閉鎖せざるを得ず、そして、その結果、降雨と村内にそもそも滞留していた水が合わさって米や作物を駄目にしてしまうという訳である。全く悪循環に陥っている。

「排水実見談」に戻る。

「現に本年は四箇年目にて、漸く相当の収穫のありしと云ふ事を聞きました、斯の如き哀れなる村であるから、大野氏は其堤防内に溜滞する雨水を排除することに就て、種々の工風を凝らして居られましたが、折しも明治二十四〔一八九一〕年四月の官報に、排水器に関する調査報告が出ましたのを看て、始《ママ》めて外国に於ては、斯かる卑湿の湛水地等には排水器を利用することを知り、爾來種々の困難に遇ふも、屈せず撓《たわ》まず〔心が折れず〕、熱心に尽力して、今日の成功を見るに至りたるのであります」

大野孫右衛門は明治二四〔一八九一〕年の官報にある排水器の報告書を読んで、これを谷中村に導入しようと幾多の困難を乗り越え、今日の成功に至ったと言う。これは、先に西村捨三が「大野何某これ〔官報〕を見るより天に上ほるの心地して……直ちに農務局に出て来られ」たと語った話である。大野は堤防内、つまり谷中村内に溜まっている水をどうにかしようと、心底本気で取り組んでいたのである。

ところで、この参考にしている「排水実見談」の文には「谷中村の排水器」と微妙に違うところがある。「排水実見談」〔後日加除修正したもの〕には、右の引用のように、「大野氏は其堤防内に溜滞する雨水を排除することに就て」とあるが、「谷中村の排水器」〔口述に近いもの〕は「大野氏は堤防内に溜滞する水を排除する事に就て」となっている。すなわち、講演で語ったであろう「水」が、後日の編集で「雨水」に代わっている。

「雨水」と限定すると、「渡良瀬川の水」は含まれない。この言い換えには何らかの意図があるような気がしてならない。というのは、「折角谷中村の村内に溜まった鉱毒を含んだ渡良瀬川の水」をわざわざ外に排水することはないだろうといった声が出るやもしれず、それをかわすために雨水に限定したのではないかとの考えが浮かぶのだが、如何なものだろう。

大野孫右衛門の熱意

「排水実見談」を続ける。

「抑々《そもそも》排水器の事に関しては、私が先年欧米の農事視察の為出張を命ぜら《ママ》たるとき、和蘭又は独逸の北部に於て、排水器の設置しあるを見聞きし、若しも此器械を、日本の排水に不便なる、各地の水田に応用し水田を乾田となしたならば、米質を改良し、収穫を増加し、肥料を減少する等、莫大の利益あるべく、又之を沼沢地其他卑湿不毛の土地に用ゐて排水を行へば、多くの良田を得べくして、大なる国益を来すことゝ信じたれば、帰朝早々排水器に就て復命したる次第でありますが、其翌年即ち明治二四年の一月に至りて、更に時の農商務大臣故陸奥子爵に、排水に関する調査を命じられ、其調査の結了するに及んで、其年四月之を官報に登載せられたのである、大野氏が始《ママ》めて排水器のことを知りたるも、其時の調査報告であります」

先述の通り、大野孫右衛門は、この官報を見たのであった。澤野は次のように続ける。

「〔オランダやドイツでは〕其排水器には官設のものもあり、組合のものもあり、又小にしては一個人の設立に係るものもありますが、要するに其土地の所有者は、土地の等級に応じて、一町歩に対し、排水諸入費として、金拾三四銭乃至金壱円五拾銭位の費用を支払ふて居るのである、即ち土地所有者は、一町歩に付一箇年間に、右の諸入費を支出して、今まで不毛の土地を立派なる耕地として使用して居るのであります」

排水器の維持管理には金銭的負担が伴うことに言及する。そして、こう言う。

「然ラバ則チ排水ノ事ハ其実益ノアル所極メテ大ナルニモ拘ハラズ、到底個人的ノ所為ヲ以テ能ク実益ヲ挙ゲ得ルニ非ザレバ、聯《連》合一致シテ会社又ハ排水組合ヲ設ケ以テ之ガ実行ヲ期セザル可カラズ」〔この文は「備考」として書かれ、片仮名表記。「谷中村の排水器」にはない〕。

排水事業には金銭的負担が大きいことから個人的には難しく、会社組織あるいは組合組織による対応が必要であると説く。資金面が排水事業の最大の問題であると承知しているから強調したのであろう。金はかかるが、それを何とか乗り越えれば、立派な耕地が生まれるということである。

「却説〔さて〕、大野氏等は官報に登載せる、排水器に関する調査報告を看て以来、屡ゝ《しばしば》本省〔農商務省〕に出頭して、種々の調査をなし、本省にても亦出来得る限りは便宜を与へまして、独逸より各種の排水器の図面、代価、運賃其他の説明書類を取り寄せて、之を大野氏等に交附し、又内務省の技師石黒博士其他土木専門の学士に、実地の測量を依頼する等、諸般の調査をなせし結果、愈ゝ《いよいよ》排水器を谷中村に設置するに於ては、大なる利益のあるべき設計が出来たのであります」

大野孫右衛門の熱意に農商務省も協力した。そして、専門家による現地調査が行われ、谷中村での設置は有益であるとの判断がなされた。

想定外の出費

「然るに、茲に一の困難なる事情のあるは、器械の購入、据付等に要する資本の出所である」

さて、この資金をどうするか。

「嘗《かつ》て大野氏等は村債を募集して、以て此等の費途に充てんと企《マ》て《マ》たてしこともあれども、何分三箇年に一回万一の収穫を僥倖とするが如き貧村なるを以て、町村制百二十六条により認可を受くることは出来ず」

これは前出の通りである。また、ここにある「大野氏等」の「等」とは、大野孫右衛門に協力した地主らのことである。(25)

「左《さ》ればとて、金主を探しても、排水器を設置すると云ふが如きことは、本邦に於ては、古来未曾有のことなるを以て、其成功の如何を疑ひ、誰も容易に金主を引受くるものはありませなんだが、諸所奔走の末／遂に漸く金主は出来たのである」
「漸く金主は出来た」、これが安生順四郎である。谷中村には明治二四年七月に澤野が来村し、二ヶ月後の九月には澤野と共に西村も来村し、正式に排水事業認定地に指定された[26]。その上で、安生が登場する。先を急げば、安生の出資で谷中村に排水器が設置されたのは、明治二七〔一八九四〕年九月のことである。

「然るに大野氏は成可《なるべ》く経費を節減するの考《かんがえ》よりして、最初の設計通り外国製の器械を購入することを見合して、本邦にて製作して据付けることに決意したのである、抑々之れが大野氏等のために大なる困難を来した源因《ママ》であります。若《も》しも最初設計せし如く、外国製の器械を据付けたならば、今より五〔・〕六年前には、既に成功して居たでありませう。然るに本邦にて此器械を製作せしめたならば、予算上幾分か廉価なるを以て、之れが製作に着手致しまると、意外にも、本邦にては斯る器械の製造には経験少《すくな》きためか、失敗に失敗を重ね、多く歳月を費やして、漸く本年に至りて成功したる次第であります」

大野にとって想定外の出費が嵩《かさ》んで行った。では、その排水器はどんなものだったのか。

「其器械と云ふは、百五十馬力を有する蒸気仕掛の喞筒《ポンプ》にして、一昼夜間に百四十万石の水を、高さ一丈二尺〔約三・六メートル〕の所まで吸揚げて排水し得べき予算を以て、製作せしめたるものであります」

「其器械の製作費及据付費には、是れ迄数回の失敗に要せし諸入費を合算すれば、幾許《いくばく》を要せしか之を聞き洩せしと雖も、私が曾て独逸にて取調べたるところに據れば、一昼夜間に百三十五万三千八百石の水を高さ一『メートル』即ち三尺に揚げ得べき器械は、荷造費と漢堡《ハンボルグ(ママ)》港より横浜までの運賃を合算し独逸貨幣にて約そ七万四千麻、即ち我金貨にて約そ三万六七千円でありました」

どのようなものを据え付けようとしていたのか、おおよそ分かる。

維持費を大野孫右衛門はどう見積もっていたのか。

「谷中村に据付けたる器械を運転するには、幾許の経費を要するかと云に、大野氏は、稲作中最も必要なる時期に排水するに要する石炭代と、機関手、火夫の給金を合して、金貳千五六百円に見積りて居る、即ち一箇年に、僅に金貳千五百円の経常費を以て、三箇年間に一回万一の収穫を僥倖となせし、一千余町歩の土地より、堤防の破壊せざる限りは、毎年安全に一万五千石乃至二万石位の米は、容易に収穫することの出来る次第でありますから、今後堤防の破損と器械に異状を生ずることなければ、今迄貧村なりし谷中村も、数年ならずして富裕なる一村落となるであらうと信ずるのである」

これが大野孫右衛門の思惑であり、それを農学博士澤野淳は評価していた訳である。そして、こう続ける。

「此排水器に関する調査報告が、始《ママ》めて官報に出てし当時は、各地にて之を設置するの計画をなせしもの少からざりしと雖も、其成功の如何を疑ひ、誰れ一人として、奮発して、之れに資金を投ぜんとするものなきが為に、各地の有志者より、国庫の経費を以て排水器の模範を示されんことを、度々議会に請願せしにも拘らず、不幸にして、今日まで其成功を見るに至らなんだのであります」

この文の限りにおいては、日本国として未経験の大事業に、大野孫右衛門や谷中村は首を突っ込んだということになる。そして、結果的には、それで借金まみれになってしまった。問題は、借金を抱えたことが結果論なのか、予め想定されていたことなのかということである。後で話題にする。

澤野は言う。「抑ゝ排水事業の如きは、組合又は会社組織として為すときは、甚た利益多き事業なるにも拘らす、今日までは鉄道、紡績、其他諸般の工業には、随分資本を投ずるものあるも、排水其他農業に有益なる事業に、資金を投する人の極めて少きは、我農業の改良発展上に於て甚た遺憾とせしところなれども、前述の如く、一度排水器の模範も出来し以上は、遠からずして、続々排水会社も起り来りて、耕地整理と共に、国家の為に大なる利益を開発するに至るてあらうと信ずるのである」〔傍点原文〕

「故に我々は大野氏等の功労を謝すると同時に、斯る器械が始めて谷中村に設置せられたるは、栃木県の大なる名誉と考へるのであります」〔傍点筆者〕

大野孫右衛門の労苦を称えている。西村捨三が「栃木県の厄介物」と言って、聴衆の「大笑、拍手、大喝采」を浴びた谷中村が、ここでは「栃木県の名誉」に転じている。如何に国家的事業であったかが理解できる。それ程の大事業であり、従って、同時に大きなリスクを抱えていたということでもあろう。

大野孫右衛門は天保一三〔一八四二〕年四月一五日の生まれである。[27] 澤野の講演が行われた明治三二〔一八九九〕年一〇月の時点では五七歳であった。この年齢は、明治期の平均寿命が四三～四四歳ということからすれば、もはや晩年である。彼はひょっとしたら欲得抜きで、谷中村の発展を願って尽力したのかもしれない。既述の通り、西村捨三は大野孫右衛門を「熱心にして而も篤志家」と評している。

「谷中村の排水器」には、「谷中村と云は、日本鉄道会社奥羽線に於ける古河停車場を降りて、僅かに十五六町を離れたる所でありますから、有志のお方は一度御覧になれば御参考になる事も少なからざるべしと思ひます」。澤野は聴衆にこう呼びかけている。排水器の設置を喜ぶ彼の心中が伝わって来る。

さて、どう考える

以上の事実をどう捉えるか。西村捨三、澤野淳の証言を聞くまでは、村長の大野家というのは許すべからざる大悪人という悪評、酷評で固まっていた。それが農商務省関係者の言によれば、大野は谷中村の治水を真剣に考える善人となる。しかも、先駆的な試みをなそうとする進取の精神に富んだ開明的な人物である。こうした全く相反する評価がなぜ生じたのか。

・明治二三（一八九〇）年五月　谷中村は起債を決議（不認可）。
・明治二四（一八九一）年四月　大野孫右衛門、官報（澤野淳報告）を見る。
　　　　　　　　　　　九月　排水事業認定地に指定。
・明治二七（一八九四）年九月　安生順四郎の資金提供で国産の排水器を設置。

・明治二九〔一八九六〕年五月　ドイツ製排水器設置。(28)
・　〃　　〃　　七・八・九月　東京にまで至る大洪水。
・明治三一〔一八九八〕年　利根川の関宿での江戸川河口を狭め、逆に渡良瀬川河口を拡張。
・明治三二〔一八九九〕年一一月　ドイツ製排水器（改良）設置。(29)
・明治三五〔一九〇二〕年一月　利島、川辺の両村が遊水地化案を知り、猛烈な反対運動。
・明治三六〔一九〇三〕年三月　第二次鉱毒調査委員会、渡良瀬川下流に遊水地設置が必要と報告。谷中村にベクトルが向く。
・明治三七〔一九〇四〕年一二月　栃木県会、谷中村買収を決定〔白仁武知事〕。谷中村村会は村債を巡り紛糾。
・明治三九〔一九〇六〕年七月　谷中村を藤岡町に編入。

この時系列表で注意したいのは、明治三一〔一八九八〕年の河川改修である。渡良瀬川は利根川に注ぐ。そして、利根川は関宿《せきやど》において本流と江戸川とに分流し、江戸川は東京湾に至る。明治二九〔一八九六〕年の大洪水による東京にまで及んだ江戸川の被害は政府に衝撃を与えた。そこで、政府は、第一章で述べたが、明治三一年、関宿の江戸川への河口を狭くし、かつ渡良瀬川の利根川への河口を拡張する工事によって、東京に流れ行く水量を減らした。

この結果として、利根川の水は渡良瀬川に逆流を起こす訳である。当然、渡良瀬川下流における鉱毒被害は激化することにもなる。東海林吉郎は、「(この河川)工事自体が、すでに遊水池計画の伏線をなしていた」(30)と指摘する。そして、次のようにも言う。「第2次調査会発足以前から、内務省は秘密裡に栃木県では谷中村、埼玉県では利島・川辺両村を当てこんで、両県とそれぞれ遊水池計画を推しすすめていたのである」(31)。これに対し、利島・川辺両村は、明治三五〔一九〇二〕年一月に代表者が免租の請願で埼玉県庁を訪れた折、自村の遊水地化案のあることをたまたま知り(32)、猛烈な反対運動を行い、撤回させたのであった。

排水器の設置は大野孫右衛門の谷中村に好かれとの思いから出発したとして考えると、それがいつから谷中村を廃村に追い込む要因と化したのかである。大野の善意で始まった排水器が余りに高額であったことと、先駆的な試みであったことで失敗を繰り返し、多額の借金を背負い、ついには谷中村を潰してしまったという展開が考えられる。熊沢喜久雄は「本来は公共的事業として行われるべき、土地改良・排水事業の資金供与は拒まれたのみならず、成功の見込みのあった排水事業は当初の技術的困難に乗じて断念させられ、関係者や村民は経済的に追い詰められ廃村の方向に誘導された」(33)と言う。

ここで気になるのが安生順四郎の登場である。谷中村が排水器事業の認定地とされた明治二四〔一八九一〕年時点の農商務大臣は古河と関係の深い陸奥宗光である。そして、西村捨三が講演した時の肩書は農商務次官〔第一次松方正義内閣〕だが、彼が明治二四年、次官に就任した時の農商務大臣が、この陸奥である。また、帰国した澤野淳にさらなる調査を命じたのが陸奥であったことは、先に引用した澤野自身の発言の通りである。そして、陸奥と安生が親密であったことは、すでに述べた。

陸奥は国策として排水器を後押ししていたようにも思われる。従って、安生の出現は大野孫右衛門や谷中村に対する陸奥の厚意的支援とも取れなくもない。

ところで、明治二九〔一八九六〕年の東京にまで及ぶ大洪水の被害を受けて、二年後の明治三一年、関宿で江戸川の河口を狭めたことは遊水地化の伏線であり、明治三五年に第二次鉱毒調査委員会が発足する以前から秘密裡に遊水池計画は進められていたと東海林吉郎は指摘するが、実際には、いつの時期から遊水地の話が蠢《うごめ》いていたのであろう。金繰りに困っていた大野孫右衛門にとって、安生は救世主的に出現しているが、その背後には、何らかの政治的意図が潜んではいなかったのだろうか。

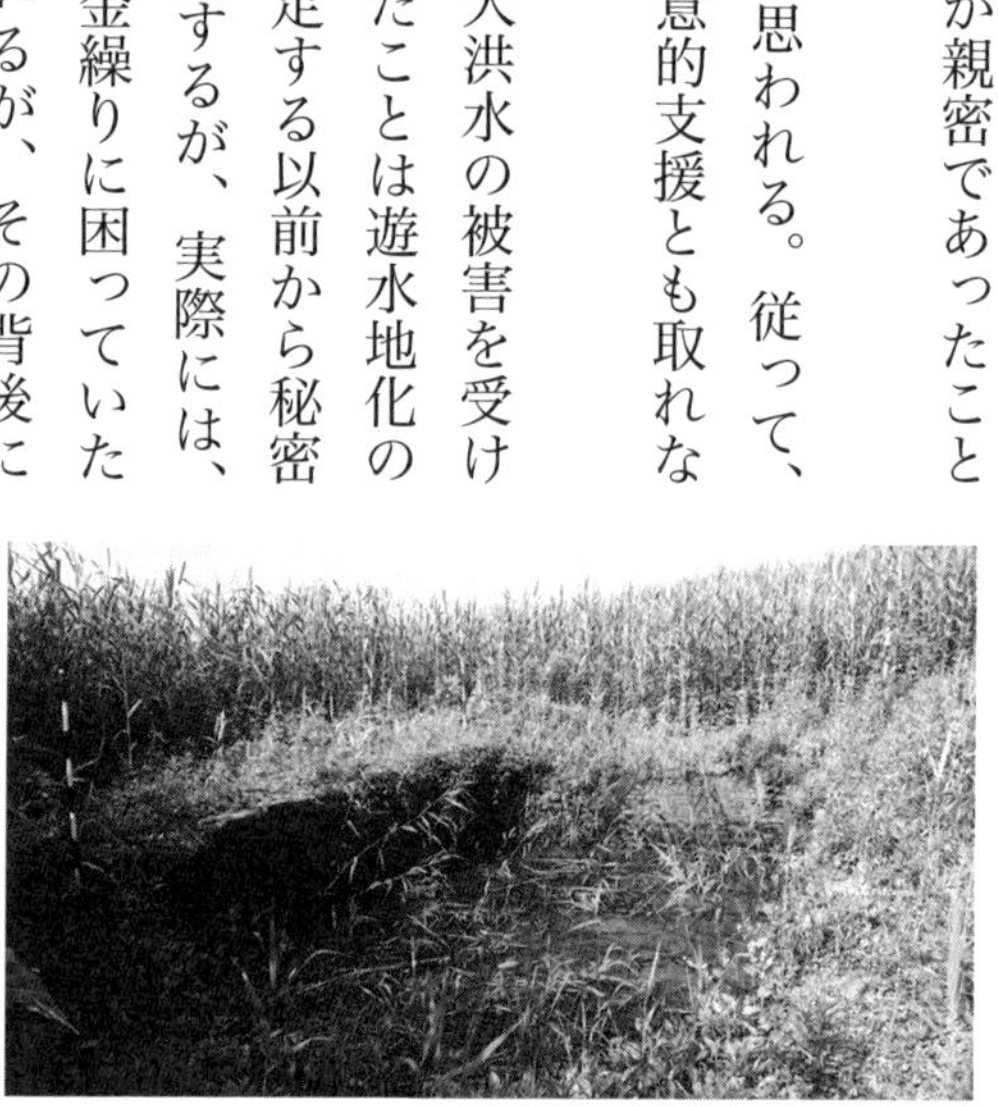

排水器跡／渡良瀬遊水地

先に島田清さんのところで述べた通り、大鹿卓が興味深い指摘をしている。「安生は郡長の職を退いて、谷中の地主となった。安生はよほど利にさとい男であった。大木喬任と姻戚関係があるところから陸奥宗光の恩顧をうけ、さらに陸奥と因縁の深い古河市兵衛にとり入った。その彼が、鉱毒の声のようやく喧しいときに、何故にみずから好んで谷中の地主となったか、疑問の存するところといわねばならない」[34]〔傍点筆者〕。

明治二二〔一八八九〕年、古河市兵衛が足尾銅山付近の官林七千六百町歩を払い下げられた時、安生順四郎にも県内の官林三千七百町歩が払い下げられたことは前記の通りだが、そのような人物がなぜ谷中村の地主になったか疑問だと言うのである。安生が谷中村に持った土地は六〇町歩であった[35]。

先に引用したように、澤野淳は「左《さ》ればとて、金主を探しても、排水器を設置すると云ふが如きことは、本邦に於ては、古来未曾有のことなるを以て、其成功の如何を疑ひ、誰も容易に金主を引受くるものはありませなんだが、諸所奔走の末／遂に漸く金主は出来たのである」と言っているのだが、そもそも安生順四郎は「純粋な支援者」として現れたのか〔そして、たまたま途中から村を混乱させることになったのか〕、はたまた最初から将来の廃村を視野に入れて、谷中村を借金漬けにするために関与して来たのか。どうなのだろう。

安生が登場する明治二四〔一八九一〕年は示談が始まった時期である。一般に明治三五年辺りから鉱毒問題が治水問題にすり替えられたと言われるが、すり替えるにしても事前の準備が必要であろう。それに、示談を進めても、これが鉱毒垂れ流しに伴う社会的大問題の本質的解決策となろうはずのないことを、常識的には政府は本心では理解していたであろう。しかも、この地はそもそもが洪水多発地帯である。当初から、今後の展開次第では将来的には渡良瀬川の河口（利根川合流点）付近に遊水地を作る可能性のあることが折り込み済みではなかったのか。そんなことを思いながら、陸奥宗光を背景としているとも取れる安生順四郎の登場を考える時、純粋な支援者として現れたのか、それとも谷中村廃村を視野に入れたものだったのかと、つい考え込んでしまうのである。

とにもかくにも、大野孫右衛門が谷中村のためにと思って善意で始めたものであったならば、それが思わぬ方向に走ってしまったことになる。大野家にすれば、さぞかし無念であっただろう。

＊＊＊

足尾銅山の鉱毒が甚大な被害をもたらしたのは、日本が近代化を図る過程で発生した苦悩であったとも言えよう。同様に、谷中村の排水器が失敗して村が負債を抱えたのも、農業の近代化の過程で発生した苦悩とも考えられる。つまり、「谷中村廃村」は、「産銅」と「排水事業」という二つの近代化に、それぞれ伴う混乱の合体であったようにも見える。

本当に悪人だったのか

排水器から別の話題に進む。五郎さんは、こう言った。

「祖父さんは煉瓦工場もやったんだけど、この人は、まあ余り成功した話は聞かないね」

谷中村は明治二二（一八八九）年四月、内野《うちの》村、恵下野《えげの》村、下宮《したみや》村が合併して成立したことは先に述べた。成立直後の六月に刊行された『栃木県町村公民必携』[36]には、谷中村の戸数三七九、人口二〇七三人、初代村長大野孫右衛門、議員茂呂近助などの名が見える。

その合併の前年、明治二一（一八八八）年一月、下宮村に東輝《とうき》煉化石製造所が作られた（「煉化」は今日では主に「煉瓦」と記す」。この設立の発起人五名の中に、茨城県猿島郡古河町の富商・丸山定之助らと共に大野孫右衛門の名がある。[37] 丸山の住む古河町は澤野淳が谷中村へは古河停車場からわずか一五・六町と紹介したように、県は違うが、谷中村に隣接する関係の深い街である。東輝煉化石製造所は創業当初から三井に煉瓦販売を委託している。時流に乗った起業であったと思われる。ところが、この会社は同年一〇月、栃木県下都賀郡野木村に設立された下野煉化製造会社へと発展解消した。[38] この野木村も下宮村〔谷中村〕や古河町に隣接する。

新たに発足した下野煉化製造会社は丸山定之助が理事長となり、共同出資者として三井系人材や古河藩最後の藩主土井利与《としとも》ら錚々たる四五名の人士が居並ぶ中、大野孫右衛門もその一人となっている。しかも、出資額も他と遜色がない。[39]

五郎さんは「祖父さんは煉瓦工場もやったが、この人は余り成功した話は聞かない」と言ったが、これは五人で設立した東輝煉化石製造所がわずか九～一〇ヶ月後に新会社に改組されたということを指しているのであろうか。

では、なぜ大野孫右衛門は下宮村〔谷中村〕で始めたのか。これは下宮村の土質が煉瓦に適していたからであった。下宮村の土で製造した煉瓦は「好成績にて上等」[40]であったのである。そして、この土質調査を専門家に依頼したのは誰あろう、大野孫右衛門であり、[41] かつ、例の谷中村を追い詰めて行った排水器には、この下野煉化製造会社で作られた煉瓦が使われていた。[42]

この煉瓦の調査依頼といい、排水器設置の農商務省等へのアクションといい、大野孫右衛門は極めて先駆的である。資産家が自家の利益を考えるのは当然ではあろうが、かといって、この人物は本当に従来言われて来たような「悪人」なのだろうか。

二〇二三年六月、筆者は坂原辰男・元田中正造大学事務局長の案内で排水器の跡を訪れた。現在の道路から一面に生い茂る葦簀の間を一歩一歩踏み分けて歩くこと約一〇分。赤煉瓦で四方を囲った遺構は濁った水を溜めて、人目を憚るようにひっそり佇んでいた。これが那須へ、北海道へ、そして強制破壊へと、多くの人生を振り回すことになった排水器の夢の跡か。名状し難い虚しさを覚えた。

大野東一

「うちの親父は医学の勉強に東京へ行っていた。〈明治二二(一八八九)年の〉憲法発布の時は、まだ東京にいたということを聞いたことがある」

父の孫右衛門は息子の東一を済生学舎〈現日本医科大学〉に進学させようとしたが、息子は医者を嫌って英吉利《イギリス》法律学校〈現中央大学〉に学んだ。(43)

「うちの祖父さんは医者にさせるつもりだったようだけれど、気に入らないで医者にならず、そのうち祖父さんに呼ばれて村へ帰って来ちゃった。憲法発布の後、間もなく帰り、やがて親父の後を継いで、二一歳で村長になった。まあ昔は、そんなようなものだ。親父のあと継いでなる」

小川和佑は『ウルトラマリンの彼方へ』において、次のように言う。「嗣子大野東一が二十一歳になるにおよんで、イギリス法律学校（現中央大学）在学中の東一を東京から呼びもどすと、これに村長職を譲り（事実は助役に就任している）自身は上京、下谷柳原に妾宅を構えて再び村政を顧みようとはしなかった」[44]。

菊地康雄は『逸見猶吉ノオト』において、五郎さんも、五郎さんの実兄の和田日出吉〔後述〕も、大野東一が「二十一歳で谷中村最後の村長になった」旨を言っているが[45]、「二十一歳で村長に就任したとすれば、それは明治二十三年となる。おそらく、これは誤伝であろう。……明治三十二年の時点で大野東一は助役である」[46]と指摘する。

『栃木県自治制史』によれば、谷中村の村長は以下のようである。[47]

①大野孫右衛門〔明治二二年五月～二六年四月〕
②秋山春房〔明治二六年五月～二八年六月〕
③古沢繁治〔明治二八年六月～三〇年五月〕
④宮内長太〔明治三〇年八月～三二年五月〕
⑤加藤伊右衛門〔明治三二年八月～三三年一月〕
⑥茂呂近助〔明治三三年二月～三五年八月〕
⑦染宮太三郎〔明治三五年一二月～三六年〕

小川も、菊地も、共に大野東一は二一歳で村長になっていないと指摘する。大野東一は明治三年四月一九日生まれ[48]であるから、二一歳での村長就任なら、明治二三～二四年頃に、その名がなければならないが、右の資料では、同年は父の孫右衛門が村長である。

『栃木県自治制史』で助役を確認すると、三人の名が記されている。その中の一人が大野東一であり、その就任期間は「明治三十年十一月〜三十三年四月」[49]とある。つまり、二一歳で村長就任どころか、助役就任も二七歳であった。

この『栃木県自治制史』は明治三六（一九〇三）年の刊行である。その時点で染宮太三郎は在任中であった。従って、染宮の村長在任期間の「明治三六年」の後に「月」が記載されていない訳だが、大野東一が村長になったのは、この後ということになる。

ここで気になる叙述が一つある。先に引用した菊地茂の「谷中村問題」の一節である。そこには、谷中村の村長は「秋山春房―宮内長太―大野東一―加藤伊右衛門―茂呂近助―大野東一」の順だとある。大野孫右衛門と古沢繁治の名がないのだが、それはさておき、菊地茂に従えば大野東一は二度村長になっている。このように書いた菊地茂の前後の文は各村長の就任時期がはっきりしない嫌いがあるが、仮に菊地茂の言うように一回目の大野東一の村長就任が宮内長太と加藤伊右衛門の間であったとしても、それは明治三〇（一八九七）年頃ということになり、明治二三〜二四年とは時期がずれる。やはり二一歳の村長就任は誤伝とするのが妥当であろう。

三国橋

「三国橋《みくにばし》という橋があるんだが、古河へ行くところの長い橋でね。茨城県と栃木県と埼玉県にまたがる三角地に谷中村がある訳で、そこに明治の初期にうちの祖父さんがおもしろい橋をかけた。洪水で流されて、今では立派な橋ができている」

隅田川に架かる橋の一つに「両国橋」がある。両国とは下総国と武蔵国である。当時隅田川の左岸地域は下総国であった。これと同様に、「三国橋」は下総国、下野国、武蔵国の三国に架かることから、こう呼ばれた。

『古河市史（資料　近現代編）』によれば、三国橋とは「大字悪戸《あくと》新田《しんでん》（現茨城県古河市）ヨリ、栃木県下都賀郡谷中村、埼玉県北埼玉郡川辺村〔現埼玉県加須《かぞ》市〕へ通スル架橋[50]」を言う。「大字悪戸新田ヨリ谷中村へ通スル架橋ハ、明治十一年四月中、栃木県下都賀郡谷中村大字下宮大野孫右衛門ノ発起ニ係リ、公衆ノ便利ヲ謀リ架設致、尚引続テ翌明治十二年九月中、埼玉県北埼玉郡川辺村大字柏戸へ通ズ《ママ》ル架橋モ、同人ニ於テ架設致シ候[51]」とある。つまり、大野孫右衛門の発起によって、まずは明治一一〔一八七八〕年四月、悪戸新田から谷中村に至る橋ができ、次いで翌年九月、川辺村大字柏戸に至る橋もできたという訳である。

同書は「明治一一年と一二年に、足尾鉱毒事件で有名な谷中村の地主大野孫右衛門氏によって、古河の悪戸新田から谷中へ、谷中から柏戸へと賃取船橋がかけられた[52]」〔傍点筆者〕との言い回しをしている。大野孫右衛門にとっては、「鉱毒事件の谷中村」が無関係のところで付いて回っている。ところが、三国橋という橋そのものにとっては、「谷中村」は無関係ではなかった。その後、大正九〔一九二〇〕年に三国橋は一キロほど下流に新たに作られるのだが、それというのも「内務省起業渡良瀬川改修工事ノ結果、三国橋ハ遊水池域内トナリシ為、増水時ハ交通杜絶」[53]〔傍点筆者〕となったことが原因である。つまり、谷中村の廃村で三国橋の位置は変えざるを得なくなったのである。その後、昭和六〔一九三一〕年に三代目が、さらに昭和四三〔一九六八〕年に四代目が作られ、今日に及ぶ。

「〔祖父の作った三国橋は〕洪水で流されて、今では立派な橋ができている」と五郎さんは言ったが、大野孫右衛門の初代橋が下流に移ったのは、そもそもは遊水地化が原因であった。そして、初代橋も下流に移った二代目橋も共に「舟橋」〔川に並べた船の上に板を敷いた橋〕であったから、やはり二代目橋も増水や洪水に苦しんだことだろう。こうして、三代目橋から「永久橋」〔鋼橋やコンクリート橋など、長期間に亘り架け替える必要のない橋〕となった。

排水器、煉化工場、三国橋、これらをあわせ考えると、大野家の財力は生半可なものではなかったようである。谷中村の大地主であるとの説明はしばしば目にするが、どれくらいの財力があっ

役場跡／大野家は役場であった／渡良瀬遊水地・谷中村史跡保存ゾーン

たのだろうか。所有する土地は如何ほどだったのだろうか。

「どれくらいあったか、おれは知らない。その村で育った兄貴達も意外とそういうことをしゃべらなかった」

いくら懇意にしている知人の親戚筋の筆者とはいえ、こんなことを軽々に語るはずもないのだが、布川了は講演で「渡良瀬遊水池へ行かれると、たいがい共同墓地や役場跡はご覧になると思いますが、この役場跡というのは大地主であった大野孫右衛門・東一の家の一部だったのです(54)」という言い方をしている。大野家の東京移住後の話題〔後述〕からしても、かなりの富裕層であったことが窺われる。

大野五郎の兄弟姉妹

五郎さんは兄四人と姉妹三人であった。一六《いちろく》、日出吉、操〔以上、先妻〕、三七夫、四郎、五郎、陽子、宏子〔以上、後妻〕。彼は正に五男で五郎である。大野東一の二人の妻は姉妹であった。姉が亡くなって、妹が後妻となった。(55)

兄弟の中では、日出吉と四郎が知られる。日出吉は親戚の和田家に養子に行き、和田日出吉と名乗った。慶応義塾に学び、時事新報や中外商業新報の記者となった。中でも政財界の人間が多数逮捕された昭和九〔一九三四〕年の帝人事件の追及や、昭和一一〔一九三六〕年の二・二六事件の時、青年将校が占領する首相官邸に入り、取材したことは語り草となっている。彼の妻の名は和田ツマ。日本芸能史に大きな足跡を残す女優・木暮実千代の本名である。

四郎は詩人である。先に我が妻の親戚の詩人・菱山修三と知り合いだったことは、すでに述べた。代表作は「ウルトラマリン」。現在、かつての谷中村を眺める堤防の脇にある旧谷中村合同慰霊碑の隣に「ウルトラマリン」の詩碑〔墓碑〕がある。草野心平の揮毫で、遺族が建てたものである。「兄日出吉」との文字も見える。

高尾のお宅でインタビューを終えて帰ろうとした時、五郎さんが「これ、小学館から送られて来たんだけど、もういいからあげるよ」と言って、『昭和文学全集（第三五巻／昭和詩歌集）』を筆者にプレゼントしてくれた。分厚い外函の裏側には、収録されている詩人、歌人、俳人の名が小さくびっしり書かれている。その場で、急ぎ目で追うと、「逸見猶吉」と「菱山修三」が同じ行に並んで記されていた。

反骨のジャーナリスト和田日出吉

日出吉、四郎、五郎の三人の兄弟を書いた司修《つかさおさむ》著『孫文の机』が二〇一二〔平成二四〕年に出版された。それぞれの人生を谷中村との関わりの中で分析している。ジャーナリストの和田日出吉については、次のように捉えている。

陸奥宗光の次男が古河市兵衛の養子となり、政治的資金面で強固につながり、かつ、陸奥の子分である原敬は首相に伸し上がった。彼らがグルになり、足尾銅山を守り、政府、県知事、県会、県職員を使って谷中村を滅亡させた。安生順四郎の悪行も大木喬任伯爵との姻戚関係や古河鉱業とのつながりが源泉にある。こうしたことが二・二六事件の栗原安秀中尉への接近と同情の所以であろう。[56]つまり、彼の祖父と父の谷中村における行為が和田日出吉の反権力的言動の原点になっている。

『木暮実千代　知られざるその素顔』を書いた黒川鐘信（木暮実千代の甥）は「資本家に加担して村民を四散させた先祖をもつ日出吉……はその無念の思いを晴らすかのごとく、新聞記者になると政財界の癒着や不正問題を命がけで暴くようになる」[57]と評する。

従って、後に和田日出吉が甘粕正彦とつながり、甘粕が理事長を務める満州映画協会の理事になったり、あるいは満州新聞社長に収まったりしたことは、彼の祖父の行為につながるではないか。「あの敏腕記者は何処へ去ってしまったのだろう」[58]と司は嘆く。

和田日出吉は明治三一（一八九八）年一月一日、谷中村の生まれ。この年月日は、上述の通り、父東一が谷中村の助役をしている時である。だが、和田は東京出身と偽った。[59]確かに『満州人名辞典（下巻）』を見ると、「東京府」となっている。[60]「出生地を隠すのは、その地に『負』があるからだった。その負は、彼自身が犯した過ちによって背負ったものではない。彼の祖父と父親が行った出生地への裏切り行為に端を発している」[61]と黒川鐘信は指摘する。「谷中村のこと」は、彼の反権力の原点であると同時に、忌避さるべきことでもあった。[62]

「ウルトラマリンの詩碑〔墓碑〕」との再会

二〇二三〔令和五〕年六月、筆者は坂原辰男・元事務局長と共に、「ウルトラマリンの詩碑」を再訪した。以前来た時は、そこに刻まれる「血ヲ流ス北方　ココイラ　グングン密度ノ深クナル　北方ドコカラモ離レテ　荒涼タル　ウルトラマリンノ底ノ方へ」という片仮名書きの詩の一節に強烈な印象を抱いた。今回の訪問では違うところに目が向いた。

逸見の娘〔『童女』と刻まれている〕の命日が「昭和二一年八月二日」となっている。そして、彼女の母〔逸見の妻〕の命日は「昭和二一年七月二五日」とある。また、逸見が満州で亡くなったことだけは承知していたが、その日が「昭和二一年五月一七日」だと並んで刻まれている。何があったのだろう。咄嗟に思ったのは、満州からの引き揚げは昭和二一年五月頃から始まった訳だから、引き揚げの混乱の中で、まず父が、ついで母が死亡し、そして、保護者を失った女児は母が亡くなった約一週間後に落命したということである。

詩碑には、「我等の父母　並びに　姉と兄　此処に眠る」とある。ここに言う「姉」とは右記の女児であろう。「兄」と思しき方は「昭和二三年八月二四日」に亡くなっている。もう一人、昭和一二年没の女児がいるが、この方が亡くなったのは満州の混乱とは無関係である。この「建立者」は「遺族」と刻まれた二人の男性である。

もし本当に引き揚げに伴う出来事であったとすれば、逸見を失った妻は一人の女児と三人の男児を抱え、途方に暮れたであろう。筆者は昭和二一年八月、我が叔父と叔母が満州から命からがら日本へ逃げ帰った生き地獄の話を聞いている。その逃避行は並大抵の言葉で形容できるものではない。

五人の母子は皆、日本に戻れたのだろうか。妻と女児の死亡は帰国後だったのだろうか。それとも二人の死亡は満州においてであったのだろうか。後者であれば、三人の男児は独力で帰国したのだろうか。あるいは誰か知人が保護して連れ帰ったのだろうか。さらには、もう一人の男児は帰国後、亡くなったのだろうか。それとも残留孤児になったのだろうか。いや「昭和二三年八月二四日」と命日がはっきりと記されていることから、残留孤児ではなく、三人揃って帰国したと考えた方が良さそうだ。

帰宅後、秋山圭『「ウルトラマリン」の旅人――渡良瀬の詩人　逸見猶吉』という二〇二一年に刊行された書籍を知った。この詩碑をきちんと読み解きたいと筆者が願った内容が見事に提示されていた。貪るように一気に読み終えた。

妻と女児は満州で亡くなっていた。残された男児三人は逸見の文芸仲間が連れ帰ったという。[63] そして、母の一週間後になくなった女児〔真由子〕は「安楽死」であった。菊地康雄によれば、母は「擬似コレラ」で錦州省北大営第三集中営にて亡くなり、そして、「八月二日午前四時三十分、小児麻痺ノ次女真由子『呼吸停止』ニテ昇天。安楽死デアッタ」[64]と言う。言葉がない。

ソ連の参戦は満州国を崩壊させた。そして、それは大野四郎家の悲劇となった。「ウルトラマリンの詩碑」は「墓誌」でもある。そう思った。

「谷中村生まれ」の逸見猶吉

逸見猶吉は明治四〇（一九〇七）年九月九日生まれ[65]というから、強制破壊から約二ヶ月の後である。誕生時に谷中村は廃村となっていた。だが、彼は兄の日出吉と違って「谷中村」を前面に出した。既述の菱山修三らと共に刊行した『歴程』の「逸見猶吉追悼号」に載せられた年譜には、「栃木県下都賀郡谷中村に生る《ママ》」[66]とある。ただし、実際の生誕地は谷中村民が身を寄せた町の一つの古河町であったともされる。[67]「谷中村」を意識的に抹消しようとした兄であれ、逆に「谷中村」を敢えて表に出した弟であれ、形は百八十度違っても、その実、共に「谷中村」を背負って生きたということは同じである。

「祖父孫右衛門の残してくれた財産は、父東一に受け継がれ、働くことのなかった父の財産によって逸見は育てられ、自由に学んだ。自らの自由が、資本家優先の、国家ぐるみの谷中村滅亡とかかわる、父の財産であることを知った時、逸見は〔《ママ》苛烈な悪臭の周りに唸る／金蝿〕《ママ》がウンカのようにやって来て体中に張り付くのを感じた」[68]と、司は表現する。二〇歳過ぎの彼は神楽坂でバーを開いたが、金儲けのためでなく、「不浄の金を早く使い果たすためだ」と人に語ったと言う。[69]

なぜ「逸見猶吉」

大野四郎はなぜペンネームを「逸見猶吉」としたのだろう。実は田中正造の支援者に逸見斧吉なる人物がいる。罐詰の「山陽堂」改め「逸見山陽堂」〔現「株式会社サンヨー堂」〕の社長である。[70]明治一〇〔一九七七〕年生まれ。慶応義塾に学ぶ。父の跡を継ぎ、日本の罐詰業界の重鎮となった。[71]

昭和一五〔一九四〇〕年没。業界誌『罐詰時報』に追悼文が掲載されている。「〔逸見斧吉〕社長は田中庄《ママ》造翁などと業務の傍ら寝食を忘れて東奔西走して事件の解決に努力せられた。当時の村民が田中翁を神の如く仏の如く今も敬慕して居るとすれば、社長も又其の蔭の一人である」[72]。

また、同じ雑誌に、次の追悼文もある。「青山斎場の告別式に三人の老農夫が最初から最後まで黙々として眼に涙さへ湛《たた》へてゐたのを見たものは定めし深い印象に打たれたでありませう。彼等は明治社会史上に最大の事件となつた足尾鉱毒地の罹災民の子供達であります。彼等の親達がその昔逸見君に非常なお世話になつたことを忘れてなかつた彼等は、新聞記事によつて始《ママ》めて同君の死を知つて、驚き慟《なげ》きつゝ栃木県から馳せ参じたのであります。この三農夫の参列こそ、あの二千余人の告別者にも増して逸見君の人格を能く象徴するものだと私は深く感動せしめられました」[73]。

このように「逸見斧吉」は田中正造や谷中村の人々を支えていた。一方、谷中村を廃村に追い込んだ側の大野家に生まれた四郎は詩人として「逸見猶吉」を名乗った。逸見斧吉と逸見猶吉。両者は似ている。だが、立場は全く逆である。尾崎寿一郎は、大野四郎は逸見斧吉の一字だけ替えて筆名とした。そのことは「正造・残留民の側に……立つことを意味していた」[74]と述べる。首肯できる。ただ、なぜ「猶」を選んだかは分からない。

ところで、右の三農夫の参列のことを書いたのは石川三四郎という人物である。石川については後述する。

古河鉱業に入社した長兄・大野一六

日出吉、四郎、五郎らの長兄の大野一六については、手厳しい見解がある。

「東一の長男一六は東大卒業後、古河鉱業に入社、古河の社員として東京での大野家の生活を揺るぎないものにしていることを見ても、鉱毒事件は大野家を地方の農業小資本家から、近代の中産階級への移行を巧みに転換させる好機となったようだ。しかも、それは谷中村村民の犠牲と振り替えに達せられた安定だったという見解も成立する。島田三郎、田中正造らに／孫右衛門、東一の父子は谷中村を企業に売り渡したユダだと見られても仕方あるまい」[75]〔傍点筆者〕。これは小川和佑の評である。

「この事件で大野家は農民の側には立たなかった。大野東一は谷中村最後の村長として廃村決定に加担し、それを成功させた報酬に古河鉱業から非常勤重役の椅子を与えられる。こうして、この事件をさかいに、大野家は地方の農業小資本家から近代中産階級へと移行する。そして、この事件こそが逸見猶吉の内部に、癒しがたい血脈の傷跡を残したのである」[76]。これは小山榮雅の評である。小川和佑の叙述を参考にしているかと思われるが、小川は長男の一六が古河鉱業の社員となったことを、一方、小山は東一が古河鉱業の非常勤重役となったことを前面に出して、近代中産階級になったと言う。いずれであれ古河との関わりが大野家の在り様に強く関与したと述べる。

「長男の一六は東大を出たあと一時古河鉱業に勤め、家から離れた。なぜ一六が因縁の古河鉱業に勤めたのかはわからないが、そのため一六と他の兄弟間には微妙なものが生じたようだ」(77)〔傍点筆者〕と秋山圭は指摘する。確かに古河入社によって兄弟関係がギクシャクしてしまうのも一つの帰結ではあろう。筆者は、この長兄の一六が気になった。

大野一六の足跡

調べてみると、確かに彼は古河鉱業に勤めていた。大正一一〔一九二二〕年の『帝国大学出身録』に、「大野一六／福島県石城郡好間村古河社宅／君は栃木県に原籍を有し大正七年京大法科大学英法科を卒業し直に実業に従事し大正八年古河鉱業株式会社に入り以て今日に至る」(78)とある。

大野一六については、諸論考において「東京帝国大学」卒業であると記されているが、彼の出身は実際は「京都帝国大学」であった。大正元〔一九一二〕年に入学した第四高等学校(79)〔金沢〕を経て、大正四年、京都帝大に入学。(80)大正七年、同帝大法科を卒業(81)した翌年、古河鉱業に入った。

実は京都帝大卒業後、大野一六は八月二日付で司法官試補となっている。(82)これは判事、検事となるため、裁判所、検事局に配属されて実務の修習を行う準官吏である。ところが、わずか五日後の八月七日、辞職願を出している。「辞職願／司法官試補　大野一六／右私儀家事ノ都合ニヨリ辞職致度候間《いたしたくそうろうあいだ》／此段奉願候也《このだんねがいたてまつりそうろうなり》／大正七年八月七日……司法大臣法学博士松室致殿」(83)とある。こうして、翌年、古河鉱業に入社した。

だが、それもわずか三年、大正一一〔一九二二〕年、彼は弁護士に転身した。「栃木県平民大野一六ハ同九日東京地方裁判所検事局ニ於テ……請求ニ依リ弁護士名簿ニ登録セリ」[84]と「官報」に載っている。そして、東京の神田美土代《みとしろ》町一丁目に弁護士事務所を構えた。[85]この美土代町三丁目には基督教青年会館があり、[86]かつてここで盛んに鉱毒被害の演説会が開かれた。時期は違うが、鉱毒被害を訴えていた同じ町内に事務所を構えた。やがて昭和七（一九三二）年には、神田区鍛冶町の今川橋ビルディングに事務所を移転し、[87]そのまま戦後に至る。

つまり、大野一六の古河鉱業での勤務は大正八（一九一九）年、大正九年、大正一〇年のわずか三年程に過ぎない。古河に一旦は入ったものの、実は古河入社は大野一六の本意ではなかったのだろうか。あるいは、他に何か理由があったのだろうか。

栃木県知事の白仁武も然りだが、「谷中村」は関連する人々の心に重くのしかかるものを残している。ましてや弟たちが生涯、「谷中村」を背負って生きたのに対し（五郎さんの「谷中村」は後述）、長兄はどんな思いでいたのだろうか。

だが、大野一六については、「弁護士名簿」や「紳士録」によって、東京・神田で弁護士事務所を開いていることが分かるのみであり、弁護士として、どのような事案に関わっていたのかすら判然としない。そうこう調べているうちに、彼の周辺にある人物が現れた。大野一六法律事務所に一人の男性が籍を置いたのである。他に大野一六を掴まえる材料が見当たらないことから、この人物を追ってみた。

山本賀造

その名は山本賀造と言う。結論を先に言うと、山本賀造は古河の幹部社員であった。明治二六（一八九三）年、広島県生まれ。[88] 旧制第六高等学校（岡山）を経て、[89] 大正七（一九一八）年、東京帝国大学法科卒業。[90] 同年、古河電気工業入社。以後、「有限責任日光精銅所共同購買組合」理事、[91] 古河電気工業・庶務係長、[92] 庶務課長、[93] 文書課長等を歴任。[94] 昭和一四（一九三九）年、日本軽金属株式会社（古河電気工業と東京電灯株式会社の提携）[95] の設立時には、その創立事務担当となり、[96] 同社発足後は総務部副部長兼文書課長に就任した。[97] 昭和二〇（一九四五）年、同社傘下の日本電極株式会社の発足後は専務取締役になり、[98] その後監査[99] となって退職した。古河系列一筋の人生である。

彼に関して非常に興味深いのは、この間、大正一二（一九二三）年に、まずは弁護士[100] に、次いで、昭和七（一九三二）年には弁理士[101] になっているのだが、後者（弁理士）の住所が「鍛冶町一番地　今川橋ビルディング　大野一六方」[102] であることが昭和七（一九三二）年の登録時の「官報」によって分かり、一方、前者（弁護士）についても、昭和九（一九三四）年版『日本弁護士名簿』によって、同じく「鍛冶町一番地　今川橋ビルディング　大野一六方」[103] であることが確認できるということである。このことから、両者の深い関係が、ひいては大野一六と古河との深い関係が垣間見える。

弁護士については敢えて説明は無用であろうが、弁理士とは知的財産権に関連する種々の業務を行うものである。山本賀造は古河電気工業の幹部社員であると同時に、弁護士、弁理士としての顔も持ち、こちらは大野一六法律事務所を拠点にしていたということである。昭和一三〔一九三八〕年版『日本紳士録』には、山本賀造は「弁護士」、「古河電気工業庶務課長」と、二つの肩書が記されている。[104] ということは、古河鉱業を退社した大野一六だが、実質的には古河と縁が切れていなかったと思われる。なぜ大野一六が弁護士に転身したかは分からないが、彼が古河との関わりの中で生きていたことは確実なようである。ひょっとしたら顧問弁護士だったのであろうか。こうなると、弟たちとの関係が微妙になるのも宜《むべ》なるかなである。

大野一六の弁護士としての業績は分からなかった。だが、『「台灣人的認同與精神世界變遷之研究：以日記、傳記與回憶錄等私人史料為中心、1895－1960」研究成果報告（精簡版）』[105]〔『台湾人のアイデンティティとスピリチュアリティの研究－日記・伝記・回想録等などの私的史料（1895－1960）を中心に』研究報告書（要約版）〕の中に大野一六弁護士の名が出て来る。この論文はタイトルが示すように、戦中、戦後の台湾出身者の日記等を通して、彼ら台湾出身者の内面の考察を試みるものである。何人かの日記が分析対象だが、大野一六が登場するのは、台湾北部の新竹出身の弁護士・黃繼圖〔黄継図〕氏の日記である。[106] 以下に関係個所を提示する。ただし、論文に記されているのは、「記述内容の要約」であり、日記の原文ではない。

昭和一四〔一九三九〕年一月一一日、「東京弁護士会より、試補官開始式の通知が届く。1月16日より、東京弁護士会に入会できることを喜ぶ……」。

一月一七日、「馬場事務所での事務修習が開始。……履歴書、家庭事情の提出を求められる。……

裁判所に行く」。

一月一八日、「……東京弁護士会の事務所にて講義。……東京弁護士会の食堂で昼食。午後、弁護士史の講義……」。

二月六日、「……午後2時、裁判所へ到着。過去の事件の記録を読む。その後、閲覧室で他事件の記録を読む」。

二月二一日、「神田区役所に行く。その後、今川にある、大野一六法律事務所へ行く。午後4時、杉江仙次郎の記録を持って馬場事務所に戻る……」。

三月一二日、「……夜、大野弁護士の登記事件に関する記録を書き写す」。

三月二〇日、「……馬場事務所から、大野弁護士の杉江仙次郎の事件に関する記録が欲しいと連絡がある……」〔傍点筆者〕。

「今川にある」大野一六法律事務所ということから、大野東一長男の一六であることは間違いない。ここに杉江仙次郎という名が登場する。この人物は「小樽市街自動車専務、小樽商工会議所会頭、市会議員」にして、「小樽商人の代表的人物」であると、『人物覚書帳』に紹介される。(107) 同書は札幌、小樽を中心に北海道、樺太の開発に関係した人物を取り上げたものである。その杉江仙次郎に関する「事件の記録」が大野一六事務所にあったと黄繼圖日記に記されている。この「事件」が古河傘下の企業と関わりがあれば、大野一六と古河との関係が見えて来るかもしれない。後日の課題としたい。

＊＊＊

ところで、「一六」は何と読むのだろうか。戦前の「紳士録」や「電話帳」で確認すると、掲載順が「大野ーイ」の位置にあるから、「イチロク」でよさそうである。

以上、五郎さんの兄弟である一六、日出吉、四郎を話題にした。もう一人、五郎さんの兄に三七夫〔大野東一の三男〕がいるが、若くして亡くなっている。

土地を持つな

大野家の財産を聞いたことから、兄弟の話になった。谷中村を十字架として生きた立場と、古河との関わりの中で生きた立場と二つに分かれていた。

「親父は田中正造とは親しかったろうけど、そこで頑張ろうという程ではない。ぱっと諦めちゃったんだよ、東京へ行こうと」

足尾鉱毒事件をビビッドに伝える大鹿卓の小説『渡良瀬川』[108]には、次のようにある。

「〔明治三四（一九〇一）年の田中正造の直訴以降〕救済の声はやうやく《漸く》反響を呼んで、一般有志の被害地を視察するものが俄かにふへた《増えた》。ために谷中村では／それに備へて三国橋際の大野東一方に事務所を置き、日々五人の案内者を待機させることにした」

これと同じことを、田中惣五郎は明治三五年一月のこととして、「下野下都賀郡谷中村役場にては、被害視察者の便宜の為、古河三国橋際大野東一方に事務所を設け、案内者四人を常置したり」[109]と記す。案内者が五人と四人で違うが、趣旨は同じである。

しかしながら、大地主という立場からすれば、負債を抱えた〔抱えさせた?〕村に、いつまでもこだわるのは如何なものかとなろう。だが、そうはいっても自らが村長であった故郷の村が消えた。そして、村の負債には自身も絡んだ。こうしたことは、一人の人間として、大野東一の心に全く無傷であったとは思えない。五郎さんが筆者に発した次の言葉が気になる。

「親父は、余り自分の田舎のことは話したがらなかった。ただ、親父からは、いかに百姓というものは、人間というものは、土地に執着するかということ、それによって、まるっきり醜くなるということを子供の頃によく言われた」

これに対応する一節が『孫文の机』にある。

「親父が死ぬ時、親戚の者たちに囲まれて兄弟が枕元に坐っていたんだ。親父がな、『決して土地を持つな』と一言いって死んだよ。遺言だな。この一言は、親父が生きている間、鉛を背負っていたようなものだったと思うんだ。子どもらにもいえない。誰にもいえないものがそこにあったんだ。谷中村という原罪がな[110]」

原罪——、五郎さんは父東一にとって「谷中村」は「原罪」であったと言う。

「逸見も日出吉も親父の遺言を守って、土地は持たなかった。おれは一番貧乏人なのに、六十八歳で家つきの土地を買ってしまった。ついに親父の遺言を破ったんだ[111]」

五郎さんは父の原罪を乗り越えようとしたのかもしれない。筆者が訪ねた八王子城跡の麓のお宅は谷中村事件を抱えて生きた人物の一つの帰結地だったのかもしれない。なお、この土地は高柳サユリさんの親戚筋〔つまり我が妻の親戚筋でもある〕から購入したものであった。

「うちは土地を持っていたけれど、〔土地を持たない〕小作人は金の分配で争いが続くと〔親父が〕言うんだよ。それから、同じ地主でも大きいのもあれば、小さいのもある。こうして純朴な百姓を貪欲な百姓に変えてしまうんだ。筵《むしろ》旗を立てて争い、警官に突っ掛かったりする。物語だと純粋な意味で闘ったように思われるけど、その中身は欲がうんと絡んでるんだ」。五郎さんは筆者に、こう言った。

これはこれで一面の真実とも言えよう。被害民は己が生きるために闘っている。得になるように考えるのは当然であり、欲が絡むのも当然である。各地域の被害民の団結が時に拡大し、時に縮小するのも己の損得や立場でものを考えるからである。島田清さんの言う「堤防かっき切り事件」を見てもよく分かる。それをしなかったのが、そして、あくまでも問題の本質の追及を忘れなかったのが田中正造であろう。

「谷中村というのは豊かな村だった。広々として、お米はよく取れる。洪水はあるが、それが土地を豊かにする。そこへ毒が入って来ることで問題になった。足尾銅山を潰す訳にはいかない。一方、村も守らないといけない。堤防を作ってはみたけれど、当時の土木作業だから。まあ、いろんなことがあった訳だけど…、村民は抵抗はしたものの、うちの親父なんか逃げだした方なんだよ。まあ、卑怯だな。あの田中正造という人は割と純粋ですね」

父親を「卑怯」と言った。父親をこう評価するのは、どんな思いだろう。彼の酒は随分進んで来た。

語れない怒りや悲しみ

大野東一は村長として上と下の板挟みになったのではないか。

「それはありましたよ。豊かな百姓もいるけれども、小作の連中はそんな楽じゃないからね。上の兄貴なんかは随分詳しく知ってたろうけど、おれは五番目の子供だから、よく分からなくて絵の世界へ入った。死んだ兄貴達がまだ生きていれば、また別の角度で話もできるのだろうけどね」

大揺れに揺れた谷中村の中で、大野東一は東一なりの人生観を形成したことだろう。

「村の人にしてみれば、嫌な思い出だろう。おれの親父なんか、あまり語りたくなかったらしい。谷中村事件というのは醜いもので、自分の子供には聞かせたくなかったようだ。一部では村を裏切ったと言われる。でも、おれの親父は初めはその気でいても、だんだんと闘いが嫌になっちゃった訳だ」

五郎さんは「谷中村」の話を「醜い」と評した。そして、「初めはその気でいて」、つまり、当初は廃村に反対であったが、途中から村内の意見や利害の衝突に辟易し闘いから脱落したと言う。前述のように、明治三五（一九〇二）年一月、大野東一宅は視察者の案内の受付事務所であった。ところが、先に引用した「辞職勧告書」にあった通り、明治三七（一九〇四）年八月には、村役場で村民に向かって、「鑛毒屋ニ騒ガサレテハ困ル／東京各新聞記者ノ視察モ鉱毒ヲ標榜シテ視察サレテハ困ル」という立場に変じている。

「どっちみち情勢は凄い。どうにもならない。日露戦争の時代でしょう。銅の古河だ。当時の内務大臣が古河と関係があるんだ。だから、この村は駄目だ。何も洪水ばかり多い村でなくても、天地は広い。北海道もあれば、那須の山もある。それで、おれの親父なんか、さっさと逃げだした方だ。それで村の連中から恨まれたんだ。村長までやった奴が先に。いくら金をもらったか、知らないけれど」

「いくら金をもらったか、知らないけれど」。五郎さんは、こうさらりと言ったが、聞いている方にはずっしりと来る。やはりそうか、もらったか。北海道〔サロマベツの栃木部落〕も、那須も、移住者は塗炭の苦しみを味わった。そうした人々と余りにも対照的である。

「もう語れないような怒りや悲しみがあったんだろう。おれの親父もまだ三〇代だったから、だから、村を捨てた、投げたんだよ、みんな困っているのを置いて」

酒の勢いもあるだろう、随分、次々に本音の言葉が飛び出して来た。

「親父なんて、ただの酔っ払いだ。酒好きで、何もしない男だった。子供心にも、朝から酒を飲んでた。人が来れば、酒を飲んでた。体格は、そんなに大きくない。むしろスマートだった。細かった。写真がどっかにしまってあるけどね」

「まあ、飲みなよ」と筆者に言いつつ、自身の酒量は、さらにあがる。

「飲んでいるうちに、段々いろんなことを思い出して来るかもしれない。大野東一じゃないけれど、おれも飲兵衛だから。親父は一応、学はあったよ、字を書いたり、絵を描いたり、墨絵なんかね。インテリという程でもないけれど、字がうまかった」

大野東一の誕生は明治三〔一八七〇〕年で、死去は昭和五〔一九三〇〕年。家には書庫もあった。地主の家に生まれ、然るべき学問を積んだ人物像が浮かぶ。五郎さんは明治四三〔一九一〇〕年生まれだから、父親の死去の時は二〇歳である。

「うちの親父は谷中村から栃木町の小学校へ行っていた。優秀で、栃木県からのアメリカ留学の候補に上がった。二人候補になった。明治一〇〔一八七七〕年頃だ。うちの祖父さんが、〔留学に〕やりたいことはやりたいんだけれど、一人息子で、やれないっていうことになった。後に村長になったのも一応、東京で勉強して来たということで、村では少しインテリの方だったんだろうな」

祖父の大野孫右衛門は婿養子である。

「利根川の向こう側から来たらしいな」

利根川を挟んだ埼玉県の三田ケ谷村《みたがやむら》の松本家から来て、大野孫一の跡を継いだ。[112] だが、この谷中村の名士の大野家も先祖がよく分からないと五郎さんは言う。

「藤岡駅の側《そば》の寺に行けば過去帳があるかもしれない。そこには親戚の墓がある。その寺には女子美〔女子美術大学〕を出た娘さんがいたな」。さすがに画家である。美術系大学の卒業という話は特に記憶している。

谷中村を出た後の大野家はどうなったのか。

「古河《こが》（町）に、すぐに大きな家を建てた。でも、家は洪水で流されて、ないから、もうこっちへ来た。東京の…、今でいうと北区岩淵へ行った。今、弁護士をしている甥がいるけれど、小さく引っ込んでしまった。おれのことなんか知らないよ」

北豊島郡岩淵町にて

大野孫右衛門、東一父子の岩淵での足跡を聞いた。

「栃木でも三国橋をかけたが、東京へ歩いて来る途中、埼玉の川口という町と東京の岩淵に、明治の終わりに荒川舟橋という橋を架けたことがある。船を百艘くらい置いて、そこに材木をずうっと並べておく。今でいう有料道路。今は、もうない。立派な橋になってる」

『岩淵町郷土誌』によると、「明治三十八（一九〇五）年三月十日栃木県下都賀郡谷中村の人大野孫右衛門が東京府知事千家尊福、埼玉県知事木下周一の認可を得て此所に船橋を架けて橋銭を徴してゐた。この船橋は通航の舟があると、その南寄の一部を廻転してこれを通した。撤廃間近の橋銭は人一銭（約二・《ママ》〇〇〇人、《ママ》）人力車二銭（約二〇台、《ママ》）自転車三銭（約二五〇台）荷馬車八銭（約三〇台）で、一日平均約三十円三十銭程の収入があつたと云ふ。この船橋は重量の車を通し難く、又毎々の出水の時には撤去するので、岩淵川口間の交通は忽ち途絶する有様で、昭和三（一九二八）年九月十六日に新荒川大橋の開通するまでは大いに不便を感じていたのであつた。しかしこの船橋は東京附近では奇らしい構造であつたので、岩淵名所の一つでもあつた」[113]と紹介されている。

この文は舟橋としての不便さが前面に出ているが、『川口市史』を見ると、「明治三九〔一九〇六〕年になって〔川口・岩淵間の〕船橋が開通した」[114]が、「舟筏の通行毎に船橋を開閉するの仕組なれば其の都度人馬は之を待って渡るの不便はあるも以前の渡船に比すれば其の便利なること言を待たず」と開通を歓迎する新聞記事〔「埼玉新報」明治三九年四月一八日〕[115]が掲載されている。

『岩淵町郷土誌』は大野孫右衛門が作ったと記すが、『逸見猶吉ノオト』では、孫右衛門は工事の名義人を息子の東一にしたと言う。「孫右衛門は……東京滝野川の隠宅に自適した。荒川大橋ができるまえ、赤羽と埼玉県川口をつなぐ橋がないので私財を投じて荒川舟橋を架けたが、大野東一を工事名義人にした。この橋も有料であった」[116]とある。

この舟橋に関する次のエピソードはなかなか興味深い。

「川口岩淵間舟橋の経営者大野東一氏は去る十五日突如橋銭十割の値上げを行ったので川口、岩淵両町民は甚だしく激昂し両町当事者も黙過出来ずと……不当値上げの陳情をなすことになった／川口町では斯かる不当値上げも舟橋である故だとあって同時に架橋促進の運動もなす」と言う〔「東京日日新聞」、大正一五〔一九二六〕年八月一日〕。[117]

この問題は「〔東京〕府ではその後経営者大野東一氏を呼び出し同問題に関して懇談した結果／遂に大野氏も諒解するところあって渡し銭は人は元通り一銭／自転車荷馬車は五割値下げとし／自転車は四銭のところ三銭／荷馬車などもそれに準じて値下げをすることになったので同問題も一段落をつげた」〔「東京日日新聞」、大正一五〔一九二六〕年八月二六日〕。[118] しかしながら、値上げ問題は架橋に対する願いを促進させたようである。この件は大正一五（一九二六）年のことだが、その二年後の昭和三（一九二八）年、新荒川大橋が架けられ、舟橋は二〇年余の役目を終えた。

紅葉橋も架けた

荒川舟橋だけではない。大野東一は石神井川《しゃくじい》に紅葉橋を架けている。「大正一一年四月岩淵町に住む、大野東一、峰岸と云う両名の者が、当時東京府知事の認可を得て、自費を投じて、滝野川馬場の紅葉寺東際から王子新道に出るための近道として架橋した」[119]と、『滝野川警察署史』にある。当時、石神井川を挟む滝野川地区と王子地区の移動には音無橋か観音橋を渡る必要があったが、この間が直線距離で約一キロあり、大きく迂回する必要があった。紅葉橋はその中間に位置したから人々に喜ばれた。「滝野川町の住民の不便を知った大野は峰岸に相談し架橋し」[120]たものだと言う。ここも「橋銭」を取った。後に王子と滝野川の二つの町が合同して買い取り、無料となった。当初は木製だったが、戦後、コンクリート製となった。[121]

紅葉橋については、個人的に忘れ難い思い出がある。ある時、筆者は妻と一緒に歴史散歩に出掛けた。向かったのは北区の金剛寺。かつて源頼朝が反平家の挙兵をした折に、この辺りで布陣したと伝えられる。その訪問の後で知って驚いた。何と、この寺には亡くなった大野孫右衛門のために東一が作った墓があると言う。[122]そして、金剛寺を訪れる際に通ったすぐ脇の橋が紅葉橋であった。そうと知って、後日再訪し、墓前に手を合わせた。今度は大野東一の紅葉橋だと意識しながら橋上を歩いた。

金剛寺墓地にある比較的大きな大野家の墓石はすぐに目に付いた。墓石の裏面に「墓誌」が刻まれている。少々判読しづらいが、大野家はかつて下野国下都賀郡谷中村に住んでいたことや、雨季に水難に見舞われていたことなどが書かれている。あるいは、「明□卅七年中□□□□□廃村」という一節も見える。大野東一も、やはり谷中村を背負って生きていたと、墓前で実感した。

紅葉橋は、陸奥家から入った古河市兵衛の養子潤吉〔古河家二代目〕と古河市兵衛の晩年の実子虎之助〔同三代目〕が暮らした旧古河邸と直線距離で約一・七キロメートル。そして、足尾銅山を財政面で支えた渋沢栄一の飛鳥山の邸宅までは約七〜八百メートルの距離にある。紅葉橋の架橋には、言わば古河、渋沢両家のお膝元の利便性を推進するといった側面はなかったのだろうか。

『岩淵町郷土誌』によれば、大野東一は岩淵町の大字岩淵本宿の「本宿町会」の会長を務め、[123]かつ、「岩淵町教育会」[124]や「岩淵町第三土地区画整理組合」[125]を立ち上げ、そして、町会議員になっている。[126]間違いなく地域の名士であった。

旧古河邸／建築家コンドルの設計。
広さ一万坪／東京都北区西ヶ原

＊＊＊

この岩淵でのエピソードを聞きたいと思って問い掛ける筆者に、
「ほら、飲みなよ。ははは…、子供心に田舎の人が聞かす小耳に挟んだことで知っているだけだよ」

五郎さんについて書いた諸本は彼を呑兵衛だと言うが、全く以てその通りだった。二〇〇五年末、高尾駅近くの酒場で糸蒟蒻《いとこんにゃく》を喉に詰まらせて入院し、翌年三月七日に亡くなった。(127) 九六歳。我が妻と話していた夫人に先立たれ、晩年は車椅子で独り暮らしだったが、それでも酒が好きで、タクシーで駅近くに呑みに行っていたのだと、後日、高柳サユリさんから聞いた。

八〇年余、背負った十字架

五郎さんは谷中村の生まれではない。東京・岩淵で、明治四三〔一九一〇〕年に生まれた。だが、「谷中村」は五郎さんをずっと苦しめた。

一九八九〔平成元〕年、五郎さんは「谷中村の遺跡を守る会」会長の針谷不二男《はりがい》さんと一緒に旧谷中村を歩いた。針谷さんは谷中村民の末裔である。筆者も数度お目に掛かったことがある。五郎さんは針谷さんに尋ねた。

「『村を出た私の先祖をどう見ますか』。……祖父の孫右衛門は谷中村の復興や産業に協力したかもしれない。自分自身の金儲けもやったかもしれない。父の東一も村の人からは、村をつぶしては困ると言われる。でも、県の指示でつぶさなければならない。板挟みになって年中悩んでいた……。一生懸命、五郎さんがきかれるものだから、……『村長や一般の村人たちが苦しんだ元凶は、明治政府の富国強兵策にあったのではないですか。悪いのは明治政府でしょう。富国強兵策の中で起きた事件だから、９９パーセントの人は犠牲者とみたらどうですか』と話しました。五郎さんは『本当にそう思ってくれますか』と言われました。私は、五郎さんにきかれ私《ママ》にも、『ようやく、この結論がついた』と答えました」

この発言に対して五郎さんは、こう返した。

「私は八十数年来、この十字架を背負って、悩んできました。これで十字架を降ろして、家へ帰れるような気がします[128]」

五郎さんの心にも、兄の日出吉、四郎と同様、「谷中村」が重くのしかかっていた。

谷中村を描く

五郎さんは谷中村の絵を描いている。

「その絵はある。今、見せるよ」

そう言って、別室に取りに行った。

「あそこに渡良瀬川の水が食い込んだ赤麻沼という沼がある。東京に来てからも、親戚は藤岡にあるから、子供の頃、そこへ行って、沼によく育つ白い実ができる姿を見ていた覚えがある。水草だ。あの実は食べられる。今は、この絵の通り何もない。随分行ってないから、分かんないけれど、ないだろうと思う」

「だんだん記憶も失われて来る。子供の頃、藤岡へよく行ってたから、田舎へ、谷中村へ、何もないところだけれども、行ったものだ。そこにいた従姉妹になるばあさんに聞けば、田中正造のことでも、何でもよく詳しく知っていたけど、もう死んじゃった。おれは興味なかったから」

この谷中村の風景画を見て、見知らぬ老婦人が訪ねて来たと言う。

「年の頃、八〇…、おれより三つ、四つ、五つくらい年上の人が、『私も谷中村です。懐かしく思った』と車で訪ねて来た。そのお婆さん、最後まで残っていたということだ」

この残留民は誰か。後日、その老婦人の子息らしき人物の住所が分かった。手紙を認《したた》めたが、返事はなかった。

「小山《おやま》（栃木県小山市）という町がある。そこにもう一〇年くらい前に死んだ版画家がいる。谷中村事件の立派な画集ができているよ。有名な版画だよ。懇意じゃないけれど知っていた」

小口一郎である。

「白黒で争議の場面なんか凄い」

確かに凄まじい迫力がある。栃木県立美術館は小口一郎について、「足尾鉱毒事件と田中正造のことを知って大きな衝撃を受け、広く世に伝える方法を模索し始めます。まずは、足尾銅山の鉱毒被害に苦悩する旧谷中村の農民たちと田中正造のこと、次に、厳寒の佐呂間《サロマ》へ移住した人々の生活と帰郷への思い、そして最後に、足尾銅山の坑夫たちの労働問題を取り上げ、それぞれ連作版画《野に叫ぶ人々》（1969年）、《鉱毒に追われて》（1974年）、《盤圧に耐えて》（1976年）の3部作にまとめ上げました。これらは小口一郎の代表作として、今なお、高い評価を得ています[129]」と言う。彼はサロマベツの栃木部落の人々の帰郷の世話役も務めた。[130]

「この前、車でね、ぶらっと行ったけれど、もう親戚はなくなっちゃった。まだ若かった頃は、親戚はもうちょっとあったけれど…。谷中村の土手の下の脇の所に、兄〔逸見猶吉〕の碑が建ってる。墓はもうないんだけれど、墓〔旧谷中村合同慰霊碑〕の近くに碑が建っている」

既述の「ウルトラマリンの詩碑（墓碑）」のことである。

「すぐ上の兄貴で、本名大野四郎。『歴程』という詩集を草野心平や高橋新吉と一緒にやっていた」

菱山修三と『歴程』のことは、先に書いた。

「菱山修三とは大学時代からの友達なんです。菱山修三は私より一つ上だったたか、若くして死んじゃったな」

菱山修三、菱山〔高柳〕サユリ、このご縁で高尾の大野宅を訪れている。

「あなた、学校はどちら…」と筆者に聞く。

「そう…、逸見も早稲田だよ」

田中正造と足尾鉱毒事件を追い掛けていて、気付いたことがある。早稲田の関係者が多い。本書に登場する人物としては、この逸見猶吉、安部磯雄、木下尚江、左部彦次郎、菊地茂、由井正臣、布川了、菅井益郎、島田三郎、大隈重信、永井柳太郎〔後述〕、岩崎吉勝〔後述〕、それから、坂原辰男・元事務局長の大伯父〔祖母の兄〕の橋本求馬《もとめ》〔後述〕らが早稲田である。この学舎に通った者は近代日本史に確実に足跡を刻んでいる。


逸見猶吉はどんな人柄だったのか。

「男が男に惚れる、そういう人間だった」

兄弟でそう言えるのは、面白い。

「まあまあ…、それよりも、うちは二人暮らしだから、誰も邪魔をする人はいない。飲まないの」

心底、酒好きのようだ。この方もまた、独特の魅力に溢れている。一言で言うと、並みのスケールの人間ではない。恐らく日出吉、四郎、五郎の三人は独自のオーラを持っていたのだろう。

「煙草、やらないの」

歯を食いしばって禁煙した。夢に煙草が出て来た。そんなことを話していると、

「この人は色々理屈をつけて煙草をやめないんですよ」

と夫人が口を挟んだ。

「また、ここで始まった」

健康を案じて、いつもこんな会話がなされているのだろう。

＊＊＊

「谷中村の事件の本はたくさん出ている。宇都宮の図書館には一杯あるんですよ」

つまり、宇都宮市の図書館に行ったということだ〔当時インターネットはない〕。栃木県立図書館であろう。現在、同図書館の蔵書検索で「谷中村」を入力すると、九七件ヒットする。隣県の群馬県立図書館だと三〇件、茨城県立図書館は二五件、埼玉県立図書館は四五件、東京都立図書館は二〇件、神奈川県立図書館は一六件である。あわせて「足尾鉱毒事件」と「田中正造」も調べてみた。栃木県立図書館は前者が二〇〇件、後者が五六一件。群馬県立図書館は前者七四件、後者二七六件。茨城県立図書館は前者二一件、後者一一五件。埼玉県立図書館は前者四五件、後者一七二件。東京都立図書館は前者三一件、後者一七八件。神奈川県立図書館は前者一八件、後者一一二件。実に五郎さんの言った通り、栃木県立図書館の蔵書が圧倒的に多い〔二〇二四年現在〕。

五郎さんに聞いた話の概要を、当初、筆者は公開講座で配布しようとした。それを同行した我が妻が止めた。曰く、「講座で準備すべきものは他に一杯ある。折角聞かせてもらって、公表することを承諾して頂いた話なのに、他の話のついでに紹介しておこうという姿勢では必ず中途半端になる」。全く以て、その通りである。筆者は妻の言に従った。そして、この話はきちんとまとめないといけないと思いつつ、三〇年余を経た。だからこそ、今、本書をまとめた。これと同じことが、この後の安生さんと斉藤さんにも言える。話を折角伺いながら、こちらも手つかずだった。ちゃんと形にしよう。それが本書執筆の原動力となった。

五郎さん宅からの帰り道、落城四百年目という八王子城跡の緑は眩しかった。ちょうどこの頃は、高尾山にトンネルを掘る「圏央道《けんおうどう》」建設反対運動の真っ盛りであった。

木暮実千代が亡くなった

帰宅後、筆者は木暮実千代にインタビューしたいと思った。和田日出吉は亡くなっているが、当然、夫から「谷中村」について話を聞いているだろう。五郎さんに依頼すれば良いのだろうが、急に押し掛けてインタビューしたばかりである。少々気が引けた。

そこで、満州からの引揚者で、中国残留日本人孤児を支援するボランティアの中心になっている知人女性に電話した。和田日出吉夫妻が満州にいたことはすでに述べたが、この知人は思った通り、木暮実千代と連絡が取れる関係にあった。快く我が依頼を引き受けてくれた。四月二二日であった。

その五分後だったか、一〇分後だったか、直ぐに返事の電話があった。「今、家に電話したら、体調を崩しているから無理だ」と言われたとのこと。実はこの知人は高名な国文学者の娘で、その言葉遣いは洗練されている。右の発言は主旨を記したもので、実際の口調は極めて上品なものである。筆者は後日改めて依頼しようと思ったが、やがて新聞で訃報に接した。一九九〇年六月一三日深夜、逝去、七二歳。(131)

五郎さんから、小学館の『昭和文学全集』を頂いた時、「こっちはあげるけど、こっちの方は返して下さい」いうことで、別の本も一冊借りていた。後日、それを返しに再訪した。六月下旬であった。兄嫁のお悔やみを告げると、「しばらく入退院を繰り返していた」と残念そうに語った。

一九五一〔昭和二六〕年の『週刊朝日』の「妻を語る」というコーナーに、和田日出吉、木暮実千代夫妻の記事を見付けた。

「『同病女房』／和田日出吉（日本貿易社長）／とにかくまめですね。選書まことに不統一であり乱雑だが、雑誌やら本やらよく読み歩いている。いま何を読んでいるのかと思つたら『福翁自伝』だ。それにパンフレットもひねくる。三味線、ピアノ、踊り等々洋裁やら縫いものもやるので、小生や息子は、よくその犠牲になる。また小生の仕事の関係で、外国人などを自宅に招くことがある。すると、さっさと自分で築地の市場へ出かけて行って車エビやら何やら、しこたま仕入れて来て、たち所に十五六人分前位の料理はでつちあげてしまう。お客の外国婦人などに『ロウ・マテイリアルからこれだけのものをお作りになるのはお偉い』（米国式の罐詰からの料理ではないという意味）などといわれて楽しそうな顔をしている。然しそれが上手だとは誰も保証したわけではない。その上この頃は小生が手に入れて来る壺や皿の周りをうろゝゝし始めている。小生でさえ病気だといわれているのに、女房まで同病になつては敵わないと思つているが、既に軽症になつているらしい」[132]。

いささか気取った雰囲気が漂う文である。谷中村残留民や北海道・那須などに渡った方々、あるいは田中正造とは違う世界を生きて来たことが垣間見える。

《二》下都賀郡長・安生順四郎／係累・安生和喜子

重たかった玄関扉

斉藤英子〔第三節参照〕さんに教えられ、東京都杉並区の安生さん宅を初めて訪ねたのは、一九九〇〔平成二〕年五月八日であった。斉藤さん自身は、かつて自著に安生順四郎について厳しく書いたので訪問しづらいが、あなたなら問題ないだろうと言う。

とはいえ、歴史的に批判の対象となっているお宅へのインタビューは、なかなか足が進まない。何事にも積極的に飛び込んで行くパワフルな斉藤さんが躊躇した先である。

大野家も同様ではあるが、五郎さんの場合は親戚の紹介があったから敷居は高く感じなかった。一方、安生さんは未知の方である。玄関を開けて話し掛けたところで、すごすごと引き返す覚悟もできていた。

安生家に着いた。玄関の扉におずおず手を添えた。扉が重く、引きにくいと感じたのは、筆者の気持ちがそうだったからかもしれない。「失礼します」と声を掛けると、年配の婦人が顔を見せた。突然の訪問を詫びて、来意を告げた。

案ずるより産むが易し

その方は安生和喜子さんと言う。安生順四郎の甥〔弟の息子〕の子供の嫁である。つまり、安生家の血は引いていない。彼女の第一声は「安生が悪く言われていることは知っていますよ」だった。案ずるより産むが易しで、和喜子さんは色々なことを聞かせてくれた。考えてみれば、安生順四郎の「甥の子供の嫁」が明治の昔の「舅の伯父の悪行」をいつまでも引きずってはいないだろう。

和喜子さんは、順四郎のことについては、ほとんど知らなかった。話は主に順四郎の甥である慶三郎に集中した。約一時間、玄関先で話を聞いた。興味深い人生を送ったようである。この間、全くメモを取っていない。そこで、再度の訪問を依頼したところ快諾を得た。

翌週五月一五日、筆者は応接間に通された。外見は一般の和風建築だが、内装は独特の趣《おもむき》があった。まず天井が非常に高く、シャンデリアを吊るしてもおかしくない程である。床は板の間。床と天井の真ん中の四方に、階段で上るベッドがある。子供のベッドがなかったので後から付けたものだと言う。これまでに、このような構造の部屋は見たことがない。廊下を隔てた別室は障子で仕切られた至って普通の和室だ。この家が完成した昭和初期には和風と洋風が巧みに噛み合った珍しい家屋であったようだ。

安生順四郎の甥

安生順四郎の甥・慶三郎は慶応二〔一八六六〕年五月一二日生まれ。明治二〇〔一八八七〕年頃、慶応義塾に通った。その頃、福沢諭吉がまだ現役であった。慶三郎は同校の宿舎に入った。在学中にアメリカに留学。皿洗いをしながらの渡米であった。慶応義塾は結局中退し、明治三〇〔一八九七〕年頃、足尾銅山で働いた。和喜子さんは、こう言った〔傍点部は後で考察〕。やはりと言おうか、安生家も古河に勤務していた。安生順四郎は古河市兵衛と関わりがあった訳だから、甥が足尾銅山で働いても何ら不思議はない。とにもかくにも、谷中村滅亡の元凶とされた安生家、大野家は共に親族が古河に入社していた。

慶三郎は古河が足尾にケーブルを設置した時、招いた米人技師の通訳をしたと言う。アメリカ帰りの語学力を活かした訳だろう。やがて独立すべく退社したいと古河市兵衛に申し出たところ、市兵衛から「バカヤロー」と怒鳴られたと言う。これは余程の信頼である。慶三郎は一介の社員でなかったようだ。ただ、古河では、どんなポジションにいたのか、和喜子さんは分からなかった。

退社後、慶三郎はいくつかの会社を創設した。古河市兵衛は、それらに援助を続けた。両者の強い絆が読み取れる。

過去の文献には

明治三六〔一九〇三〕年刊行の『勧業功績録（第壹編）』所収の「武力板《錻力（ブリキばん）》着色玩具美術諸印刷及製鑵業　安生慶三郎君　清洲商店」〔以下「安生慶三郎君」〕で、彼のプロフィールが分かる。(133)

「君は慶応二〔一八六六〕年五月下野国上都賀郡清洲村に生る《ママ》」

現在の栃木県鹿沼市である。

「我国工業の振はざるを慨し、一たび米国の同業を視察して、大いに我国に資する所あらんを企て、十八歳の時〔数え年で明治一六（一八八三）年〕僅かに旅行の費を作つて同国に渡り、苦楚辛酸を嘗めて、斯業に就き深く研学する所あり、多くの師友の愛する所となる」

工業の視察のために一八歳でアメリカに渡り、学問を積んだと言う。

「君既に学理を修めて、更に実地の研究を積まんと欲し、米国有名の……会社に入つて、専ら機械に関する実地の経験を積み、……南北両亜米利加の諸鉱山を歴遊……」

学問だけでなく、実地の経験を積むべく、会社にも入り、かつ、諸鉱山を見て歩いた。

「能く実地と学理との蘊奥を究むるを得て、〔明治〕二十二〔一八八九〕年の春帰朝したる」

こうしてアメリカで研鑽を積んで帰国した。

「憶《おしはか》りなくも故古河市兵衛氏の聘する所となりて、其所有の足尾銅山に、諸機械の監督を専任することとなり、傍ら古河氏所有の各地鉱山を巡視して、一に諸機械設計の事務を司り、貢献する所のもの甚だ多し」

思いがけず古河市兵衛から声を掛けられ、アメリカで学んだ知識を足尾銅山はじめ古河の諸鉱山で生かした。

「斯の如くにして黽勉《びんべん》すること前後九年の久しきに亘り、明治三十（一八九七）年の暮れに至りて、竟《つい》に之を辞せり、……独立の営業を試みんと欲したるなり、古河氏大いに君の去るを惜みたるも、……重く其多年の精勤の功を賞して分る」

以上、大筋としては和喜子さんの言う通りである。だが、渡米した年が「安生慶三郎君」では「明治一六（一八八三）年頃」になるが、和喜子さんは「在学中」ではっきりしない。また、「明治三〇年頃、足尾銅山で働いた」と和喜子さんは話したが、これは「安生慶三郎君」では古河退社の年であった。とはいえ、「明治三〇年」という年と「古河」との間に何らかの関連があったと認識しているからこそ、こうした思い違いが生じたのであろう。

『安生慶三郎君』には、和喜子さんの言う慶応義塾が出て来ない。慶応については、明治四四（一九一一）年の『実業の世界』に掲載された「月島の奮闘家」で言及されている。(134)「月島」とは東京の地名だが、慶三郎が古河から独立後に創設した「清洲商店」の所在地である。なお、社名の「清洲」は、彼の故郷、栃木県の村名を取ったと和喜子さんに聞いた。

「月島の奮闘家」は言う。「安生氏は……十八歳の時上京して慶應義塾に入学したが、元来不羈奔放の人物なので、其行動が動《やや》もすれば常軌に逸れ、此頃に見る不良学生と言ふ程には至らなかったが、稍々奇矯の境に一歩踏み込んだ」。

安生慶三郎は自省した。このままでは一生の方向を誤る。とはいえ、日本にいると、ついそうした向きに引きずられる。それならば外国に行って己を鍛え直すのが良いだろう。そう思い立って渡航費を工面してアメリカに渡った。そして、やがて「辛酸を嘗むる事三年、曩日《のうじつ》の不良少年は一廉の技術者となって帰朝した」のだった。

ところが、順風満帆とは行かなかった。「何しろ二十余年前の洋行帰りであるから、随分、世間から珍重されさうなものであるが、一向迎へられない。却々《なかなか》思ふ様な就職口も見当らない。漸く知人の紹介を得てかの古河銅山王に使はるゝ事となつた」。ということは、帰国後、就職先がなかったため、伯父の伝手《つて》を頼って古河に入ったと考えられなくもない。

しかし、最初は「一帳附けに過ぎなかつた」と言う。「帳附け」とは帳面《ノート》に出納などを書き付ける係のこと。つまり敢えて言えば「一介の事務員」。アメリカから持ち帰った技術が評価されていた訳ではなかった。しかしながら、やがて転機が訪れた。

こんな扱いに「気乗りがしない」日々であった安生慶三郎を見て、「流石、人を使ふに呼吸を呑み込んで居た市兵衛翁」は、どんな仕事を望むかと彼に問うて、異動させた。「最初は測量の旗持ちで、毎日足尾の山中を東西に馳け廻つた。洋航《ママ》帰りの身で測量の旗持ちとは随分卑近な事である。併し、安生氏は熱心に之を勤めて居たので、市兵衛翁にも目をかけられ、漸次登用されて、其希望の通り技術の方面に働くことになつた」。ところが、健康を害し、「勤続九年にして辞職するの已むなきに至つた」。古河市兵衛は「若しお前が他日仕事をする時に資本がなかつ《ママ》なら何時でも貸してやる」と言葉を掛けたと言う。

渡米、古河入社はいつ

安生慶三郎の古河退社までの人生はほぼ分かった。だが、何年に慶応義塾に入り、何年に渡米したのか、この二点がはっきりしない。

「月島の奮闘家」には「十八歳で上京、慶応入学」とある。また、「安生慶三郎君」は「一八歳で渡米」、「帰国は明治二二（一八八九）年」である。もし慶応入学と渡米が共に一八歳の時なら、「月島の奮闘家」が言う「慶応で不良をやって自省」したという時間がない。

また、「一八歳で渡米」したなら（数え年で明治一六（一八八三）年）、その期間は六年になる。だが、「月島の奮闘家」は「渡米は三年」と記す。ここで「明治二〇年（一八八七年）頃、慶応義塾に通った」という和喜子さんの言葉を思い出す。「明治二〇年」という年は安生慶三郎と何か関わりがあって、和喜子さんの脳裏に刻まれていたのだろうが、実はそれは渡米の年ではなかったのか。そう考えれば、帰国は明治二二年だから、渡米は足掛け三年となり、辻褄が合う。また、「安生慶三郎君」が言う「明治二二年帰国、明治三〇年退社、九年の勤務（足掛け九年）」とも合致する。「月島の奮闘家」にも「勤続九年」とある。つまり、慶応二年〔一八六六〕年五月一二日生。
明治一六〔一八八三〕年、慶応義塾入学。しばらく不良。内省する。
明治二〇〔一八八七〕年、渡米。
明治二二〔一八八九〕年、帰国。古河入社。慶応義塾は中退。
明治三〇〔一九〇七〕年、古河退社。
おおよそ、こんなところであろう。

鉱毒事件の真只中で足尾に勤務

先に安生、大野共に親族が古河に入っていると言った。ところが、安生と大野では決定的な違いがある。大野一六の入社は大正八〔一九一九〕年であった。鉱毒反対運動の拠点となっていた雲龍寺に、田中正造が体調を崩して駆け込んだのは大正二〔一九一三〕年であったが、その時、何と寺の住人が田中正造だと分からなかったという話を第一章で述べた。大野一六の大正八年は、さらにまだその先である。足尾鉱毒事件も随分世間から忘れられていた。

しかし、安生慶三郎が足尾銅山に勤務した明治二二年から明治三〇年は鉱毒問題の真只中である。そして、入社した明治二二年とは、先に菊地茂の「谷中村問題」を引用したところで触れたが、政府が足尾銅山付近の官林七千六百町歩を古河市兵衛に払い下げ、同時に県内の官林三千七百町歩を安生順四郎に払い下げた年である。

さらに言うと、入社時期から明治三〇年代にかけては、谷中村が排水器を導入しようとし、その後、村債を巡って村が紛糾し、廃村に向かおうという時期である。この文脈で考えると、安生慶三郎の古河入社は偶然の産物ではなく、かつ彼の退社後の古河の支援も、ただ単に力量を評価した結果だけとは思えない。

ただし、後述するが、その後の安生慶三郎の琺瑯《ほうろう》研究は国家的見地に立っており、その実力は十二分に認められる。

実際のところ、彼は足尾銅山で何をしたのか。明治三〇（一八九七）年一〇月刊行の『工業雑誌』に、「足尾銅山鉱毒除害予防工事に関する記事」[135]が載せられている。これは、第一章で述べた明治三〇（一八九七）年五月二七日公布の「鉱毒予防工事命令」を受けて為されたものである。そこに「古河足尾銅山鉱毒除害予防工事に関する主務者人名」が掲載されており、その中に安生慶三郎がいる。

「鉱山主総長・古河市兵衛、銅山所長・採鉱冶金学士・近藤陸三郎（舟橋聖一祖父／第一章〔「所長の孫」と「郡長の娘」〕参照）、予防建築部長・採鉱冶金学士・狐崎富教、仝副部長・土木学士・小田川全之、庶務課長・戸田得三、倉庫課長・野村伊助、運輸課長・糸川勇作、器械課長・器械学士・藤林徳松、電機課長・宮原熊蔵、本山第一工営係長・安生慶三郎、第二工営係長・採鉱冶金学士・菅田繁、第三工営係長・林学士・鈴木審三、通洞《ママ》、中才工営係長・青山七三郎、小滝支部長・木部末次郎、小滝第一工営係長・佐木熊四郎、仝第二工営係長・理学士・田口貞祥、第三工営係長・採鉱冶金学士・間宮伊賀次郎、第四工営係長・長義三郎、測量係員・雫石金三郎、設計製図係・三木豊、仝大久保茂作、平井光太郎、其他各現場監督員各係補助員百名以上／工事受負人には東京鹿島組岩蔵代新見七之丞外小畑、大野、長谷川、《ママ》等の現場監督員出張す　上州組関口範十郎、鈴木組鈴木留太郎、田村組田村重兵衛、其他小受負人数名」〔傍点筆者〕

以上、「『足尾銅山鉱毒除害予防工事に関する記事』によると、鉱毒除害予防工事に安生慶三郎が関わっていたことが分かる」とあっさり書くだけでは、もう一つ伝わるところが弱いように思い、煩雑ではあるが、全員を掲載した。安生慶三郎は、「腹芸」だの、「欺瞞」だの、「馴れ合い」だのと指摘される〔第一章「鉱毒予防工事命令」参照〕鉱毒予防工事を担った中の一人であった。

つまりは、安生慶三郎は鉱毒事件がピークを迎えている折に足尾銅山側で奮闘していた。谷中村に負債を持ち込んだとされる安生順四郎は知られているが、その甥は鉱毒予防工事に関わっていたのだった。詰まるところ、甥は渡良瀬川の上流で、伯父は渡良瀬川の下流で、共に足尾鉱毒事件の「もみ消し」に尽力したことになる。安生と古河の関わりは確実に深い。

古河退社後

足尾から出た慶三郎は、東京に出て、牛込辺りに小さな家を建てた。そして、まずビールの王冠の会社を始めた。慶三郎という人は一つの事業が軌道に乗ると、さらに次に進むという人物であった。その後には、ビスケット、ケーキ、シッカロールなどの缶や蓋の模様を印刷するブリキ印刷をやり、次いで琺瑯《ほうろう》の研究を始めた。明治四二〔一九〇九〕年設立の清洲商店は、従来の鈦力《ぶりき》印刷を事業の中心に据え、それで莫大な利益を上げ、琺瑯については、言わば余技として、「特別な優良琺瑯鉄器が出来るまで市販せずという決意で国家的見地に立って研究に没頭」(136)したと言う。

前述の如く郷里の地名から名付けた「清洲商店」の商標は、会社が東京の月島にあったことから「月印」。最盛期には三越などに卸し、戦時中は一五〇人程の職工を雇用していたが、戦後の厳しい時期に中小企業への融資が十分でなく、昭和二八年〔一九五三年〕、倒産した。

慶三郎が社長の地位を重役に譲り、静岡県の三島に隠居したのは、大正五年〔一九一六〕年頃である。三島で栽培した果実を罐詰にしたこともあった。農場の真ん中を狩野川が流れていた。

昭和一〇〔一九三五〕年七月二二日、慶三郎は亡くなった。従って、右記の戦中、戦後の話は慶三郎以後のことである。

文化人・安生慶三郎

尾形乾山と言えば江戸時代を代表する陶工・絵師である。京都の人だが、晩年、江戸の入谷に移り住んだ。その六世を名乗った人物が東京で質素な暮らしをしていた。慶三郎は彼のために窯をつくり援助した。三島にも窯を築き、彼を師として焼物を習った。

「関東大震災の頃、六世は死去した」と、和喜子さんは言った。ところが、「関東大震災の頃」というのには意味があった。実は六世は三越で個展の開催を準備していたのだが、そんな時に震災に遭った。作品も被害を受けたのであろうか、相当なショックであったようだ。震災の一ヶ月後の一〇月六日に亡くなった。[137]

その名跡をどうするか。これについて、和喜子さんは、こう述べた。「技術・作品は大変素晴らしいという京都から来たある陶工が『乾山会』に無断で七世を名乗った。伊勢丹で『七世乾山』の名で展覧会を開いた。『乾山会』はこれを拒否し、娘である尾形奈美が『乾女』となり、鎌倉で襲名披露をした」。

これについて、尾形奈美（尾形乾女）は自著でこう語っている。「昭和四十八（一九七三）年八月、日本橋三越本店で、六世乾山有縁の有志の方々の賛同を賜り、『乾山号六代にて打切り』の発表を主体といたし併《ママ》せて……私の拙作品も発表することになりました。初代乾山は我国美術界の巨匠として、史跡に燦然たるもの、その系統にある六世乾山の長女として生まれました私に、有志の方々より、七世襲名のおすすめは、身に過ぎた由緒ある大役と御辞退申し上げ、『乾女』の号をいただくことになりました。折りも折り、乾山無縁の人の名乗りもあり、乾山系譜の乱れを正す好期《ママ》と考えまし」[138]た。尾形乾女は明治三二（一八九九）年、東京生まれ。和喜子さんによれば、今（一九九〇（平成二）年）は極ひっそりと暮らしている。[139]

慶三郎は六世や柳宗悦らと一緒に研究会を開いた。六世の友人にはバーナード・リーチもいた。窯明けの日、気に入らないものがあると、どんどん捨てた。「惜しくて、一つ欲しかった」。こう和喜子さんは述懐する。

多趣味の慶三郎は刀鍛冶もやった（有栖川宮威仁親王に仕えた刀工・桜井正次を三島の別荘に住まわせていた／内藤直子「ある刀工の足跡を追って」（二〇一五年、大阪歴史博物館・研究紀要））。和喜子さんは今も「その時の白装束を覚えている」と懐かしむ。それから彫刻もやった。慶三郎作の見事な盆を見せてもらった。さらには、晩年には富士山を部屋の丸窓から見ながら写経をした。これらは倉庫を探せば、まだあるはずだと言う。

山本玄峰老師は臨済宗妙心寺派二一代管長で、鈴木貫太郎首相に終戦を説いたという人物である。その山本老師を安生慶三郎は「大正一一年頃、ドイツに留学させた」と言う（実際には大正一二年、行き先はアメリカ、イギリス、ドイツ）。「お坊さんも世界の勉強をしないといけない」と、当時の金で一万円の費用を出した。このため老師は関東大震災を免れた。山岡鉄舟の墓がある東京・谷中の全生庵の僧侶がＮＨＫの対談番組の中で老師に話が及んだ時、「山本玄峰老師は安生慶三郎さんのお陰で外遊した」と語ったことがあると、和喜子さんは嬉しそうに言った。

山本玄峰自身は、次のように述べている。「昔から懇意にしていた安生慶三郎さん（日本で初めてホウロウ鉄器を拵えた人、古河系の工業家）という人が、『和尚さん、わたしの金を使って下さい。あんたのような人が外国へ行ったッ《ママ》て、とても儲け話を土産に持って来るような気の利いたことはできやせんから、儲け話の土産も何もいらないわたしの金を使って下さい』……ただ有難く出掛けるばかりじゃった」[140]（傍点筆者）

娘・安生鞠子《まりこ》／作家・芹沢光治良《せりざわこうじろう》の失恋

慶三郎は娘の鞠子もドイツに留学させた。彼女は足尾で生まれた。東京女子大学の一期生である。ドイツ留学の時、同校校長新渡戸稲造も横浜に鞠子を見送った。新渡戸は和喜子さんの実家、水戸の菊池家との親交もあった。山本玄峰と鞠子はドイツで会っている。鞠子は三年間留学し、帰国後、医師と結婚した。中山に姓を改めた鞠子は、和喜子さんの言を借りれば、「何もせずに一生過ごした」。

安生鞠子は、作家で日本ペンクラブ会長を務めた芹沢光治良の初恋の女性であった。中野区立中央図書館によれば、[141]

「大正7（1918）年　22歳／この頃、学費の援助を受けた安生慶三郎の令嬢鞠子を知り、手紙の交換を始める」

「大正12（1923）年　27歳／安生鞠子がドイツへ留学。頻繁に手紙をやりとりするようになる」

「大正14（1925）年　29歳／ドイツに留学していた安生鞠子が医学生と婚約し、失恋」

とある。二人が出会ったのは、安生慶三郎の芹沢光治良への学費援助がきっかけである。芹沢は一高、東京帝国大学（経済学部）と進んだ。

「安生鞠子との精神を高めあう交流[142]」を失った後、芹沢はどうなったか。彼は三年間勤務していた農商務省を突如辞職し、名古屋鉄道の社長の娘と結婚する。[143]その心の動揺ぶりが見えるようである。

この恋が成就しなかったのは、芹沢の貧しい出自と左翼的傾向が疑われ、安生家の反対にあったためだと言う。(144) 激しい衝撃を受けたのだろうが、しかしながら、この破局は、「〔芹沢光治良の〕作家経験の上にゆたかな光彩を与え創作の母体となっている」(145) と、『現代日本文学辞典　補訂』は評する。彼の作品の「人間の運命」、「初恋の女」、「女と男と」に登場する女性のモデルは安生鞠子だとされる。

妻・安生末子／ハンセン病患者を支援

慶三郎の妻の末子は水戸藩士・加藤木賞三の娘である。加藤木は幕末の動乱に深く関与し、知る人ぞ知る人物である。北海道、樺太、千島の探検で知られる松浦武四郎と懇意で、加藤木の三男は松浦の養子となった。幕末のアメリカやロシアの接近という国難に対処すべく、松浦が踏査して著した『三航蝦夷日誌』は水戸藩の徳川斉昭に献上されるが、その仲介をしたのが加藤木賞三であった。(146)

その娘の末子はハンセン病の病院を援助した。静岡県御殿場市にある神山復生《こうやまふくせい》病院へクリスマスになると、布団、罐詰、沢庵、梅干などをトラックで運んだ。和喜子さんはこう言ったが、調べてみると、神山復生病院の会員の中に安生慶三郎の名があり、多額の寄付をしている〔『神山復生病院概況』〔大正一五年〕〕。恐らく夫婦で支援していたのだろう。

また、和喜子さんが名前を忘れた四国の「どこかの島のハンセン病の病院」には、お金を送っていた。これは恐らく大島療養所〔現国立療養所大島青松園〕であろう。香川県高松市から船で約四五分、瀬戸内海に浮かぶ大島にある。

末子は明治七〔一八七四〕年三月一九日生。昭和七〔一九三二〕年一一月一九日没。五八歳であった。

生きている世界が違う

昭和一〇〔一九三五〕年、安生慶三郎が亡くなって四年後、昭和一四〔一九三九〕年に、杉並に転居した。隣組には谷川徹三・俊太郎父子、犬丸直・元文化庁長官、倉田主税・日立製作所会長などがいた。

三島には菩提寺の龍沢寺がある。三島駅からタクシーで一五分。臨済宗中興の祖と言われる江戸時代中期の白隠和尚の寺である。ドイツ留学前の山本玄峰が復興し、住職となった。「竜沢寺〔龍沢寺〕の復興には、もう一人、安生慶三郎（実業家）というかくれた大壇《ママ》越の力が有難いものであった」[147]と山本玄峰は語る。

筆者は二〇二四年初夏、龍沢寺を訪れた。広大な寺院であった。慶三郎は「北雷」と号したが、寺を囲む山林の中に「北雷塔」が建ち、その前に夫妻の墓があった。和喜子さんから伺っていた通りである。ただ、「三島の別荘の庭から龍沢寺に移築した」と聞いた「六角堂」があるはずだが、寺の若い僧は分からなかった。北雷塔の脇に八角形の御堂があった。これのことかもしれない。

龍沢寺にて／中央後方に「北雷塔」。手前の墓石には「北雷夫妻之墓」とある／静岡県三島市沢地

「安生さんは、その後〔ドイツ等の後〕わし《ママ》の支那行、印度行の金までも、一手に出して呉れた篤志家で、印度行の際は『どうやら今度はお帰りまで待てんようで』といいつつ、わたし《ママ》の旅行中に病死してしもうた」(148)ので、遺言通り、まず仮葬にして、山本玄峰の帰国を待ち、本葬がなされた。

「今日、お話したのは義父一代のことです」

和喜子さんの語る慶三郎の人生は、とにもかくにも一般庶民とは世界が違った。従業員一五〇人と言えば中小企業ではあろう。だが、古河市兵衛の支援はずっと続いた訳である。隠居した三島の別荘も古河の厚意で譲ってもらった。「珐瑯製造で財を成した安生は、〔静岡県駿東郡〕長泉町《ながいずみちょう》の鮎壺《あゆつぼ》の滝の風景を気に入り、1915〔大正四〕年、滝の隣接地に屋敷や庭園、茶室などを構える広大な隠居所を造った。趣味も多彩で、隠居所には刀剣を作る刀鍛冶も住んでいたという。屋敷は戦後分譲地となり、現存していない」(149)という御殿である。こうした解説を読んでいると、つい強制破壊の後、大雨の中で震える谷中村残留民の姿が脳裏に浮かぶ。

昭和九〔一九三四〕年の丹那トンネル完成に伴って、二代目三島駅が現在の地に開設された。駿東郡長泉村にあった初代三島駅は下土狩《しもとがり》駅となった。「鮎壺の滝」は下土狩駅のすぐ側にある。山間部の滝ならばいざ知らず、平地の滝で、これほど美しい流れがあるものかと、筆者は感嘆した。

安生順四郎と言えば、谷中村滅亡のプロセスにおいて、その名を残す人物である。先に述べた通り、彼の弟の孫の嫁である和喜子さんには、安生順四郎のことは分からない。また、順四郎の弟〔慶三郎の父〕は満州に行ったようだが、こちらについてもよく分からない。だが、それらを聞けなくとも、彼女の口から語られた慶三郎の一代記は古河と関わりを持った安生家のその後を十分に伝えてくれる。ちなみに、栃木県の安生家は家の前に「安生前」というバス停があると言う。

安生慶三郎と清洲商店は古河のバックアップの中で生きた。杉並のお宅が昭和初期には、和洋折衷の珍しい建築物であったというのも納得した。


「NHK市民大学『田中正造』」を見て、「うちの子供達が『安生って有名なんだね』」と、私の話を聞いてくれるようになった」と和喜子さんは微笑む。この番組は「かつての関係者の末裔」をして、「自身の先祖」に関心を持たせることにもなった訳である。「安生って有名…」というあっけらかんとした反応が面白い。谷中村の廃村から年月を経たということだ。

そう言えば、このエピソードを筆者はNHK市民大学『田中正造』製作のリーダー・戸崎賢二ディレクター〔第一章「NHK市民大学講座の背景」参照〕にしていなかった。言えばどんな反応だっただろう。

鮎壺の滝／その美しさは目を見張るものがある／静岡県駿東郡長泉町下土狩

ひょっとしたら話を聞きに行っていたかもしれない。

【第三節】谷中村で睨み合った二人

《一》ジャーナリスト・菊地茂／五女・斉藤英子《えいこ》

広がる世界――父の著作集を刊行

これまでに何度も言及した通り、田中正造と関係を持ち、足尾鉱毒事件に深く関わった菊地茂の五女が斉藤英子さんである。菊地茂は強制破壊直前の田中正造と栃木県警察のトップ・植松金章との話し合いの場に同席したり（後述）、谷中村の強制破壊の現場に立ち合ったりした。また、その後の谷中村の不当廉価買収訴訟にも関与した。そんな斉藤さんが『菊地茂著作集』（全四巻）を刊行した。どのような思いで出版に至ったのか、一九九〇（平成二）年八月二四日、東京都八王子市の斉藤さん宅を訪問した。

鉱毒問題との関わり

「私の父は明治三八（一九〇五）年、早稲田を卒業しました。政治経済科です。学生だった明治三四（一九〇一）年に田中正造の直訴事件があって、それを機に谷中村の問題に飛び込んだんです。以来、田中正造を助けて闘いました」

菊地茂は明治一二〔一八七九〕年、現在の東京都調布市上布田町に生まれた。旧制郁文館中学校を経て、明治三二〔一八九九〕年、東京専門学校〔現早稲田大学〕に入学。田中正造の直訴は明治三四〔一九〇一〕年一二月一〇日だが、その十数日後の一二月二七日に「冬期修学旅行の名目による鉱毒被害地学生視察団に加わる」と、彼の「年譜」にあるから[1]、直訴の興奮冷めやらぬ中で、鉱毒地の視察に赴いた訳である。この時、菊地茂は二二歳。血気盛んな青年の血が騒いだのであろう。

「〔一二月〕廿七日の朝は来た。午前五時と云ふに、早くも有明の冬の月影を踏んで学生の一群上野に集まる。初め予定人員を三百としたのであったが、遂に千百余名を算するの盛況となった」[2]。菊地茂は、その日のことを「学生鉱毒救済運動」の中で、こう綴っている。

「直訴事件というのは大きな衝撃を与えたみたいですね」と斉藤さんは言うが、確かに三百人の予定が千百人になったというのだから、菊地に限らず数多《あまた》の明治時代の若者の心を動かした。

安部磯雄、木下尚江、松本英子〔ジャーナリスト／明治三五〔一九〇二〕年『鉱毒地の惨状』を刊行〕らと共に現地に向かう列車は「六時三十五分上野駅を発[3]車した。やがて「一行の古河駅に着するや、五百余名の被害民は『迎東都学生諸君』と大書せる二十余の旗押立て出迎へた。茲に千百有余名の一行は、『学生鉱毒地大挙視察』の旗を先頭にハーモニカの音に連れ、『鉱毒地を訪ふの歌』を朗吟しつ、渡良瀬沿岸へと向つた」[4]。この歌は「帝都をいで、　二時を　こえぬや古河の　きしやの旅　年忘れんと〔一二月二七日の視察だから〕　酒宴する　人もおほかる　そが中に　世を打ちわびて　わたらせの　民をとむらふ　同胞の愛」という一番に始まり、八番まで続く[5]。当時の学生の被害地視察の様子が菊地の筆〔「学生鉱毒救済運動」〕によって躍動的に伝わって来る。

視察から戻った菊地らは「学生鉱毒救済会」を結成した。同会は「神田組」、「京橋組」、「麹町組」など、東京の中の地域ごとに役員を置いたが、[6]菊地は「芝組」のリーダーとなり、[7]新年早々の一月一日、朝から白雪の舞う中、「學生鑛毒救濟會」の旗を立てて、「『此民《このたみ》を救へ』と悲愴なる青年学徒の叫び」[8]を挙げ、義捐金を集めた。[9]この中には、若き日の黒沢酉蔵もいた。黒沢は後の雪印乳業〔現雪印メグミルク〕の創業者である。こうした学生の動きに対して、東京府から通達が出された。以下は明治法律学校〔現明治大学〕で、学生に向けて呼び掛けた掲示である。

「足尾鉱毒問題に関し近来学生にして之が視察に従事し／或は義捐金募集〔の〕路傍演説を為す者有之候処《これありそうろうところ》／右は政治に関係し学生として甚だ穏ならざる儀に付／可差止旨《さしとむべきむね》／東京府知事より厳達《げんたつ》有之候條《これありそうろうじょう》／爾今《じこん》右等の行為一切無之様《これなきよう》／注意可有之《これあるべし》／此旨《このむね》特に掲示候也　一月七日　校長」[10]

菊地自身は「予は当時芝部〔上述の「芝組」〕の指揮者にて雪を冒して路傍に叫びぬ、警史《ママ》には咎められぬ、警察には拘引せられぬ」といった状況であった。従って、「学校の心配一方ならず、吾等を呼んで説諭するあり、然れども吾人は肯《うなず》かざる也」[11]と記す。彼は学校からたしなめられたが、活動を止めなかった。

だが、こうした当局や学校の圧力によって路傍演説〔街頭演説〕は屋内演説となり、そして、やがて学生鉱毒救済会は解散に至る。その後は「青年修養会」なる組織が誕生する。この名称でははっきりしないが、その実態は鉱毒被害救済を目的とするものであった。[12]

菊地茂は、明治三八〔一九〇五〕年、早稲田大学を卒業し、島田三郎の紹介で山梨日日新聞に入社した。[13]その後、数ヶ月で同社を辞め、島田三郎が社長[14]の毎日新聞に移った。[15]菊地はジャーナリズムの世界に身を置きつつ、卒業後も田中正造や足尾鉱毒事件との関わりを持ち続けた。[16]明治三九〔一九〇六〕年二月には田中正造から手紙をもらい、谷中村を訪れている。[17]この間、島田三郎とも親しく行動を共にした。[18]島田は既述の通り、ジャーナリストにして、かつ主に大隈重信の立憲改進党系の政党に所属した政治家〔衆議院議員〕である。菊地は彼を終生の師と仰いだ。[19]

谷中村事件

「父に一番近いのは谷中村事件なんです。谷中村の強制破壊後に『谷中村救済会』というのを作りましてね、それで…、結局…、最後には田中正造…、谷中村とは別れて…、父は東京を離れるんですよ。要するに、谷中村問題は挫折したという形ですね」

斉藤さんは、どう言おうかと迷ったようで、言葉が何度も詰まった。この「谷中村救済会」の話は、菊地茂からすると、随分辛いものがあったのだろう。

谷中村強制破壊の折、菊地茂が現場にいて、残留民に寄り添った言動をなしたことは関口コトさん、島田清さんのところで述べた通りだが、次の話は、そこでは取り上げていないものである。島田

宗三の『余録（上）』の一節である。(20)

強制破壊の五日目〔七月三日〕、間明田《まみょうだ》仙弥夫婦は病に臥せっていた。その彼らの家が正に破壊されんとする時、「夫婦は静然として動か」ず、家から出なかった。「それは人間を無視した植松〔金章〕第四部長〔栃木県警察トップ〕の暴言〔後述〕に対する、病身を以てする抗議であった」。

この事態に一時間の猶予が与えられ、家屋の破壊は一旦中止される。時間になり、再度屋外に出るように勧告されるが、それでも夫婦は動かない。そこで植松自らが指揮し、多数の巡査が夫妻を担ぎ出そうとした。それを田中正造が制止しようとした瞬間のことだった。菊地茂が二本の腕を突き出して吠えた。

『何故そんな乱暴をする！　病気で抵抗もしない温良な人の身体に多勢で手をかけるとは何たる乱暴だ。十余年にわたる鉱毒事件のため一時は天下の大問題として騒いだが、ひとたび谷中村強制破壊となって将にこの問題が埋葬されようとする時、軽薄な日本の政治家は誰ひとり来てこれを見ない。だから僕は栃木県の役人がどんなことをするか、これを監視するために来ているのだ。菊地は命をかけてもそんな乱暴を見逃すことはできない。それが悪ければ、この菊地を検束でも何でもしろッ！』と、天地も揺らぐような大音声をあげて執行官の前に迫れば、執行官は歩一歩と押されて後に退り、西隣の間明田条次郎の庭に出た。これを見かねた保安課長が二人の間に割り込む」

谷中村強制破壊の現場における強烈な一シーンである。

島田宗三は、この場面が余程印象深かったようである。後日、斉藤さんが菊地茂著作集を刊行した時に、その求めに応じて、第一巻の「序」を書いた。そこに、こう記した。

「間明田仙弥宅の破壊当時のことです。その日、間明田夫婦は病気のため休んでおりました。栃木県の植松執行官は、夫妻に対し立退くよう告げました。仙弥は『植松さんは先日、藤岡町役場で、私共に対し「若し人が居れば、ほうり出してでも執行する」と言いました。それが法律なれば止むを得ません。』と言って動きませんでした。

すると、執行官は、部下に、夫妻を引きずり出すように命じました。そのとき、菊地さんは、執行官の前に立ち塞がり大音声をあげて、『病人を引きずり出すとはなに事だ。そんな乱暴は断じて許さない。一時は天下の大問題となった二十年にわたる足尾鉱毒問題が将に葬られようとするとき、誰一人来て助けようとする者が居ない。菊地茂は、それを見届けるために東京から来ているのである。若しそれが悪ければ検束（逮捕）でもなんでもするがよい。』と双手を突き出して執行官に迫ったときの義憤に燃えた英姿であります。

惟《おも》うに菊地さんは、熱すれば火の中にも飛び込むという熱誠のお方でありました。……此のたび、孝女斉藤英子さんの筆により、その事績を広く世にご紹介されるにあたり、数ならぬ私に序を求められましたので、老齢をおし、感涙に咽びながら記憶の一端を叙して序に代える次第であります[21]」〔傍点筆者〕

傍点を付した箇所は、文章を上手にまとめるための修辞句ではない。斉藤さんは、こう語っている。

「〔斉藤さんと会った〕晩年の島田宗三氏は、七十年も前の谷中村の菊地茂の姿を、両手を突き出した姿勢で語ってくれた。宗三氏の両眼には涙がにじんでいた。筆者〔斉藤英子〕は感動した。このときの宗三氏の姿を忘れることができない」[22]。島田宗三は実際に斉藤さんの前で、この話を語りながら泣いていたのであった。

間明田宅は、結局はどうなったのか。最後には約二〇名の巡査が土足で座敷に上がり、前後左右、手取り足取り夫妻を屋外に担ぎ出した。そして、「たちまち破壊人夫が壁を落す《ママ》、柱を叩く、煤煙《すすけむ》りが蒙蒙と立」[23]って、家は壊された。

谷中村残留民と寝食を共にする

菊地茂は強制破壊が終わった後も谷中村に居続け、仮小屋で残留民と寝食を共にした。『余録（上）』に面白いエピソードがある。七月五日の強制破壊の最後の夜、菊地は島田家の人々や田中正造らと一緒に島田宗三の小屋の中の一つ蚊帳で雑魚寝《ざこね》をした。その夜中、突然、菊地が「火事だ」と大声をあげて飛び起きた。実は蚊帳に入って来た蚊を島田宗三の母が焼こうとした蝋燭の火を火事と勘違いしたのであった。一緒にいた田中正造は、このやり方に慣れていたため騒がなかったが、驚いた菊地の有様は後々まで一つ話となったと言う。これが菊地の仮小屋生活の第一夜であった[24]。

その数日後の様子について、田中正造が逸見斧吉に認《したた》めた手紙の一節を島田宗三は『余録（上）』に引用した。

「万朝報記者も今夜木下〔尚江〕氏に同行して間明田〔のところ〕に行き露天に一泊すと言うて、此降雨を突いて水村〔谷中村〕に入れり。木下氏も顔色黒くなり、……菊地氏亦《また》同断、菊地氏は単衣《ひとえ》フランネル〔柔らかく軽い毛織物〕垢つき昆布の如し。星野〔孝四郎〕氏ズボン靴のまま脛《すね》以上の泥水を漕ぎ歩行、靴もズボンも皆泥にまみれて怖ろしき有様なり」(25)

残留民のみならず、支援者も谷中村でボロボロになっていた。菊地の「単衣《ひとえ》フランネル垢つき昆布の如し」とは、どんな姿をイメージすれば良いのだろうか。

ここに登場する星野孝四郎は、関口コトさん、島田清さんのところで数度、名前だけ出ている。彼は谷中村支援のため新潟県からやって来て、島田宗三と共に「間明田粂次郎氏方の仮事務所で書き物をしていた」(26)青年である。そんな彼が強制破壊の直前の六月一四日に書いた短文が残っている。

「谷中村より　県庁では愈々来る二十二日を以て打壊して仕舞ふ／それ以後に残つて居る者は引捕へて掴み出す／雨が降ろふが鑓が降らふ《ママ》が介意《かま》わないとやら／一部長〔栃木県第一部長（内務部長）〕とか四部長〔第四部長。植松金章〕とかの訓諭だそうな／所謂余す所僅かに八日……村民平静、官吏と称する獣類の暴力の下に運命の赴く儘にまかせるつもりである。躁急なる小勇を避けて沈着する大勇を養はねばならぬ《ママ》〔明治四〇年〕六月十四日）星野孝四郎」(27)。なお、右の文の冒頭にある「〔六月〕二二日」は当初の強制執行命令期限であった。(28)強制破壊は実際には六月二九日に延期された。

谷中村救済会を結成

強制破壊の後、直ちに「谷中村救済会」が結成された。菊地茂も参加した。

「島田三郎、安部磯雄、田中弘之、高橋秀臣、高木正年《せいねん》、新井要太郎、川島仟司、信岡雄四郎、こうした人達が救済会のメンバーになっています。田中は日本主義者ですね。高橋は東京市会議員を経て、立憲民政党から衆議院議員になりました。高木は衆議院議員で、目の不自由な方。こうした人達の力で何とかしようとしたんです」

斉藤さんは八名の名を挙げた。島田三郎、安部磯雄については、もはや説明は無用であろう。田中弘之は仏教徒で、後に大乗会会長。(29) 谷中村救済会事務所は東京・神田の田中宅にあった。(30) 高橋秀臣は憲政党の党報記者。斉藤さんの言う通り、東京市会議員や衆議院議員を務めた。(31) 高木正年は日本初の視覚障害の衆議院議員。当選一三回。最後は立憲民政党所属。(32) 新井要太郎、川島仟司、信岡雄四郎は弁護士である。この中の川島仟司の名は、特に記憶に留めておいて頂きたい。

これ以外には、三宅雪嶺〔国粋主義者。政教社を設立。雑誌『日本人』を創刊〕、今村力三郎〔弁護士、専修大学総長〕、花井卓蔵〔弁護士、衆議院議員、貴族院議員〕、卜部喜太郎〔弁護士、衆議院議員〕、逸見斧吉〔逸見山陽堂社長、既述の大野四郎のペンネームの由来か〕、柴田三郎〔都新聞記者。『義人田中正造翁』著者〕らがいる。(33)

「ただ、木下尚江は救済会に入らなかった。強制破壊に立ち合っていながら入っていないんです」

と斉藤さんは言う。見解の相違であろう〔後述〕、木下は参加しなかった。(34)

谷中村救済会と残留民

谷中村救済会に加わらなかった木下尚江である。しばらく彼の視点から眺めてみる。強制破壊を見た木下は残留民の姿に深い感銘を受けた。彼は荒畑寒村の『谷中村滅亡史』の「序」で、こう述べた。

「労働の神聖なる威厳てふ《という》信念は小生が谷中村最後の悲劇中に学びたる極めて貴重なる教訓に有之候《これありそうろう》……我が汗を以て得たる田畑は彼等に取て最早《もはや》田とか畑とか屋敷とか言へる単純の物質に非ずして実に血と涙の最愛なる恋人に御座候」と言い、「彼等十数戸の農民が婦女小児に至るまで最早警官を恐れず政府を恐れず法律を恐れず家屋破壊の黒手を眼前に控へながら麦を打ち魚を釣り平然日常の稼業に従事して驚かざりしの一事は小生の特に崇厳の感に打たれ数々落涙したる所に候」と続け、そして、最後に「此の暴政弾劾の声の間に育ち我が田地の奪はれ我家の毀《こぼ》たるゝを目撃したる児童の間より天晴超絶の人格の成長せんことは小生の毫も疑はざる所に候(35)」と言う。この叙述は谷中村に最後まで残った方々の姿を、如実に、永遠に伝えるものであろう。

後年、木下尚江は『田中正造之生涯』をまとめた。そこにある谷中村救済会の解説は同会が内包した問題点を端的に示している。

「七月の初め谷中村の強制破壊が終つ《ママ》た頃、或日、東京から十名ばかり一団の見舞客があつた。何れも鉱毒問題の歴史に関係ある弁護士及び有志の顔触れであった。腰を掛ける影さへなき青空の下で、彼等は田中に向ひ、『今日は君に関係なく、直接に谷中村民諸君と談話したいから、其の御心得で。』と語り、其処に群衆せる村民に対して民事訴訟提起の相談に及んだ。訴訟に関する費用一切は自分等に於て悉皆担当、更に村民を煩はすやうな事は無いから、安心して委任せよと言ふのであつた。此時一行中疑義を入れて、『村民が今日まで政府の命令に従はなかつたのは、其れが不法の命令なるが為めと言ふのであるのに、破壊後の今日、民事の法廷に於て政府の買収価格の多少を争ふのは、矛盾になりはせぬか。』と言ふ者もあつたが、兎に角訴訟委任の承諾を得て帰つて行つた。田中は終始黙々として傍聴して居た。斯くて東京に『谷中村救済会』と云ふものが設立せられ、公開演説などの催しもあつた。然るに「救済会」の有志が栃木県庁に対して、谷中村民移転地の交渉を進めるに及び、田中の意見と相容れず、有志等は田中を頑陋なりと罵つて、遂に手を引ひた。斯くて栃木地方裁判所へ提起されたる民事の訴訟のみが残つてしまつた。この訴訟の為めに田中の苦心したこと一方ならず。控訴して、田中の死後に至つて終局を告げた」[36]（傍点筆者）

これが「不当廉価買収訴訟」と言われるものである。谷中村救済会は、この「訴訟」と「残留民の移転地の設定」と「残留民への移住勧告」などを行った。右の文中にもあるように、田中正造や残留民は谷中村の復活を願うものであって、買収金額の問題ではないと考えた。同様に「移住」についても、谷中村復活という思いからすれば、何を今更と言ったことになる。

訴訟については、「買収ということを根本から否認してきた残留民が買収金増額の訴えを起すことは、すなわち買収を認めたことにもなる」と、田中正造は困惑した。[37]だが、支援の弁護士から、買収価格が安いことが裁判で明らかになれば、谷中村復活という政治問題を有利に導ける、[38]あるいは谷中村買収の不当を訴えるものだが、金額の不当性を述べないと裁判の形式にならないと言われ、原告になることに応じた。[39]

この訴訟の原告には残留民以外には、谷中村に言わば一坪地主的に土地を持った田中正造、安部磯雄、福田英子、師岡千代〔幸徳秋水の妻〕、宮崎ツチ〔宮崎滔天の妻〕、逸見斧吉らがいた。菊地茂も原告の予定であったが[40]、土地登記が訴訟提出の期限に間に合わなかったと推測されている。[41]

＊＊＊

この中の福田英子は斉藤さんにとっては重要な人物である。斉藤「英子」は、父菊地茂が福田「英子」から名付けたものだと言う。[42] ただし、読みは斉藤エイコ、福田ヒデコである。福田英子〔旧姓景山〕は婦人解放運動の先駆者であった。著書『妾の半生涯』が知られている。自由民権運動に加わり、大阪事件に連座した。また、田中正造や谷中村との関わりも深い。

「鉱毒問題や、谷中村の問題を訴へている田中翁の……姿に接し、深く感動……谷中村の土地所有権者となり、以来現地へ何回となく訪れ、激励した。そうした中で、英子は雑誌『世界婦人』を発刊。（明治四十年一月）谷中村問題を随時この雑誌に報道した[43]」と、井上恒子は言う。

田中正造が亡くなった時には、島田宗三に宛てて、「翁逝去後の谷中問題は当然あなたの双肩にかかっていますから慎重に御解決あらん事を希望致します。これにつき若し私に出来る相当の御用が御座いまするなら決して辞しません[44]」と手紙を送った。また、救済会の活動について否定的な木下尚江とは議論を交わしている。[45]

菊地茂は、こうした女性の名を五女に付けたのであった。二〇〇二〔平成一四〕年、斉藤英子さんご

逝去。堀切利高は「彼女は父の命名に十分応えた」と称えた。(46)

谷中村は栃木県下都賀郡だが、福田英子は同じ下都賀郡の穂積村〔現栃木県小山市〕出身の福田友作と結婚していた。友作の死後、福田夫妻と関わりの深かった石川三四郎と、英子は恋愛関係となる。田中正造も、この道だけは別だと言い、周囲の人々も温かく見守っていた。(47) 石川三四郎については、後で話題にする。

＊＊＊

「こうして始まった訴訟でしたが、救済会が解散してしまうと大変なことになりました。裁判だけが残ったんです。それで田中正造や農民はうんと苦労した訳なんです」

こう斉藤さんは嘆息する。先の木下尚江の文中にも、「この訴訟の為めに田中の苦心したこと一方ならず」とある。また、福田英子も「谷中村が強制執行を受けた当時には、東京でも、谷中救済会《ママ》といふ有志の団体まで出来て、《ママ》居りましたが、一〔・〕二年のうちに、何時となく立消えになりました。以前は歴々の弁護士さんも沢山御尽力になつて居られましたが、近年は何かの御都合でお助けがなく、この法廷〔不当廉価買収訴訟〕の弁護をして下さる方が無くなつて大層困つて居られました」(48)〔傍点原文〕と語っている。救済会の消滅によって、訴訟は田中正造や残留民だけのものになってしまった。

一審が僅かな増額の判決で終わったため、控訴するかどうかの話し合いが、明治四五〔一九一二〕年五月一日、間明田条次郎方で行われた。

「裁判をしたのは、最初から間違ってたのですから、この際一致して取り止め、谷中村復活論で進んではいかがでしょう」[49]という意見。

「それもよいでしょうが、裁判を止めるとなると立退き問題は起りはしませんか」[50]という心配。

「裁判がどうなろうと、われわれは死んでも谷中を立退かない」[51]という、そもそもの原点の叫び。

様々な意見が飛び交ったが、「土壇場までやりぬくこと」[52]で思いはまとまった。

その二日後、木下尚江から手紙が来た。「政治家も有志者も裁判官も駄目の粕なり、自己を信ぜよ」[53]とあった。木下が救済会に入らなかった理由がシンプルに分かる。

そうした中で、田中正造が島田宗三を連れて訪れた三宅雪嶺宅で、三宅が次のように言った。「法律論は別として、世論の批判もあり、裁判上の争いになっていたので、五ヵ年後の今日まで村民を立退かせることができなかったのでしょう。およそ天地間のものごとでは、何が有用で何が無用かは俄かに定めがたく、つまり有無相通じて事は達成するのではありませんか」。

この「三宅先生のいわゆる有用無用の解は、谷中村復活を期するためには価格を論ずる裁判の必要はない、という問題に対する答えで」あった。これによって、田中正造は控訴を決意したと、島田宗三は思った。[54]

ところが、その後、控訴審の結審を見る前、大正二〔一九一三〕年に、田中正造が亡くなってしまった。判決は大正八〔一九一九〕年であった。結果は先に島田清さんが語った通り、金額はわずかだが、残留民の勝訴となった。

この価格には弁護士も控訴人〔残留民〕も不満であった。とはいえ、第一審以来一三年が経過し、その上、「控訴人らは今や居村を追われ、散在する移住地先に於て各自その日その日の生活を立てなければなら[55]」ず、かつ「弁護士もまた控訴以来八年間無報酬を以て担当してきた[56]」ことから、もはや上告は無理であった。県会議員が間に入り、原告被告共に上告しないことを決めた[57]。こうして、「翌大正九〔一九二〇〕年四月一日、判決金額の授受をすませ[58]」、谷中裁判は終わった。ここに足尾鉱毒反対運動は事実上終了した。田中正造が第二回帝国議会で初めて質問をした明治二四〔一八九一〕年から二九年が経過していた。

菊地茂の挫折

判決金額を受領した半年後の一〇月、菊地茂、島田三郎、福田英子、横山勝太郎〔後述〕らも参列して、田中霊祠にて報告祭が行われた。島田宗三が奉告文を読み上げた。

「故翁〔故田中正造翁〕　若し宥恕し給はずんば　政庁を呪はず　村民を咎めず　切に余〔島田宗三〕を罪にせられんことを」

「実は私は島田宗三さんに満福寺を案内してもらったことがあるんです」と、斉藤さんは言った。

満福寺は谷中村の東方、下都賀郡野木村〔現野木町〕の寺院である。野木は大野孫右衛門が関わった煉化工場のあったところである。

「谷中村の強制破壊後、〔村は〕水浸しになっちゃったから、河川法で来ることは目に見えていますよ。そこで父や救済会の人達には、もうここまで抵抗したのだから、もういいではないかという気持ちがあったと思うんです。河川法で追い立てられるのは分かり切っているんだから…」

この点において、「谷中村復活を目指す田中正造や残留民」と「目前の現実を直視する救済会」との間に齟齬が生じていたことは、もはや言うまでもない。

「〔野木の南方の〕古河寄りに土地があったようで、そこに移住しないかという案を立てたんですけど、そこもやはり河川法でダメで、そこで〔少し北の〕満福寺の境内を候補地にしたんだけど、田中正造や残留民にとってみれば、今更立ち退くんだったら強制破壊の時に頑張らなかったんだと、頑張った意味がないという訳ですよ」

明治四〇〔一九〇七〕年九月一五日、谷中村救済会は神田錦輝館で協議会を開き、「現在居住の堤内地は必ず再び県庁より立退きの命令あるものなれば、他に居住する必要あり。……幸い野木村字野渡《のわた》満福寺境内に貸与すべき見込みの地あり。本会は之れを以て選定地となす」[59]と、菊地茂から残留民に移住の勧告を伝えた。これを受けて残留民の側がどう対応すべきかと困惑した様子が『余録（上）』にある。[60]結局、両者は物別れに終わった。[61]

「こうして、谷中村救済会は分裂しちゃう。空中分解して、父も手を引いちゃった訳です」

斉藤さんは先に、次のように言った。「『谷中村救済会』というのを作りましてね、それで…、結局…、最後には田中正造…、谷中村とは別れて、父は東京を離れるんですよ。要するに、谷中村問題は挫折したという形ですね」。こうした語りにくそうな言い回しになった気持ちがよく分かる。菊地茂は明治四一〔一九〇八〕年、米子に行き、「米城新報（山陰日日新聞）」に入社する。[62]

「当時、僕は栃木県の谷中村で官憲と戦ひ、明治聖代の一大恨事である谷中村破壊事件に遭ひ、農民諸君と破壊後の掘立小屋に七日間寝食を共にし、つくづく世の中が嫌に成っていた時であった。そこで神代文明の遺跡のある山陰道の山の中で、田舎記者として一生を送るのも亦面白いと考へ、都落ちの山陰入りとは成った」[63]と菊地茂は書いた。この時の父の心境について、「政治権力の不条理への敗北感」と「谷中村救済会の救済運動の挫折」の二つがあったのではないかと、後年、娘は推測した。[64]また、強制破壊前後の残留民との生活が人生観を変えたのだとも斉藤さんは考えた。[65]

ところで、筆者がふと思ったことだが、菊地茂の結婚は米子行の直前である。「谷中村」は彼の結婚にも何か影響を及ぼしたのではないだろうか。というのは、安生鞠子に失恋した芹沢光治良がいきなり結婚したことと重なるのである。ひょっとしたら谷中村の「挫折」が菊地〔斉藤〕英子なる存在を生み出す契機になり、そうして命を得た娘が、後年、父の谷中村での闘いを書籍にまとめたと言えるのかもしれない。

水浸しの村にいるのを見るのが忍びない

「父が独りで〔谷中村へ〕出掛けて行って、『移らないか』ってやったんですけど、〔残留民には受け入れ難い話だが〕大恩のある救済会の人だからと無碍にはできなかったようですね」

「〔栃木〕県の手が回って、救済会を通して追い立てようとしているんじゃないかって、そんな憶測も随分流れたらしいですよ。救済会は県と手を結んで、追い出しにかかったとね」

もともと早口の斉藤さんだが、その口調が熱を帯びて早くなっている。

明治四〇〔一九〇七〕年一〇月七日〔宇都宮地裁で第一回口頭弁論が終わった日〕(66)付の読売新聞に「谷中村問題落着」という記事がある。「栃木県通信（十月五日宇都宮発　本社特置通信員報）」とあるから、強制破壊から三ヶ月後のものである。

「植松警察部長の機畧《略》と大胆とを以て村民一揆を未然に防ぎ県の所志《ママ》を遂行せし谷中村破壊後の惨状は見るに忍びざるも頑骨田中正造翁が自己の立場の為め心ならざる反対を為し村民にまで迷惑を掛け居りし爲め荏苒《じんぜん》善後処分決着せざりしが漸く初志《ママ》を飜へせしに付東京の救済会も大いに斡旋し残留民挙《こぞっ》て他に移転する事となりたれば数日ならずして同問題も落着すべし」(67)〔傍点筆者〕

植松金章を称賛し、かつ田中正造の行動を「自己の立場の為め」と断ずるなど、あくまでも栃木県の立場で書かれた記事であるが、傍点を付した箇所を見ると、「両者が手を組んだ結果」なのか、「思惑は別だったが、結果的にこうなった」のかは分からないものの、救済会と栃木県はグルになっていると受け取られてもやむを得ない文章である。「救済会を通じ体裁よく本籍地から追い出されてしまうのではないか、との疑念を抱いていた」[68]と島田宗三も『余録（上）』にはっきりと書いている。

斉藤さんの顔が真剣なものになっている。

「そういうことはなかったんですよ。誠意でやったことなんですけどね。『菊地君だからよかった』と、田中正造は言ってくれたようです。『他の者だったら誤解されただろう』ってね。田中正造は父を随分買ってくれていたみたいです。『立派な青年だ』って。『将来政治家になっても立派な政治家になるだろう』って随分褒めてくれました。それでも結局、物別れに終わってしまうんです」

明治四〇〔一九〇七〕年九月一九日付、田中正造から逸見斧吉に宛てた封書がある。「救済会より居住地云々ニ付御叱り状拝見仕候。御叱り何ほどにてもよろし。御叱りなさるほどの御熱心と奉察候。……只《ただ》聊《いささか》申上度《もうしあげたき》ハ農民生活の情態ニて候。何ほど申しても菊地君ニハ農民の事御分り兼るものと相見へて、やはり前の寺院境内をば未だ何か止めてもあきらめ止めがたきよふすの御手紙ニて候」[69]と述べている。両者の見解は平行線を辿っている。

斉藤さんは続ける。「最後には〔残留民は〕みんな〔谷中村を〕出て行くんだけど、どうするのが良かったのかは言えないですけど、でも、やっぱりね、〔救済会のメンバーは〕水浸しの村にいるのを見ているのが忍びなかったんじゃないですか。何とか生活の方途を考えてあげなきゃいけないってね。さすがに、いつまでもここに居られる訳がないと思ってやったことだったんでしょうけどね」。

こう娘は残念そうに語る。失意の内に谷中村を去った父は、米子で何を思っていただろうか。

板野潤治は『田中正造全集（第十七巻）』の「解題」において、「東京救済会の行動が田中の言うように完全に県側の立場にたっていたわけではない」[70]可能性を指摘している。

普選運動に尽力

「警察には睨まれるわ、意見は合わないわ、米子に行ったりするわと、大変だったと思います。でも、山陰日日新聞の主筆として、田舎にいて、地方自治や文化の発展のために尽くしましたけどね、本当の話です。それから八年後の大正五〔一九一六〕年、父は東京へ帰って来て、新聞記者のトップリーダーとして普選〔普通選挙〕運動に取り組みました。その頃は四〇歳近くでした。普選運動で随分働いて…、活動しています。水野石渓という人が書いた『普選運動血涙史』の中に父の名前が出て来ます」

『普選運動血涙史』を繰ってみる。「〔大正一〇（一九二一）年〕十二月二十六日午後四時から築地精養軒で〔普選各派の〕大懇親会を開く事となつた。……先づ万朝報の菊池《ママ》茂を座長に推して左の申合せをした。普通選挙の実施は時代痛切の要求なり。……今や普選各派の聯盟成るの時／吾人は益々協力一致して其達成を期す。……この申合せは満場一致可決され、各派の代表演説に移つた。……純無所属の尾崎行雄、島田三郎……等……茲に始《ママ》めて普選派の春が来た」[71]〔傍点筆者〕とある。

菊地は普選を進める政治家と新聞記者ら三百名が一堂に会した懇親会の座長に選ばれている。確かに普選運動の「新聞記者のトップリーダー」であったと読める。この時、彼は四三歳。

それから四年後、大正一四〔一九二五〕年、第五〇回帝国議会で、普通選挙法は成立した。

「やっと普選が通ったんですけどね、〔その結果、政党の力が増して〕今度は政党の幹部だけが良い思いをしてね、民衆は置き去りにされたんです。父も置き去りにされた一人です。政治家にうまく利用されたってね」

普選運動はデモや集会に参加して、逮捕されたり、職を失ったり、退学させられたりと、そうした多くの民衆の犠牲の上に成り立っているのに、政党は党勢の拡大や閣僚ポストの確保に利用した。「民衆はおきざりにされた。民衆というものは常にそうしたかなしい存在」(72)だと、菊地茂は嘆いた。「父は、そうした憂悶を抱いていたようです」。民衆とは悲しい存在と言う時、菊地の脳裏には谷中村があったのではないだろうか。

この普通選挙法と抱き合わせで、国体護持の治安維持法が成立した。同法は昭和三〔一九二八〕年六月には最高刑が死刑とされた。これに対して「父は面白いペンネームを使って批判しました」。なるほど同年七月、「治安勅令案と枢密院及び其経過」という一文を、菊地茂は「鉄腸生」なる名で、立憲民政党機関誌『民政』に載せて批判している。(73)「鉄腸」とは文字通り「鉄の腸《はらわた》」であり、「動揺しない強靭な心」との意であるから、こんなものを喰らわされても負けるものかといったところだろう。

足尾鉱毒事件から普選運動へ

ここで菊地茂の人生を振り返ってみる。早稲田の学生時代に田中正造の直訴に衝撃を受けて足尾鉱毒事件に関わり、そして、卒業後も関係を持ち続けた。だが、谷中村強制破壊後に結成した谷中村救済会の活動に挫折し、一時、山陰の新聞社に身を置いた。その後、東京に戻り、普選運動における記者のリーダー格となった。おおよそ、こうした歩みである。そこで一つ興味深い動きがある。

「田中〔正造〕の烈々たる正義の訴えに動かされた学生たちは、『足尾銅山鉱毒被害民学生救済会』を組織した。……永井〔柳太郎〕もまた、これに加わって各地の演説会に臨んだ。菊池《ママ》茂の書いたものによると、この運動に加わった人びとが、やがて普通選挙運動の先駆者になったということである」[74]。これは一九五九〔昭和三四〕年に刊行された『永井柳太郎』と題する書籍の一節である。斉藤さんは、この「菊地茂の書いたもの」を探したが、見付からないと言う。

＊＊＊

明治三五〔一九〇二〕年、早稲田大学に「雄弁会」というグループが生まれた。「東京専門学校〔早稲田大学の旧称〕をはじめとする〔東京〕市内の学生による鉱毒救済運動も盛り上がりを見せた。例えば学苑では、政学部学生菊池《ママ》茂が……調査隊を組織し、精密な調査の結果を、〔明治〕三十五年元旦に東京で開催した惨状報告大演説会において市民に訴え、大きな反響を生んだのが、学苑に雄弁会を誕生させる契機となっている」[75]と、『早稲田大学百年史』は記す。つまり、「谷中村救済運動」が「早稲田大学雄弁会」を生んだ訳である。

早稲田大学雄弁会は今日に続く。同会ＨＰは、こんなふうに述べる。足尾鉱毒事件を訴える田中正造に賛同し、早稲田、慶応などの学生が立ち上がった。現地に赴いた学生は農民達の悲惨な姿に涙し、これを広く世に問うた。そして、この運動を母体に、「永井柳太郎、菊池《ママ》茂らを中心に雄弁会が結成されるに至る」[76]。

菊地茂の名は早稲田大学の校史に刻まれていた。同会は石橋湛山、竹下登、海部俊樹、小渕恵三、森喜朗らの首相経験者や鈴木茂三郎、浅沼稲次郎の社会党委員長らを輩出した。雄弁会が誕生した年月日は明治三五年一二月三日[77]である。田中正造の直訴は明治三四年一二月一〇日だから、ちょうど一年後のことである。

菊地と並んで記されている永井柳太郎は、戦前、長く衆議院議員を務めた閣僚経験者であり、一九七四〔昭和四九〕年、三木武夫内閣で民間から登用された文部大臣・永井道雄の父である。斉藤さんは父のかつての同志の息子〔朝日新聞論説委員・永井道雄〕に手紙を書いて以来、父の著作のための調査の人脈を広げたと、「田中正造とともに闘った父・菊地茂」に書いている。[78]

本稿とは無関係の話題だが、筆者は長年カンボジア研究に取り組んでいる。一九九二年から一九九三年にかけてＵＮＴＡＣ〔国連カンボジア暫定統治機構〕が展開した際、明石康ＵＮＴＡＣ代表へのインタビューを望んだ筆者の相談に乗って下さった一人が永井道雄氏であった。ご本人から直接電話を頂いたことは忘れ難い。

話を戻す。要するに、明治三四（一九〇一）年の「谷中村救済運動」が明治三五年の「早稲田大学雄弁会誕生の契機」であったということである。

＊＊＊

早稲田には「学苑の行事の華」[79]と称された「擬国会」があった。「擬」とは「模擬」の意。つまり、「模擬国会」である。教員や学生などが内閣や政党を作り、真剣に「国会審議」を行った。明治二四（一八九一）年に始まっている。[80]菊地茂は明治三八（一九〇五）年三月二六日、第一三回擬国会において、「普通選挙ニ関スル建議案」を提出している。[81]

「普通選挙ニ関スル建議案／制限選挙ノ弊ヤ下層国民ノ利権ヲ伸暢スルコト能ハス、直接税ノ軽ク間接税ノ重キモノ其例ヲ実ニ軍国議会ニ見タリ、吾等憤慨ノ至リニ堪ヘス、況ンヤ戦後経営トシテ社会問題ヲ解決スルニ急ナルヲヤ、即チ次ノ条項ヲ以テ普通選挙ノ実施ヲ建議ス。

一、丁年以上ノ男子タルコト。

一、一定ノ職業ヲ有スルコト。

一、一定ノ住所ヲ有スルコト

一、公民権ヲ剥奪セラレタル者ニ非ルコト。

右ノ三《ママ》条件ヲ具備スル者ハ衆議院議員選挙権ヲ有スルコト。
是レ実ニ下層国民ノ利権ヲ伸暢スルヲ得ルノ良策タルト同時ニ選挙ニ関スル弊風ヲ一掃スルモノナリト信ス、右条項ヲ陳述シ此カ採用アランコトヲ望ム。
右建議候也」

つまり、こうである。菊地茂は田中正造の直訴を契機に足尾鉱毒事件に関わり、学生鉱毒救済会を作り、次に雄弁会を立ち上げ、そして、擬国会で普通選挙を説いた。さらに、卒業後はジャーナリストとなり、谷中村の強制破壊に立ち合い、かつ普選運動における記者のリーダーの一人となった。彼の社会観は足尾鉱毒事件に始まり、民衆の政治参加が不可欠という点に帰結した。

斉藤さんは「鉱毒事件が当時の学生に与えた影響の大きさは政治思想史上からも見逃せない事実」[82]であると指摘する。そして、「足尾鉱毒事件—雄弁会—擬国会—普通選挙運動」という流れを見逃してはならないと力説する。[83]これに従えば、足尾鉱毒事件と田中正造は、近代日本の政治思想の展開を考える上で不可欠のテーマであると言えよう。

早稲田の擬国会

坂原辰男・元田中正造大学事務局長の大伯父〔祖母・坂原英子《ひでこ》の兄〕の橋本求馬《もとめ》も早稲田に学び、擬国会に参加した。「お兄さん〔橋本求馬〕としてもね、田中正造を尊敬してたんだろうねえ、田中精神を継ぐって政治に出たみたいですけどね、〔栃木〕県会議員に一期出て、それがね、病気で倒れてね…」。ここにも田中正造の影響を受けた人がいた。坂原英子さん自身は、幼い頃、田中正造に抱っこされたという忘れ難い記憶がある。

実は田中正造は、早稲田の擬国会に明治三二〔一八九九〕年、明治四一〔一九〇八〕年、明治四二年に参加している。(84) 明治三二年の擬国会について『早稲田大学百年史』は、「前年の隈板内閣の旧進歩党系閣僚をはじめ、前衆議院議長楠本正隆や足尾鉱毒事件の英雄田中正造などまで出席して開催された学苑の擬国会が、空前の盛会であったことは想像に難くない。これこそ擬国会史上に聳える最高峰であったとも言い得よう(85)」と誇らしげに語る。この時、田中正造は実際の帝国議会では敵役であった農商務大臣の役を務めている。また、明治四一年の擬国会においては、「田中正造翁が此日の演説は満腔の熱誠火を吐かむばかりにて、……満場唯だ水を打つたるが如く静かに(86)」なったと言う。

田中正造は、明治三二年には、二月に開催された右記の擬国会に参加しただけでなく、一二月には早稲田を再訪し演説を行っている。「鉱毒論」と題し、足尾鉱毒事件について二時間の熱弁を振るい、聴衆に深い感銘を与えた。(87)

早稲田の擬国会や演説会は、そして、そこに招聘された田中正造の熱弁は、明治時代という日本社会の一大社会改造期において政治意識に目覚めた多くの若者の血を、どれほど滾《たぎ》らせたことだろう。

父の事績を後世に

「私の父は私が小学校二年の時に、民政社の中で脳溢血でペンを持ったまま急に死んでしまったんです。立憲民政党の機関誌の『民政』の主筆をやっていました。党葬に準じた葬儀には逸見斧吉も参列してくれました」

昭和七（一九三二）年一〇月二四日夕刻、東京府芝区虎ノ門・不二屋ビル三階の民政社で突如倒れ、翌日逝去。五三歳。翌一一月の『民政』は「故松堂菊地茂君を悼む」と題し、[88]「菊地主筆の長逝を悼む」、「流暢なる筆の人菊地君」、「眞に熱情憂國の士」、「菊地松堂君を悼む」、「畏友菊地茂君を弔ふ」と、五人の弔辞を載せた。[89]右の三番目の「眞に熱情憂國の士」には、「渡良世《ママ》沿岸の住民諸氏が、足尾の鉱毒に悩まされ、いたく其の生存を迫害さるゝや、君は田中正造翁や、安部磯雄氏等と共に、憤然蹶起《けっき》して、是等住民諸君の、痛苦救済の義旗を飜して大《ママ》に奮闘されたことは、君の性格の然らしめた所であつたと思ふ[90]」と述べた。

やがて対米戦争に突入、米軍の空襲が激しくなった。「世田谷区の松原に住んでいたんですが、空襲が怖くて八王子に疎開しました」。昭和二〇（一九四五）年五月、世田谷の家は空襲で焼かれたが、「父の論説をスクラップに張ったものは、全部、八王子で守ることができたんです」。

ところが、今度は八王子の家が火事で焼けてしまった。「何年のことでしたかね、昭和二三（一九四八〕年だったか…、近所に工場があったものですから、それが類焼して、我家が焼けちゃったんですよ。それで父の手掛かりが何もなくなっちゃった訳です」。そのことがずっと気になっていたが、「戦後まもなくのことですからね、もう毎日、毎日のことに追われていました。子供は小さかったし、昔の父のことを思い出すこともない」まま、月日が流れた。

実は斉藤さんは歌人である。『八王子百歌』〔一九八〇（昭和五五）年〕、『ずいひつ　歌のある道』〔同年〕などを刊行している。

ペン持ちし父の凭《よ》りてこと切れし椅子の写真を賜うときみいう[91]

ようやく生活にゆとりができ、失った父の資料を集めて復元しようと思った時は四〇代になっていた。「資料を集めようかとなった時は、何もなかったんです。ですから、ゼロから出発した訳です」。かくして、「時間と労力と金を使うばかりの[92]」作業に一五年を要した。

菊地茂著作集

斉藤さんがまとめた『菊地茂著作集』は全四巻。菊地の母校・早稲田大学出版部から出された。

第一巻『谷中村問題と学生運動』〔一九七七（昭和五二）年〕

第二巻『社会政策と普選運動』〔一九七九（昭和五四）年〕

第三巻『大正デモクラシー期・昭和初期論文集　その他』〔一九八四（昭和五九）年〕

第四巻『谷中裁判関係資料集　その他』〔一九八八（昭和六三）年〕

先に引用した「谷中村問題」は第一巻に収められている。また、菊地が米子に赴く契機となった「谷中村救済会」や「谷中村不当廉価訴訟」に関する資料は第四巻にある。

「第四巻は岩波書店が『田中正造全集』を出した後〔一九七七（昭和五二）年〜一九八〇（昭和五五）年〕でしたから、田中正造はどう思っていたか、救済会はどうだったか、そういったことについて参考になりました。田中正造の手紙なんかを見て分かったことも色々あります」

「宗三さんは『余録』に、裁判の過程での人間関係は詳しくお書きになっていますが、訴訟関係の資料そのものは余りないので、私は裁判資料を特に意識して集めて、第四巻に載せました。ですから、第四巻は資料を提示したものです」。なお、島田宗三の『余録（上・下）』の新装版は二〇一三〔平成二五〕年だが、初版は一九七二〔昭和四七〕年である。

「父が谷中村に関係していたということは、子供の頃、母から聞いたんです。玄関に額がありまして、その中に書《しょ》があったんです。『それ、何』と母に聞いたら、『お父さんが田中正造さんを応援なさったから…』、母はそういう〔上品な〕言い方をするんですが、『…田中正造さんを応援なさったから、田中さんから頂いたものなんだよ』ってね」

この母の言葉が斉藤さんの頭にこびりついた。これが父に関係するものを後世に残そうと思う原点となった。「折角大事にしていたものをね、火事で焼いちゃって、何とかもう一回復活させたいというのが、私の願いでした」

いざ調査を始めると、菊地茂と谷中村との関係は色々な人の文章の中に残っていた。「大正一四〔一九二五〕年から昭和二〔一九二七〕年にかけて、栗原彦三郎という方が『義人全集〔全五巻〕』を編纂しているんですが、早稲田の図書館にありましたので、それを読み進めて行って、父について色々と分かりました。『義人全集』から私の調査が始まったんです」。斉藤さんはこう言って、「持って参りましょうか」と自宅の書庫にある『義人全集』を見せてくれた。

＊＊＊

「玄関の田中正造の書」と言えば、「第一章」で何度か触れた大場美夜子〔左部彦次郎の娘〕邸の玄関も同様である。

「大場さんの〔都内の〕お宅は庭に鬱蒼と木が繁る程の豪邸で、『森の大場』なんて言われていますが、玄関に田中正造の書が掛けられていたようです。私の姉が大場美夜子さんのお嬢さんを小学校で教えた関係で、姉から聞きました」

かつて田中正造を支えた左部彦次郎と菊地茂。そして、二人共、最後は田中正造と見解の相違が生じてしまった。そうした末裔が共に田中正造の書を玄関に飾っていた。そして、偶然、教師と生徒の関係になった。全く以て「不思議なご縁」〔斉藤さん〕である。

島田宗三

調査を始めた頃、ＮＨＫの番組で林竹二の話を聞いた。「だいぶ前ですが、ＮＨＫでお話をしていらしたんです。それで、私はいきなりＮＨＫに電話して、林竹二さんについて教えてもらって、そして林さんに連絡したら、島田宗三さんのことを教えてくれたんです。こうして宗三さんに手紙を書いて…、連絡が取れて…、それから〔島田宗三を〕訪ねるようになったんです」。以来、島田から多くのアドバイスを得たと言う。これは大変なバイタリティである。初めて会った時、「お父さんは谷中の恩人だ」、「恩人の娘さんだ」と島田宗三は迎えてくれた。先述した強制破壊の間明田宅で菊地茂が両手を突き出して官憲を制止した姿を島田が涙を流しながら再現して見せたのは、この時である。

唐沢隆三

「唐沢隆三さんという人がいましてね、石川三四郎の弟子なんですが、島田さんが唐沢さんを紹介して下さって、連絡が取れました」

石川三四郎は逸見斧吉の葬儀に参列した三農夫のことを書いた人物である。また福田英子と恋愛関係にあったことも先述の通りである。彼は日露戦争に反対する「平民新聞」や、その後継紙の「直言」に執筆し、弾圧された。その後は木下尚江や安部磯雄の雑誌「新紀元」のメンバーとなり、鉱毒事件に取り組んだ。

この「新紀元」には、逸見斧吉も参加した。逸見についてまとめた『斧丸遺薫』〔後述〕の「年譜」には、「明治三十八年（二十九歳）、基督《キリスト》教的社会運動を主旨とする木下尚江、安部磯雄、石川三四郎諸氏の新紀元社創立に参加す。此時より田中正造翁の人格と事業とに深く傾倒す。谷中村鉱毒問題始《マ》る《マ》」[93]とある。ここで逸見は鉱毒事件に関わった訳である。それが延《ひ》いては大野四郎のペンネームに行き着くことにもなる。

そんな石川三四郎の弟子である唐沢隆三〔柳三〕は、ちょうど谷中村の関係者を探し求めていた。

「菊地茂の遺族も調べたようですが、分からなかったんです。唐沢さんは俳人でして、『柳』という個人誌を出していたんですけれども、その雑誌に『菊地茂の親族の行方が知りたい』と書いていたんですよ」。

「『播かぬ種は生えぬ』って言うけど、まあ種を播いて行くと、次々に連絡が取れるようになるんですね」。斉藤さんも関係者を尋ねて種を播き始めたが、唐沢隆三も種を播いていた訳だから、これは当然、いつかは出会うだろう。

「唐沢さんは『福田英子書簡集』や『石川三四郎書簡集』を出しています。それから石川三四郎の自伝の『浪』も出したんです。三冊とも自費〔ソオル社〕です。この方はもともとは北海道〔帝国〕大学を卒業した高校の数学の先生です」

『斧丸遺薫』

唐沢隆三と連絡が取れたことで、次には逸見斧吉の家族とも繫がった。そして、斉藤さんが逸見宅を訪問するという話になった。その訪問前の斉藤さん宅に突然、郵便物が届いた。夫人の逸見菊枝は『斧丸遺薫』〔石川三四郎編／私家版／逸見菊枝発行〕を出していたが、それが送られて来たのであった。まだ会っていない方が既知のように振る舞ってくれたのが嬉しかった。「貴重な本をね、その中に、父のことが書かれていたんです。もちろんすぐにお返ししました」

筆者は後日、斉藤さんにインタビューの礼状を送った。それに返信があった。「斧丸遺薫（逸見斧吉）のコピーをさしあげましょうか」とある。「ぜひお願いしたい」と返したら、やがて「逸見斧吉遺稿集・斧丸遺薫（抄）・石川三四郎編」と書かれた手製の簡易製本が届いた。ぱらぱらとめくっていて、「昭和八〔一九三三〕年二月二十日朝」に書かれた逸見斧吉から島田宗三宛の封書の一文が目に付いた。

「谷中過去の回顧も田翁〔田中正造翁〕去り／赤羽〔巌穴《がんけつ》〕、菊地、星野〔孝四郎／既述〕亦去りて／過去愈遠くなり行ける感あり、生残の身／将に又何を貪らんとはする？　慙愧を重ねるのみに候。菊枝よりよろしく申出候、奥様へよろしく」[94]〔傍点筆者〕

赤羽、菊地、星野らが亡くなって、昔が遠くなっていくとの心境が吐露されている。ここにある赤羽巌穴〔赤羽一《はじめ》〕はジャーナリストで、石川三四郎と親しい関係であった。[95]

次も興味深かった。「昭和九〔一九三四〕年三月一日付」、逸見斧吉から島田宗三への封書である。これは島田から逸見宅に三〇数冊の田中正造関連の本が送られて来たことについての返信である。

「故翁有縁の先方へ配布可致《いたすべき》は勿論に候、差当り御申越の菊地、星野両御遺族へ送本可仕《つかまつるべく》候、此の両家にとりて旧貴家〔島田家〕榎の下の撮影はよき思出に可有之《これあるべき》と存候、或は悲しき思出にも有之《これあり》候」(96)

ここに言う写真は『谷中村問題と学生運動』(97)に掲載されている。田中正造、島田宗三、菊地茂、逸見斧吉、逸見菊枝、星野孝四郎、柴田三郎らが一緒に写る貴重なものである。先に島田清さんのところで、斉藤さんから「週刊朝日」の記事と一緒に写真のコピーが送られて来たと言ったが、その写真である。


こんな叙述が見える興味深い『斧丸遺薫』だが、斉藤さんから送られて来た手製の『斧丸遺薫』は、その一部がハサミで切り取られていたから、非常に気になった。「大正十四年八月廿六日付、逸見斧吉から島田宗三への封書」の箇所である。ここには一体、何が書かれていたのか。

『斧丸遺薫』の原典に当たってみた。(98)すると、菊地茂と栗原彦三郎〔『義人全集』を編集〕に対する逸見斧吉の強烈な不信の言葉が並んでいた。例えば、「あの連中は勝手にウソを云ふ」などとある。支援者の間では、当然、見解の相違や対立があった訳だが、とはいえ、それはもはや遠い過去の出来事であり、大半が鬼籍に入っている。それでも批判された親を庇《かば》おうとする娘の心情が見えた。

ただし、これには一言必要である。斉藤さんが執筆した論考には、この事実がきちんと書かれ、学問的姿勢は保持されている。単に都合の悪いことを抹消しようとしているのではない。要は筆者にコピーを送ってあげると言ってはみたものの、いざ送付という段になって、できれば父の名誉に関わる余計なことは伝えずにおきたいと思ったといったところであろう。

資料が集まる

島田三郎の伝記を書いた高橋昌郎《まさお》も、斉藤さんが島田三郎に所縁《ゆかり》の人ということで、初版本を貸してくれた。さらには、「後で頂いちゃった」とのことである。「今、出ているのは改訂版で、その前のものです。初版本は古書で結構良い値が付いていますよ」と言う。この本は『島田三郎 日本政界における人道主義者の生涯』〔一九四五（昭和二九）年、基督教史学会〕である。

「こういうふうに、父の資料を集めようとすると、色々な方が色々と教えても下さるし、資料も下さるし…、そんなことを詳しくお話していたら、随分長くなっちゃいます」。斉藤さんのバイタリティは半端なものではない。筆者のインタビューに答える姿にも活力が漲《みなぎ》っている。

斉藤さんは国立国会図書館、憲政資料室、東京大学図書館、早稲田大学図書館等々を訪ね、父の資料を漁った。「早稲田学報」に菊地茂の名を見付けた時も嬉しかった。学生時代の父の姿が見えた。

「不思議なように資料が…、見ず知らずの…、いや、知らずって言うか、菊地茂の娘だと言うだけで、私のことを信用して、貴重な資料を頂いたり、貸して頂いたりして、随分助けられました」。こうして、「昭和五二〔一九七七〕年でしたかしらね、やっと『菊地茂著作集』の第一巻を出せたんです」。大切に守っていた父の諸論考を焼失するという神の与えた試練の如きものを乗り越えて出版に至った。凄まじい執念と言えよう。

「いえいえ、文章をまとめながら、〔資料を〕集めていましたから、何てやることが多いんだろうってね。私は仕事〔斉藤労法管理事務所〕をしているし、目は悪いし、ちょっとした文章を書くのにも一時間…、何てのろまなんだろうって。何一ついいことがないですよ。そんな訳で一五年も掛かったんです」

黒沢酉蔵

斉藤さんは黒沢酉蔵《とりぞう》とも会った。黒沢は雪印乳業〔現雪印メグミルク〕の創業者である。旧制京北中学校の学生だった黒沢は鉱毒地視察に参加して以来、田中正造と親しく交わり、被害地の指導者となった。彼は栃木、群馬、埼玉、茨城を歩き回り、このため当局からマークされ、時に逮捕もされた。その後は北海道に渡り牧場主になり、雪印を起こした。後に島田宗三と共に、『田中正造全集』の編纂会の顧問となった。

黒沢は菊地茂と「水魚の交わり」(99)であった。斉藤さんは九〇歳を迎えた黒沢を千葉県に訪ねた。「菊地さんにはお世話になりました」とか、「菊地さんのお嬢さんにお会いできるとは」などの言葉で迎えられた。島田宗三と初めて会った時と同じような雰囲気になった。別れ際には姿が見えなくなるまで手を振ってくれた。一九七六〔昭和五一〕年五月のことである。

黒沢は、一九八一〈昭和五六〉年、NHK「わたしの自叙伝」で「田中正造との出会い」と題して語った。[100] 曰く、田中正造の直訴に衝撃を受け、紹介者なしで田中の宿所に出向き、歓待された。以来、一七歳から二〇歳という感受性の強い数年間を田中正造の側《そば》で過ごした。「小田中《しょう》」と綽名《あだな》された。「ええお師匠さんだった」と田中正造を懐かしむ。

茨城県の実家の母が亡くなり、幼い弟妹の面倒を見る必要に迫られたことから、自立すべく北海道に渡った。渡道については田中正造には告げなかった。相談すれば、必ず大学に行け、学費は心配するなと言われるだろうと考えたからだった。

黒沢の心に響いた田中正造の言葉がある。足尾銅山の銅は百年か百五十年だろう。[101] しかし、渡良瀬川沿岸の土地は日本が続く限り存在する。これを犠牲にして不毛の地にするのは馬鹿げたことだと。これを聞いて、「なるほど、そうだ」と黒沢青年は思った。土地なるものの尊《たっと》さを教えられた。北海道における黒沢の酪農は「土地を作るために牛を飼う」ことを根本にした。

学生の鉱毒被害地の視察が縁で知り合い、田中正造の薫陶を受けた黒沢酉蔵と菊地茂。その後の道は違ったが、前者は「土地を尊ぶ」という思想から雪印を起こし、後者は「民意を尊ぶ」という思想から普通選挙に邁進した。

岩崎吉勝と横山勝太郎

調査を進めた中で忘れ難い人物として、斉藤さんは岩崎吉勝と横山勝太郎の二人の名を挙げた。

岩崎吉勝は旧姓小野、この人物も鉱毒事件との関わりが深い。明治三九〔一九〇六〕年四月二八日、福田英子、木下尚江、石川三四郎、荒畑寒村らと谷中村を訪ね、[102] また、同年一二月一九日にも、田中正造、安部磯雄、木下尚江、逸見斧吉、赤羽一〔巌穴〕、菊地茂、柴田三郎〔既述〕と共に谷中村に赴き活動している。[103] 彼は谷中村の不当廉価買収訴訟の原告の一人でもあった。

もう一人の横山勝太郎は「父の〔政党の〕先輩」。弁護士で、憲政会、立憲民政党の代議士も務めた。不当廉価買収訴訟の控訴審では、「福田英子女史の推薦された元大逆事件の弁護人宮島次郎と、のちに憲政会の幹事長となった横山勝太郎両弁護士の助勢をも得」[104] たと島田宗三は記す。横山は宮島の紹介で弁護団に加わったが、[105]「『よくやってくれた』と宗三さんは言っていました」と斉藤さんは嬉しそうである。この「横山勝太郎」と「宮島次郎」の名は、次節まで記憶に留めておいて頂きたいと思う。

岩崎吉勝、横山勝太郎、菊地茂の三者が揃って登場する一文がある。島田宗三の筆である。[106]

「当時菊地松堂〔菊地茂〕氏……が岡山の中国民報社に居り、福田〔英子〕女史の事績を新聞に載せたいから『妾の半生涯』を送つて欲しいとの連絡があつたので、〔大正三（一九一四）年〕五月の中旬頃送つて上げた。

偶々《たまたま》福田女史も関西方面に出かけ、七月十二日／京都府下須知町岩崎革也氏宅に於て〔福田英子が岩崎家と〕小野吉勝氏との縁談を〔取り〕結び、〔その後〕岡山市〔にて〕……転地療養をするとの便りがあつた。

……九月十一日、私は、女史が関西から帰京するのを待つて上京し、約十日間女史と共に／安部磯雄、堺利彦、木下尚江、逸見斧吉、渡辺政太郎〔明治から大正にかけてのアナキスト〕、岩崎吉勝〔改姓している〕、宮島次郎〔上述〕、宮崎槌子（滔天氏夫人）〔前出〕、伊藤野枝〔後に甘粕事件で大杉栄と共に殺害される〕諸氏を〔訪ね〕、又中村秋三郎氏〔不当廉価買収訴訟の控訴審の主任弁護士〕と共に／新井奥邃《おうすい》〔中村秋三郎の田中正造への紹介者〕、吉野作造〔民本主義の提唱者〕……の諸氏を〔訪ね〕、又別に島田三郎、高橋秀臣〔前出〕、横山勝太郎及其他の諸士を歴訪して谷中村復活運動を起すことに決し、岩崎吉勝氏が其請願書起草の任に当ることとなつた。

ところが二か月ばかり経った後、岩崎氏は勤めの成女高等女学校の用事に忙殺されて請願書を認《したた》める余裕がないと断つて来た」〔傍点筆者〕という内容である。

斉藤さんにとって横山勝太郎は父の政党の先輩であり、不当廉価買収訴訟に尽力したのだから大切な方だろう。では、岩崎吉勝は、どんな存在なのか。彼は旧制成女高等女学校〔現成女学園中学校・成女高等学校〕の先生であった。この学校は、実は斉藤さんの母校である。

「父の早稲田の一、二年後輩で、私の女学校の先生だった人です。直接は習ってはいませんけどね」。岩崎は明治四〇〔一九〇七〕年、政治経済学科を卒業し、[107] 明治四〇年から大正一五〔一九二六〕年まで成女高等女学校に勤めた。[108] 斉藤さんは大正一四〔一九二五〕年生まれだから、重なることはない。ひょっとしたら斉藤さんは、こうした父の人間関係の中で成女高等女学校に進学したのかもしれない。もしそうだとしたら、彼女の人生のここにも「谷中村」が間接的に及んでいることになるが、鬼籍に入った彼女に尋ねることは、もうできない。

なぜ著作集を

父の資料を焼失したから、それを再現したい。これが斉藤さんの願いであった。しかし、それだけであれば、『菊地茂著作集』は単に菊地家としての個人的な要請のレベルに止まりかねない。しかし、同書は早稲田大学出版部から、世の人々に読んでもらうべく出版されたものである。そこにはどんな思いがあったのか。この点を斉藤さんにしっかり聞いていなかった。従って、今となっては彼女の書き残したものに当たるしかない。

「民衆の運動というものは、常にその前に立ちはだかる国家権力によって敗北させられるものなのであろう。そうではあるが、田中正造の闘いを菊地茂が書き、その娘のわたくしがさらに書きつづけるというこの営為を、多くの人々に知っていただきたいと思うのである。谷中の闘いは、到るところで闘いつがれていかねばならないのであるから」(109)〔傍点筆者〕

「時間の経過というカタルシスの中に、私は思慕の情やみ難いおのれの父をも客観視したいと思うのであるが、島田〔宗三〕氏のように、ひたすら正造の伝記資料の保存に正造自身の高い志を受け継いできた生き方を尊敬するとともに、父が谷中遺民に尽し足らなかった分を娘の私の手で少しでも尽

菊地茂著作集／斉藤英子さんが心血を注いだ父の著作集（全四巻）。第一巻と第四巻が谷中村関係

し得たら、とひそかに願っている」[110]〔傍点筆者〕

これらをどう読み取れば良いだろう。「谷中村の闘い」は色々な人によって後世に伝えなければならないものである。なぜなら、民衆の運動を潰す国家権力との闘いは、今後も継続される必要があるからだ。だから、私は父娘二代で、「谷中村の闘い」をまとめておきたいと思った。そして、そうすることは、谷中村残留民に対して、父の力が及ばなかった分を娘が補うことになるのではないか。こういったところだろうか。

こんな文もあった。一九七六〔昭和五一〕年の執筆だから、「第一巻」もまだ刊行されていない時である。

「私は霊魂の存在を信じるものではないが、父の霊魂が働きかけて、私に父の著作集めをさせているのか、とふと思う。……私の背中には父の幽魂がぴたりと貼りついていて、私がのろのろと苦しい道を歩みつづけるのをやめさせないであろう。……私が父の全著作集を完成させたなら、この背中の幽魂も消え去って行くであろうか」[111]

では、亡父の霊魂は、なぜ娘に著作集を作らせようとするのか。

それは、「谷中村」を後世に伝えたいからであろう。

では、なぜ娘は歯を食いしばって、これに応えようとするのか。

それは、父への思慕の情がやみ難いからであろう、そう思う。

《二》谷中村強制破壊の責任者・植松金章

田中正造は、なぜ「泥棒」と言うのか

「植松金章に関する論文はありますか」

坂原辰男・元田中正造大学事務局長に尋ねた。

「聞いたことがない…」

田中正造と足尾鉱毒事件に精通する坂原氏が、こう言う。筆者は植松金章なる人物がずっと気になっていた。『余録（上）』に、次の話がある。[112]

明治四〇〔一九〇七〕年六月一九日、植松金章第四部長〔栃木県警察トップ〕は、警察幹部と巡査の十数名を引き連れて、谷中村の買収対策事務所にしていた間明田《まみょうだ》粂次郎宅を訪れた。田中正造、菊地茂、村民数名が応対した。

植松は言った。強制執行の前に穏やかに済ます方法はないか。これに対して田中正造が長広舌を振るった。その指摘は一七項目ほどになるが、本稿で言及したところなどを中心に拾ってみる。

・なぜ栃木県は明治三五〔一九〇二〕年以来、谷中村の堤防を築かず、村民の築いた堤防を破壊したのか。

・なぜ年二〇万円余の収入のある村を買収するのに、わずか四八万円と評価し、そのうち、安生順

四郎の一万円程度の廃物の排水器を七万五千円で買収したのか。
・なぜ村民救済と言いつつ那須野ヶ原の不毛地を移住先に指定したのか。
・なぜ白仁武前知事ですら無効と白状した潴水池を中止しないのか。
・なぜ世人も知り、僕〔田中正造〕も万事を托していた青年〔左部彦次郎〕を買収して県吏にしたのか。
・なぜこうした支離滅裂で不正不当の手段を以て村民を放逐しようとするのか。
・だから、僕は栃木県庁を泥棒と言うのである。
関口コトさんが聞いた田中正造の「泥棒」という発言の背景がここで分かる。


植松は答えた。「あなたの言うことは九分九厘まで正当である」。

意外なことを言うものである。「九分九厘まで正当」ということは、田中正造は間違っていないと、事実上、認めた訳である。植松は正直である。とはいえ、植松はこう続けた。「けれども、それは政策上のことであって、いま法の執行は如何ともすることはできない」。

田中正造が、それに反論する。

「政策が不当であれば、これに伴う法律の適用もまた不当である」

さらに続ける。「栃木県庁は窃盗であったが、いまや白昼抜刀を閃《ひら》めかして居直り強盗をするのである」。「それならば」と植松が言う、「官命に反抗するのですか」。

これに続くやり取りは、現代においては慎重になるべきところだろう。だが、あくまでも歴史的な事実として、この場の空気を知るために引用する。田中正造は言った。

「村民はいま処女のようなものだ。反抗なぞする力はない。いま県庁という悪魔の暴力によって力のない処女が強姦されるのだ。村民は抵抗する力もなく、泣いて悪漢のなすがままに辱められるのだ。されば貴方の言によれば、強姦をして気をやらぬ〔その気にならない〕といって殴りつけるようなものだ」。この田中正造の「奇抜な比喩」に、植松も警察幹部も巡査も村民も思わず吹き出し、互いの憤激が笑い声に変じた。

一息付いて、植松が尋ねた。では、今後どうするつもりなのか。田中正造は答えた。僕は国家のためを思って言っている。それが通らないなら、煮て食おうが焼いて食おうが結構。買収に応じても乞食。応じなくても乞食。僕もまた村民と共に乞食になる。こう言いつつ田中正造は泣いていた。そこにいる者はみな暗然として無言であった。島田宗三は顔を覆って泣いた。植松らは悄然と立ち去った。

それから一一年が経た大正七〔一九一八〕年六月のこと、不当廉価買収訴訟の東京控訴院〔今日の高等裁判所〕での結審の日、控室にいた島田宗三のところに一人の紳士が現れた。頼みもしないのに、次の言葉を書き残して、逃げるように去った。

「噫《ああ》　怪傑田中翁　元栃木県警吏　刀水生」〔「刀水《とうすい》」とは利根川のこと〕

この人物は誰あろう、「当時官を辞して弁護士をしていた元の第四部長植松金章氏であった」。

この一節を読んだ時から、筆者は人間・植松金章に興味を持った。一県の警察の長を辞めて弁護士になっている。彼の心中に何が起こったのだろうか。島田熊吉〔島田宗三の兄〕宅の破壊時には、菊地茂から、そんなことをする奴は、自分だけは満足でも、子孫にまで祟るぞと口を極めて面罵されている。[113] 強制破壊の実行者として、植松はどのような思いでいたのだろうか。彼の「その後の人生」が気になった。だから、坂原・元事務局長に論文はあるかと聞いた。だが、植松は、これまで研究対象にはなっていなかったようだ。そうならば、自分で調べよう。

三年後の辞職

植松金章は「うえまつ・きんしょう」と読む。[114] 栃木県の警察のトップであり、谷中村の強制破壊の執行者であった。明治四〇〔一九〇七〕年六月一二日〔強制破壊の数週間前〕、植松金章・第四部長は、吉屋雄一・下都賀郡長〔吉屋信子の父〕らと共に、藤岡町役場に残留民を呼び出し、「同月二二日までの撤退」、「応じない時は強制執行」との命令および戒告書を交付した。[115] なお、これは先に引用した星野孝四郎の一文が触れているものである。

『栃木県警察史（下巻）』の「歴代所属長名簿」によると、植松は「明治三九〔一九〇六〕年七月二八日」から「明治四三〔一九一〇〕年五月〔日付記載なし〕」まで栃木県警察に奉職した。[116] この時期の地方の警察組織は内務省が管轄する「府県警察部」であり、栃木県には「栃木県警察部」が置かれた。組織は何度か改称されているが、明治三八〔一九〇五〕年四月に、それまでの「栃木県警察部」が「栃木県第四部」と名を変え、さらに二年後の明治四〇〔一九〇七〕年七月には、再び「栃木県警察部」となった。植松の着任時は「栃木県第四部」であり、離任時は「栃木県警察部」であった。

植松は「明治四三〔一九一〇〕年五月」に辞任した。強制破壊は明治四〇〔一九〇七〕年六月末から七月初めにかけてのことだから、おおよそ三年後のことである。「栃木県警察史（下巻）」には「退官」とある。[117] 彼は栃木県警察を最後に官途を辞している。何があったのだろうか。

弁護士に転身

退官まもなく、植松は雑誌「法律日日《ひび》」に掲載された「警務長[118]から弁護士／弁護士植松金章君談」で強制破壊を振り返っている。同誌は明治四三〔一九一〇〕年六月五日の発行だから、植松退官の翌月である。辞めた直後の考えを窺う好材料である。[119]

「自分は裁判官たること五年／地方事務官たること六年余の経歴はあるもの〻／処世術の経験は甚だ浅く、而かも法律運用の技術も未だ劣るべきものであるにも拘らず、敢て人権擁護てふ《という》弁護士の仕事に従はんとするは素より厚顔の挙であるが、先進の驥尾《きび》に付して／聊《いささ》か其所謂《いわゆる》権利伸長保全の任務なるものを尽さんと思ひ立ったのである」〔傍点筆者〕

裁判官を五年、地方官僚を六年、それぞれ経験したと言う。その後、弁護士になったのだから、裁判官、行政官、そして弁護士という人生を歩んでいる訳である。

行政官を辞めて弁護士となったのは、人権擁護という弁護士の仕事に従事したかったことと、権利伸長保全の任務を尽くそうと思い立ったことを挙げる。何か谷中村を引きずっている匂いがしないでもない。

「辞職の動機或は桂冠《けいかん》(120)の原由なるものに至っては、別に取立って謂《い》ふ程のことはない、唯だ郷里下総の老親に田園の荒廃家政を委して省みざるといふことは、長子として忍ぶ能はずるに依る一私事と、健康の激職に堪へざるといふ些事《さじ》のみ、且つ尚ほ当時に於て／今一度自由の身と為り勉学の余裕を得たいといふに過ぎない」

強制破壊の数年後に官を辞し、弁護士になったことに特段の理由はないが、長男なのに郷里の下総の老親に家事を任せているのが忍びないこと、健康が激務に耐えかねたこと、今一度勉強の時間が持ちたいと思ったことなどを挙げる。

事実、彼は大正二〔一九一三〕年四月にドイツに留学した。(121) 辞職理由に再度の勉学希望が挙げられてはいるが、遥かドイツに赴くというのは、老親に家事を委ねるのは忍びないとの発言とはいささか合致しない感がしないでもない。尤も退官の前年の明治四二〔一九〇九〕年一一月、父親が六二歳の折に(122)家督相続はしている。(123)

気になるのは「健康の激職に堪へざる」という点である。しかも、健康を損なう程の激務を「些事」と表現したのも意味あり気である。この「激職」とは谷中村のことだろうか。強制破壊と同年の足尾銅山の暴動〔後述〕も含まれているのだろうか。彼は下総の農家の出身のようだが、それならば、家屋や田畑を取り上げられて、村が潰される苦悩は痛い程、分かるであろう。

「自分が地方事務官として就職中／特に注意した治績に付て御尋ねだが、別にこれと取立て御話することもないが、自分は去る〔明治〕三十九〔一九〇六〕年八月／徳島から栃木県の事務官に転じ警務部長として就職中、其翌年が彼の足尾銅山の暴動事件に遭し／其翌四十《四〇年の誤》一年が例の谷中村事件で／この事件は御承知の如く再三県庁より立退命令を発し強制することを催告したにも拘らず、之を強制することが出来ないで荏苒《じんぜん》日時を経過して県庁の威信にも関することで／種々《いろゝ（ママ）》の事情もあり／或は運動請願などゝ煩《ママ》さい騒ぎをした、難問題であつたが、愈《いよい》よ強制処分をすることに為つて／巡査百余名と人夫を引率して着手することに為つた所が、当時谷中村では残留人家は十六戸三十棟人口百二十人内決死隊といつて暴力を以て反抗するといふ、壮丁が三十人もあつた、其等を穏かに立退かしむる様に種々説諭して命令に服従せしめ、何《ど》うしても理解しないで頑固に抗拒した十四五人だけを公力を用ゐて執行の目的を達したこの事件には多少苦心した」〔傍点筆者〕

地方事務官の任にある時、特に注意した治績については「取り立てて話をすることもない」と言いつつ、谷中村の強制破壊に言及し、最後には「この事件には多少苦心した」と、その心情を吐露する。この歯切れの悪さは、口先とは裏腹に、「谷中村」を強く意識しているからであろう。

「また自分は官庁の処分に対して個人が請願運動を企てることは、其多くは請托《ママ》収賄などゝいふ不潔な事柄が伴ふやうな問題を惹起する虞《おそれ》があるから／常に配下の警察署長や分署長には人民の請願などに就ては任意の取計ひを許さない、この場合には上級の警察本部或は県庁に直接請願を為さしむる様に説諭せしめた」とも述べる。このまま読めば、正義感の強い人であったように思える。

谷中村破壊の最前線に立ち、残留民の怨念を一身に受ける立場になった彼である。水野彦市宅の破壊時には、水野リウの毅然たる態度に遭遇した。間明田宅では、病身の間明田夫妻の前に立ち塞がり、両手を突き出して夫妻を守ろうとした菊地茂に気圧《けお》され、後退りした。島田宅では末代まで祟ると菊地茂に罵倒された。それでも職務を全うし、「鬼植松」[124]と称された。

無論のこと、彼は残留民の悲惨な状況を熟知している。小説ではあるが、大鹿卓の『谷中村事件』に、以下のような叙述がある。強制破壊終了後の八月三〇日、植松は谷中村を見廻り、その帰途、巡査を派遣して、田中正造に近隣で面会したいと申し出た。

谷中村を視察して何を感じたかと問う田中に、植松は「殊更らしく村民の惨状に喚声をもらし」[125]て、そして、残留民の移住問題を解決したいと田中に頼んだ。

「村民は田中さんの言われることなら絶対でしょう」[126]と言う植松に対し、村民には村民の覚悟がある〔田中〕。しかし、あれでは病人が出る〔植松〕。病人はすでに続出している。私が収容に行っても応じない〔田中〕。あの濁流の中で寝ている神経が到底理解できない〔植松〕。あの人々の自覚にもわれわれの及ばぬところがある。人は一概に侮れない〔田中〕。こんな一時間程の話し合いの後、要領を得ぬまま植松は帰路に就いた。[127]

林竹二は残留民について、次のように評した。もはや彼らは田中正造の意志にかかわらず、「第二の出発をした」。残留は「まさしく谷中人民の戦いであった」[128]。彼らは田中正造に盲従して残留したのではなく、自らの意志で残留した主体者であった。

強制破壊時、植松金章は三四歳。残留民も通常あり得ぬ異常な体験を強いられたが、一方で、その通常あり得ぬことを強いた執行官にとっても異常な体験であっただろう。余程の朴念仁《ぼくねんじん》でない限り、その内面に何かしらの影響はあるだろう。先の弁護士への転身理由は「谷中村」に無関係の人間なら、よく見かけるありきたりの文言とも受け取れようが、彼は正に渦中の人物であった。そこに彼の心の内が投影されてはいないだろうか。

国民と官吏との間に溝を設けてはならない

植松は「日本警察新聞（第四二八号）」に、「警察所感」[129]なる一文を寄せている。

「曩《さき》に数年間／警察部長の職に在りて／斯務《しむ》上の経験を有し、退職の後／特に刑法及警察法の研究の目的を以て欧米各国を歴遊したる余は……警察に関する一二の感想を述ぶる」

前記の通り、彼は大正二〔一九一三〕年四月、ドイツに留学した。そして、翌大正三〔一九一四〕年、第一次世界大戦に遭遇し、一年八ヶ月で帰国した。[130] それを踏まえて、警察官についての感想を述べると言う。

「余が我国の警察官／就中《なかんづく》／巡査に就て／最も慊焉《けんえん》たらざるを得ぬのは〔最も不満足なのは〕、彼等が公衆を処遇する上に於て尊大据傲の遺風ある〔こと〕と／親切心の欠亡との点である」〔傍点筆者〕

彼は冒頭で、いきなりこんなことを言い出している。ついつい谷中村の強制破壊を想起してしまう。話はこう続く。東京・雷門派出所で、巡査が「乱暴なる泥酔者」を検束しようとした。群衆環視の中、近くにいた一人の新聞記者が、どうしたのかと身分を明かして聞いた。これに対して、巡査は答える必要がないと拒否したことから、両者の言動が次第に高ぶり、野次馬が増えた。この結果、新聞記者は雑踏の場所で制止を聞かず、混雑が増す行為をしたとして拘留十日になった。これが裁判になり、その弁護人を植松が務めた。

判決は拘留刑でなく、罰金刑になったが、植松はこう言う。巡査が答える必要のないことは法律上明らかだが、この新聞記者が無罪か否かと議論する前に、新聞記者が目の前の出来事について質問したのを巡査が頑強に拒否したことは妥当なのか。

「豊満なる親切心は法律上の消極的勤務を超越して発揮する所の光輝であらねばならぬ。公衆が巡査派出所に繋属《けいぞく》する当面の出来事を知らんとするの希望は、事苟《いやしく》も秘密を漏洩するの嫌《きらい》無き限り、将《は》た格別の煩労に堪へざる弊無き限りは簡明に説き聴け《ママ》て／以て之を満たし遣《や》るこそ職務上の親切心である、《ママ》況《ま》して公益機関に当る新聞記者の要求の特に重んずべきものあるに拘はらず／頑然として之を拒絶せるは毫も親切心の痕跡を認むるに由なきのみならず、根本的に『何《な》に事柄《ことがら》の質問……《ママ》小癪な新聞記者め……《ママ》』の観念が、此巡査を囚へて／以て据傲尊大の気風を発揮せしめたのではあるまいか、若し其の問に応じて答へたならば混雑を増すの行為に流る、事も無く／従て嫌忌《けんき》すべき本裁判事件の発生する筋もあるまじきに、唯当該巡査親切心の欠乏からして事此に至つた……」〔傍点筆者〕

つまりは、警察官が威張っていて〔尊大据傲《きょごう》、据傲尊大〕、「親切心」がないから、ことは起こったのだ。新聞記者の質問に答える必要はないが、そうした法律論以前に、警察官に「親切心」があれば、裁判にまでなることはなかったと主張するのである。この二箇所の引用の中だけにも「親切心」という言葉が五回使われている。要するに、「警察官よ、威張るな、民衆には親切にせよ」。彼はこう訴えるのである。

さらに、こうも言う。欧米で多くの巡査に接したが、「彼等が公衆の地理／其他万般の質問に対し懇切の答弁を以て、其の希望を満たし遣らんとする親切心の豊満なるは／特に余の感動した次第である」。「〔欧米では〕警察官と公衆と相互に親友の観念を以て信頼し合ふて、国民と官吏との溝渠を設けぬのである」。「親切心は独り巡査の占有物では無くして、之が監督上官たるもの、総てが公衆を処遇するの道／至れり尽せりで」〔傍点筆者〕ある。「親切心」のオンパレードだが、欧米がこうなのは「畢竟《ひっきょう》社会道徳の発展のしたる現象」だと彼は言う。つまり、彼は日本では官と民の間に溝があると指摘している訳である。

＊＊＊

実は島田宗三が『余録（上）』の中で「親切心」という言葉を使っている。先に見た植松の『告知書』に対して、「それほど親切心があるならば、破壊前に立退き先を用意すべきではなかったか」と批判した。大鹿卓『谷中村事件』によれば、この言葉を吐いたのは、仮小屋で戸板の隙間から吹き付ける雨飛沫《しぶき》を顔面に浴びた残留民・佐山梅吉[131]だが、島田であれ、佐山であれ、残留民と植松執行官が同じ言葉である。『谷中村事件』の刊行は昭和三二〔一九五七〕年。『余録』の初版の刊行は昭和四七〔一九七二〕年。一方の「警察所感」は大正七〔一九一八〕年。時期が全く違うが、同じフレーズだとい

郵便はがき

料金受取人払郵便

八王子局承認

407

差出有効期間
2026年6月30日
まで

1928790

056

〔受取人〕

東京都八王子市
追分町一〇—四—一〇一

揺籃社 行

●お買い求めの動機

1, 広告を見て（新聞・雑誌名　　　　　　　　）　2, 書店で見て
3, 書評を見て（新聞・雑誌名　　　　　　　　）　4, 人に薦められて
5, 当社チラシを見て　6, 当社ホームページを見て
7, その他（　　　　　　　　　　　　　　　　）

●お買い求めの書店名

【　　　　　　　　　　　　　　　　　　】

●当社の刊行図書で既読の本がありましたらお教えください。

読者カード

今後の出版企画の参考にいたしたく存じますので、
ご協力お願いします。

書名〔　　　　　　　　　　　　　　　　　　〕

お名前《ふりがな》　　　　　　　　　　年齢（　　歳）
性別（男・女）

ご住所　〒

TEL　　（　　）

E-mail

ご職業

本書についてのご感想・お気づきの点があればお教えください。

書籍購入申込書

当社刊行図書のご注文があれば、下記の申込書をご利用下さい。郵送でご自宅まで1週間前後でお届けいたします。書籍代金のほかに、送料が別途かかりますので予めご了承ください。

書　　名	定　価	部　数
	円	部
	円	部
	円	部

※収集した個人情報は当社からのお知らせ以外の目的で許可なく使用することはいたしません。

うのが気にかかった。

ふと思った。谷中村残留民は強制破壊当時、植松に「親切心」という言葉を浴びせたのではないのか。植松はそれが忘れられなかったのではないか。無論そんなことが頭を過《よぎ》ったというだけのことであって、根拠はない。ただ、もし植松金章の小説を書くなら、「親切心」を、彼と残留民間の心の襞《ひだ》を表すキーワードにして、話を組み立ててみるのも一案ではないか。そんなことをふと思った。

＊＊＊

この植松の「警察所感」には反論がある。これが「日本警察新聞」に掲載された翌月、ある東京府本所区会議員が「貴紙上弁護士植松金章氏の警察所感を読みて実に奇異の感あり……新聞記者の便益は之れあらんも／事実を漏泄さるゝ泥酔者信用上の迷惑／果して幾何《いくばく》なるかを思ふべし……吾人は本件巡査の行為を適正と認むる」（日本警察新聞（第四三一号））と論難した。確かにプライバシーを漏らされる泥酔者の立場というものもある。新聞記者と巡査、いずれの肩を持つべきかとの議論はさておき、植松の主張には、警察官に対して少々向《む》きになっている感がしないでもない。

先の「警務長から弁護士」にせよ、この「警察所感」にせよ、こうした彼の主張からして、彼の心の中に「谷中村」が刻み込まれているように感じ取られてならない。こうした文を書いている時、その脳裡には強制破壊の折の異様な雰囲気、そして、田中正造、水野リウ、菊地茂などの姿が巡っていたのではなかろうか。「谷中村」は彼の終生の十字架になったのではないだろうか。仮にそうであれば、谷中村が廃村になったことに深く関わった大野東一の息子・和田日出吉が、後年、新聞記者となり、反権力を志向したのに似ている。強制破壊の執行官は人権を標榜する弁護士になり、村長の息子は巨悪を追及する新聞記者となった。

一挙に三試験に合格した秀才

植松金章は、実際、どのような人生を辿ったのか。

植松は明治六〔一八七三〕年六月三日、[132]〔下総国新治県〕海上郡船木村大字芦崎〔現千葉県銚子市〕に生まれた。[133]父・金兵衛は経学者にして詩人であった。[134]郷里の儒学者・並木栗水に学び、さらに上京して、明治時代を代表する啓蒙思想家・中村正直の同人社で英語を修めた。[135]

明治二七〔一八九四〕年、日本法律学校〔現日本大学〕に入学し、明治二九年、卒業。[136]そして、明治三〇年、文官普通試験に合格。[137]会計検査院の末席に名を連ねた。[138]さらに、翌明治三一年、[139]文官高等試験、判事検事登用試験、弁護士試験の三つに合格するという快挙をやってのけた。『人物と其勢力』は「〔明治〕三十一年文官高等試験並に判検事試験及弁護士試験に応試し、一挙にして三科登第の栄冠を荷う」[140]と称賛する。

このことは母校にとっても喜びであったようで、日本法律学校内の法政学会の発行する『法政新誌』は、「植松金章氏の名誉／日本法律学校々友の仝氏は／本年施行の高等文官、判検事、弁護士の三試験共に首尾能く及第せしは／氏にとりて名誉のことゝ云ふへし……之れに満足せす益々奮て大成を期せられんことを望むや切なり」[141]と紹介する。

植松の才能は秀でていた。「所有権と占有権との関係を論ず」という彼の文官高等試験の解答[142]は『判事検事弁護士文官試験及第者諸氏答案集（明治三一年度）』に掲載された。「試験に適する学力文章の標準を示さんことを期す」[143]ためとの趣旨で載せられているのだから、要するに今後の受験者が模範にすべき優秀論文であった。雑誌『竜城雑稿』には、「千葉県人の優秀傑出せる」人物として四人の名が挙げられているが、その一人が植松であった。[144]

大絃急なれば小絃絶ゆ

同年のうちに三試験に合格した後、植松は裁判所に勤務した。司法官試補として、まず明治三一〔一八九八〕年末、福島（福島地方管内）区裁判所[145]詰となり、翌年、茨城県行方郡の麻生区裁判所[146]〔現行方市〕の検事代理司法官試補として業務に従事し、さらに、明治三四〔一九〇一〕年四月、判事となり、東京区裁判所に勤め、[147]同年一〇月には、土浦区裁判所〔茨城県新治郡土浦町／現土浦市〕に異動し予審掛を命じられた。[148]

ところが、明治三七〔一九〇四〕年になると、行政に転じ、内務省警保局〔警察行政全般を管轄〕に勤務する。[149]そして、翌年二月には徳島県参事官に任ぜられ、[150]四国に赴任。徳島県事務官として、文官普通試験委員、県参事会員、官国幣社神職尋常試験委員、社司社掌試験委員、文官普通懲戒委員、県会計検査委員の肩書を持ち、時の徳島県知事・床次《とこなみ》竹二郎の下で勤める幹部職員となった。[151]また、九月には徳島県第三部長となった。(152) 同職は農工商、森林水産等、経済部門の長である。

第三部長に就任した数日後に徳島県で刊行された『現行市町村監督法規』の序文を植松が書いている。彼の地方自治に関する考えが見える興味深いものである。

「市町村監督ハ自治行政ノ完全ナル実行ヲ目的トス／国家ハ市町村ニ自治ヲ許シ自由ノ処理ニ任ス／而カモ《ママ》之ニ附スルニ法律ノ制限ヲ以テス／然ラハ自治ナル者ハ自由ニシテ自由ニ非ラス《ママ》／制限ニシテ制限ニ非ス《ママ》／自治行政ノ完全ナル実行ヲ期スル市町村監督ノ事／抑モ亦容易ニ非サルナリ／蓋シ自治ノ自由ナル点ヨリ見テ監督ヲ寛ニセンカ／忽チ散漫ニ流レ法ノ範囲ヲ脱スルノ恐レアリ／自治ノ法律ノ制限内ニ於テ存スル所ヨリ監督厳ニ過キン乎／遂ニ萎薾《いじ》シテ振ハサルノ虞ナシトセス／固ヨリ監督ナルモノ、寛厳宜シキニ適スルニ要スルハ明カナリト雖モ／市町村監督ニ於テ殊ニ寛厳中庸ノ難事タルヲ見ルナリ／然ルニ市町村監督ノ方法ハ法律ノ明定スル所ニシテ／一般行政監督ノ如ク自由酌量ノ余地甚ダ多キモノニ非サルカ故ニ／市町村監督ノ任ニ膺《あ》タル者／先ツ監督法規ノ研究ヲ要シ／而シテ後／之カ運用ノ妙ヲ謀ラサルヘカラス／然ラスンハ監督寛厳ノ程度／亦之カ宜シキヲ制スルニ由ナカラントス／嗚呼《ああ》大絃急ナレハ則チ小絃断ツ《ママ》／尾《び》大ナレハ即チ掉《ふる》ハス／監督ノ事／亦難ヒ哉／事ニ当タル者／持《特カ》ニ留心セサルヘカラサルナリ。……明治三八年九月」〔傍点筆者〕

自治の監督を寛大にすると散漫に流れ、厳格に過ぎれば委縮する。寛大にするか、厳格にするか、中庸は難しいと言っている訳である。また、最後は中国の故事「大絃急なれば小絃絶ゆ」を踏まえた言い回しであるが、琴や琵琶などの弦を張るのに、大弦を強く掛ければ小弦は切れてしまうから、民を治めるには寛容が大切で、余りに過酷な政治を行なえば、民を疲れさせて国を滅ぼす原因となるという趣旨である。そして、一方で「尾大不掉《びだいふとう》」を言う。臣下の力が大きくなり過ぎると、君主が統制できなくなるということである。

こうした考えを徳島県で述べた植松が次に赴任した栃木県で「谷中村」に直面した。地方自治について、「尾大不掉」と言うものの、一方で「大絃急なれば小絃絶ゆ」と論じた植松である。谷中村の強制破壊を自己の任とした時、彼は如何なる思いを抱いたことだろうか。

栃木県赴任は期待の表れか

明治三九〔一九〇六〕年七月二八日、植松金章はいよいよ栃木県に赴任した。「栃木県事務官」に任命され、「第四部長」に補せられた。[153] 明治三九年七月は、谷中村が強制的に廃村され、藤岡町に合併させられた時期である。無論、抵抗して住み続ける住民はおり、この先、事態がどう展開するか、非常に厳しい局面が想定されていた。

また、この谷中村廃村のそもそもの原因となった足尾銅山では、明治三六〔一九〇三〕年末、社会主義者・片山潜とつながりを持つオルガナイザーにして、熟練坑夫の永岡鶴蔵が同山にやって来て以降、労働組合結成の動きが始まった。[154] その後、労組の在り様を巡って紆余曲折があったが、こうした動きを官憲は厳しくマークしていた。

この永岡と並び足尾銅山の労働組合運動に大きな影響を与えた人物に南助松がいる。その彼が足尾との関わりを持ち始めたのは明治三九〔一九〇六〕年七月[155]だから、正に植松が栃木県に着任した頃であった。

翌明治四〇〔一九〇七〕年六月末から七月初めに、谷中村の強制破壊がなされるが、それより先、同年二月には足尾銅山で暴動が起こっている。栃木県は足尾銅山がらみで、上流〔足尾銅山〕も下流〔谷中村〕も気の抜けない状態にあった。そんな時に植松金章は栃木県の警察のトップを任されているのである。彼には相当な期待が掛けられていたと考えてもいいだろう。

＊＊＊

既述の通り、植松は極めて優秀な人材であった。だからこそ、難問を抱える栃木県に配属されたのではないかと推察するが、ここで一つ気になる人間関係がある。床次竹二郎〔後に政友本党総裁〕である。植松の徳島県時代の県知事であった。床次は明治三九〔一九〇六〕年一月初頭、内務大臣就任直後の原敬の知遇を得て、内務省の要職に就いた。[156]ひょっとしたら同年七月の植松の異動は、この床次の「推薦」があったのではなかろうか。内相就任時、内務行政の経験もなく、内務省内で知る人もほとんどいなかったという原[157]が腹心として抜擢したのが床次である。そんな原が足尾銅山の労組対策にせよ、谷中村の遊水地化にせよ、古河を助けられる逸材はいないかと床次に尋ね、植松という切れ者がいると推挙した。そんな情景が脳裏に浮かぶ。

足尾銅山暴動と植松金章

明治四〇〔一九〇七〕年二月四日、足尾銅山暴動事件が発生した。植松は国民新聞記者に、次のように語った。

「本山に暴動起れりとの報に接するや、予は直ちに之を鎮圧検挙せんとして馳向《はせむか》ひ、我警察の実力を検したるに……如何ともすること能はず、されど検挙を早くせざるべからざる必要あれば、一方此に着手し、一方知事に向けて警官増員の請求をなしたるは六日の午後十時なりき、軈《や》がて知事より直ちに送員せりとの報ありしも仲々到着せず、斯かる内にも暴動は益々凶行を逞ふして／如何に増員隊を合して部下を集合するとも危険の虞れあるが為め／更らに軍隊の派遣を請求するに至れり」[158]

かくして高崎連隊の三個中隊が鎮圧に向かった。一企業内の紛争に軍隊を出動させるという前例のない事態[159]が起こった。とはいえ、軍隊が到着した七日には騒動は収まっていた。結局六百名余が検挙され、百八〇名余が起訴された。[160] ただし、今日では、この暴動は組合が起こしたものではなく、飯場頭が仕掛けたものとされる。[161]

鎮圧の二日後の九日、植松第四部長は足尾銅山側に興味深いことを伝えている。これは「警務長の忠告」と題し、二月一一日付の国民新聞に載った。

「警察及び軍隊の威力を以て一時は暴乱を鎮圧し得たりとするも、一朝其の力を弛むるに於ては彼等の凶暴知るべきのみ、宜しく此の際／彼等の主張を容れ／幾分の条件を採用するは鎮撫の上に効あるのみならず、会社に取りても亦た其の利／寡なからざるを以て、案を呈して彼等に示すは目下の急務なりと信ず」(162)

古河市兵衛の没後、時の所長南挺三〔南挺三は東京鉱山監督署長として足尾銅山に鉱毒予防工事の命令を出し、その工事の終了後、足尾銅山の所長になった／第一章「『所長の孫』と『郡長の娘』参照〕の採った経営方針は労働者に厳しいものであった。この暴動の際、南挺三は襲撃され怪我を負っている。だから、今後は多少は彼らの声を取り入れよと、植松は言ったのである。

無論、足尾銅山の安定した経営は国策上不可欠だから、こうした発言がなされるのも当然のことと も思われるが、すでに官途を辞した後の植松の生き方を見た今は、これは同時に彼の本音でもあったように思われてならない。彼は栃木県第四部長として足尾の坑夫を取り巻く過酷な環境を知っていた訳である。二月末、南に代わって所長となった近藤陸三郎〔舟橋聖一の祖父〕は、賃金引き上げをはじめ融和的な姿勢を見せた。

起訴された組合活動のリーダーの永岡や南らは裁判で無罪となり、釈放された。その永岡が明治四一〔一九〇八〕年四月、足尾に帰って来た。だが、会社側は彼との接触を厳しく禁じた。警察も監視し妨害した。結局、永岡は足尾を去るしかなかった。(163) 無論、この時点での警察の責任者は植松である。立場上、為すべきことは為している。

権利擁護に尽し令名あり

足尾銅山暴動も、谷中村強制破壊も、今更繰り返すまでもなく、栃木県レベルの問題ではなく、明治国家が直面した難題である。植松は栃木県警察の責任者として、この国家として最高レベルの職責を果たした。そして、明治四三（一九一〇）年五月一三日に至り、栃木県を辞任した。(164)

なぜ辞めたのか。再度考えたい。先に見た「警務長から弁護士」では、取り立てて言う程のことはないが、長子として老親に家政を任せるのが忍びないことや、自身の健康が「激職」に堪えられないという「些事《さじ》」や、もう一度自由の身になって勉学したいといったことを挙げていた。明治四四（一九一一）年発行の『人事興信録（第三版）』は「故《ゆえ》ありて官を辞し弁護士……」(165)と言っているが、実際問題、どんな「故」があったのか。

＊＊＊

弁護士になった植松に対して、大正二（一九一三）年の『東京社会辞彙』は「日本大学を卒業して仕官し／（明治）四十三（一九一〇）年／官を辞して弁護士となり、熱誠一般訴訟事務に従事して／権利擁護に尽し令名あり」と評する(166)（傍点筆者）。

植松金章／清田留美・画

大正元〔一九一二〕年九月の『法律日日《ひび》（第一七七号）』に、植松は「我国民の法的生活」という一文を寄せている。「法は元来社会文化の反映ならざるべからず、人類生活の要件ならざるべからず、法は国家の命令なりとは、その形式論に過ぎずして内容論に非ざること、固より明かなり《ママ》」[167]と、まず述べ、そして、「裁判官が妄《みだ》りに法の毀損《きそん》を予想して、被告人又は訴訟人を圧迫するは不条理の甚だしきものなり。英国の裁判所は至極平民的にして、日本の如く被告人を威嚇することなく……」[168]と、日本の裁判を厳しく批判する。

では、彼は実際に、どのような弁護士活動をしたのか。日本弁護士協会は、明治四四〔一九一一〕年一二月三一日に東京鉄道〔東鉄〕の同盟罷業を行った車掌や運転手が検挙されたことを「不当を極むる」とし、これを救済すべく、大正元〔一九一二〕年一月一一日、評議委員会を開いた。ここに参加した一五名ほどの弁護士の中に植松金章がいる。[169]

東京鉄道とは都電〔東京都電〕の前身である。現在は早稲田大学の北側にある早稲田停留場から三ノ輪橋停留場〔東京都荒川区〕を結ぶ都電荒川線を残すのみである。明治四二〔一九〇九〕年、東京電車鉄道、東京市街鉄道、東京電気鉄道の三社が合併して東京鉄道となり、さらに、それを明治四四〔一九一一〕年、東京市が買収し、東京市電となった〔その後「都電」〕。この時、「旧東鉄会社が解散に際し／これか《ママ》手当を分配するに当り／上に篤く下に薄しとの理由を以て／予《かね》て不平を抱き居たる車掌運転手等」[170]が大晦日にストを打ったことから、その首謀者と目される六〇余名[171]が検挙されたのであった。植松らは明治四五〔一九一二〕年二月一三日午前、被告に面会するために監獄へ行っている。[172]

この時の仲間が非常に興味深い。「評議委員会に名のあがっている一五名」及び「面会に赴いた四人」に共通する弁護士に宮島次郎と横山勝太郎がいる。既述のように、前者は大逆事件の弁護士の一人であり、後者は植松の日大の同窓[173]〔後輩〕だが、この二人は共に明治四五〔一九一二〕年六月からの谷中村の不当廉価買収訴訟の控訴審の代理人である。

この訴訟には色々な思惑があるだろうが、裁判としての争点は谷中村の廃村に当たって村民の土地の買収価格が安価に過ぎるのではないかということだから、植松の立場で言えば、「己が潰した谷中村」の「土地の買収価格の妥当性」を争う訴訟の代理人になる弁護士と行動を共にしているのである。この事実は、栃木県辞任後の植松の思想を窺う上で重要なファクトになるであろう。

東京控訴院で結審の日、控室にいた島田宗三のところに赴き、彼がサインをしたのは、たまたま居合わせた訳ではなかろう。彼の仲間となった宮島と横山がやっている裁判である。いくら何でもこの訴訟に、谷中村を潰した張本人である自らが関わる訳には行くまい。だが、心中においては残留民を支持していたのであろう。それが「噫《ああ》　怪傑田中翁　元栃木県警吏　刀水生」という一筆になったのであろう。

谷中廃村を否定か

ここで思い起こす人物がいる。金田徳次郎である。島田宗三に田中正造の資料の収集を助言した部屋分署長である。この金田の上官が植松であった。前掲の金田の紹介文にある「巡査教習所」で教官をしていた時の所長は植松金章であった。[174] 谷中村を廃村に追いやった側の官憲も、どんな思いを抱いていたか、こうしたところからも推察できる。

植松はドイツに留学した大正二(一九一三)年に「独逸ミユンスター通信」という手紙を川島仟司なる弁護士に送っている。[175] また、翌年には転学した旨を、これも川島に伝えている。それ以前には、明治四四〜四五年頃、植松は川島と共に「東京汽船総会無効訴訟」の原告代理人となっている。[176] 両者は随分親しそうである。川島は千葉県山武郡の生まれだから、同じ千葉県出身の同郷ということもあったかもしれない。

だが、それにもまして、川島は宮島次郎と共に大逆事件の弁護人であった。そして、特筆すべきは、「植松による谷中村強制破壊後」に結成された「谷中村救済会のメンバー」であったことである。また、田中正造が谷中村管掌村長の鈴木豊三に対して泥棒云々と言ったとして官吏侮辱罪に問われた時には、その控訴審の弁護人の一人を務めた。こうした経歴の人物と植松は弁護士活動を共にし、個人的にも親しくしているのである。

植松が己のやった谷中村の廃村を否定していたと考えて、まず間違いないだろう。彼の心の中に強制破壊は否定的に強く刻まれていたと言っても良いであろう。さらに想像を逞しくすれば、彼は栃木県における地方官としての業務で己を追い詰めてしまったのではないのか。この極端とも言える人間関係の変更は、行政官としての息苦しさからの自己解放ではなかったか。その結果、「権利擁護に尽し令名あり」と評される弁護士に至ったのではないだろうか。

とはいえ、植松は文官高等試験、判事検事登用試験、弁護士試験の三試験の同年合格者である。まず司法に身を置き、次いで内務省の行政官に転じた。そして、さらに弁護士となった。三つ合格したのだから、三つともやってみようとの思いがあったのかもしれない。もしそうならば、弁護士への転身は既定路線である。尤も既定路線であったとしても、「谷中村」が引き金になった可能性は考えられる。「谷中村」があったから辞めたのか、「谷中村」がなくても辞めたのか。この点は不明確だが、いずれであっても、「谷中村」は彼の十字架になっていた、そう言って良いだろう。

「谷中村を強制破壊したこと」が植松の弁護士への転身に影響を与えていたとすれば、かの間明田家の前で睨み合った菊地茂が「谷中村救済会の活動に失敗したこと」を契機に山陰に向かったのと似ている。形こそ違え、「谷中村」が両者の転機となっている。

「人権派」の弁護士になって、元谷中村救済会の川島仟司と親しくした植松金章と、片や新聞記者として「普選運動のリーダー」になった元谷中村救済会の菊地茂。二人は後日関わることはなかったのだろうか。互いに顔を合わせてもいい人間関係の中にいる。この点は今後の課題としたい。

植松金章は大正六〔一九一七〕年から大正一〇年まで東京市麹町区の区会議員などを務めるなどして、[177]大正一二年七月一七日に亡くなった。[178]五〇歳であった。娘婿の弁護士が跡を継いだ。孫娘は東京大学名誉教授となったマルクス経済学者に嫁いだ。

註記

【一】谷中村残留民

（1）田中正造大学は二〇二二年一一月、解散。

（2）島田宗三『田中正造翁余録（上）』（二〇一三年、三一書房）一二四頁。

（3）大鹿卓『谷中村事件』（一九五七年、大日本雄弁会講談社）三〇五頁。

（4）荒畑寒村『谷中村滅亡史』（一九七四年、新泉社）一六一頁。

（5）大鹿前掲書三〇五頁～三〇六頁。

（6）（7）前掲書三〇七頁。

（8）島田前掲書一三一頁～一三三頁。

（9）前掲書一五三頁。

（10）荒畑前掲書一七一頁。

（11）原奎一郎『原敬日記（第二巻）』（一九六五年、福村出版）二四八頁。

（12）清水唯一朗『原敬「平民宰相」の虚像と実像』（二〇二一年、中央公論新社）一三九頁。

（13）原前掲書二四八頁～二四九頁。

（14）島田前掲書一四五頁／荒畑前掲書一六三頁～一六四頁。

（15）島田前掲書一四六頁／荒畑前掲書一六四頁。

（16）島田前掲書一四六頁

（17）荒畑前掲書一六四頁。

（18）大鹿前掲書三三一頁～三三二頁。

（19）田中正造全集編纂会『田中正造全集（第十七巻）』（岩波書店、一九七九年）五一頁。

（20）島田前掲書一五二頁。

（21）前掲書一五四頁。

（22）前掲書一五三頁。

（23）前掲書二〇八頁。

（24）前掲書二〇八頁～二〇九頁。

（25）林竹二『田中正造の生涯』（一九七六年、講談社）一六三頁～一六四頁。

（26）飯村廣壽「谷中村と渡良瀬遊水地（河川法と谷中村買収）」（『日光市文化財調査報告第11集・足尾銅山跡調査報告書8』〔二〇一八年、日光市教育委員会〕所収）二一頁。

（27）城山三郎『辛酸』（一九七八年、中央公論社）六六頁。

（28）小池喜孝『谷中から来た人たち　足尾鉱毒移民と田中正造』（一九七二年、新人物往来社）一五四頁。

（29）前掲書二六一頁。

(30) 前掲書一七一頁。
(31) 前掲書一七〇頁。
(32) 前掲書一五四頁、一五九頁。
(33) 前掲書一五三頁〜一五五頁。
(34) 前掲書二二七頁〜二三四頁。
(35) 前掲書二二一頁/同書の「章」のタイトルは「奸策の歴史」(二二一頁)であり、「節」のタイトルは「『北海道移民は奸策』だった」(二三四頁)である。
(36) 前掲書一五九頁。
(37) 前掲書二一一頁。
(38) 前掲書二二四頁。
(39) 前掲書二五一頁。
(40) 前掲書二五三頁。
(41) 永島与八『鉱毒事件の真相と田中正造翁』(一九三八年、永島与八)三六一頁。
(42) 板倉町史編さん委員会『板倉町史(別巻1 資料編 足尾鉱毒事件)』(一九七八年、板倉町)一〇〇頁。
(43) 島田宗三『田中正造翁余録(下)』(二〇一三年、三一書房)二四七頁〜二四九頁。
(44) 週刊朝日『値段の明治大正昭和風俗史』(一九八四年、朝日新聞社)一一五頁。
(45) 前掲書二一五頁。
(46) 前掲書一六一頁。
(47) 田中正造全集編纂会『田中正造全集(第七巻)』(岩波書店、一九七七年)四一九頁〜四二〇頁。
(48) 田中正造全集編纂会『田中正造全集(第八巻)』(岩波書店、一九七七年)二六三頁〜二六四頁。
(49) 栃木市史編さん委員会『栃木市史(史料編・近現代1)』(一九八一年、栃木市)一九〇頁。
(50) 前掲書一八三頁(「栃木人を愛した藤川為親」)、一八四頁(「藤川為親は、栃木を愛した」)。
(51) 干河岸貫一『明治百傑傳』(一九〇二年、青木嵩山堂)二六二頁。
(52) 前掲『栃木市史』一八四頁。
(53) 村上安正『足尾銅山史』(二〇〇六年、随想舎)一一三頁。
(54) 小池前掲書二〇頁。
(55) 前掲書二一頁。
(56) 群馬県邑楽郡『群馬県邑楽郡水害誌』(一九一二年、群馬県邑楽郡)序。
(57) 前掲書一六頁〜一七頁。
(58) 菊地茂「谷中村問題」(斉藤英子『谷中村問題と学生運動(菊地茂著作集第一巻)』(一九七七年、早

稲田大学出版部〕所収）一〇頁～二七〇頁／オリジナルは栗原彦三郎『義人全集　第四編』（一九二七年、中外新論社）所収。

(59)　倉沢広吉『栃木県自治制史』（一九〇三年、下野日日新聞民報社、一二二頁）には、「本村は下宮、内野、恵下野の各大字より成り、人口二千四百九十四、戸數三百七十六を有す、役場は下宮に在り」とある。

(60)　林前掲書一一六頁。

(61)　菊地前掲論文一四頁～一五頁。

(62)(63)　前掲論文一五頁。

(64)(65)(66)(67)(68)(69)　前掲論文一六頁。

(70)　大野東一の助役就任期間は明治三〇〔一八九七〕年一一月～明治三三〔一九〇〇〕年四月／倉沢前掲書一二二頁。

(71)　菊地前掲論文六八頁。

(72)　前掲論文一九頁。

(73)　荒畑前掲書九一頁。

(74)　菊地前掲論文一九頁。

(75)　大鹿前掲書一七頁。

(76)　菊地前掲論文一八頁。

(77)　倉沢前掲書一二二頁。

(78)　菊地前掲論文一八頁。

(79)　谷中村と茂呂近助を語る会『谷中村村長　茂呂近助』（二〇〇一年、随想社）八九頁。

(80)　布川了「谷中村を滅亡に追い込んだ稟請書」（田中正造大学ブックレット『救現（No.7）』〔一九九八年、田中正造大学〕所収）一一〇頁。

(81)　谷中村と茂呂近助を語る会前掲書二七五頁。

(82)　田辺聖子『ゆめはるか吉屋信子（上）――秋灯机の上の幾山河』（一九九九年、朝日新聞社）八三頁／日下部高明「谷中村廃村問題から見えたこと――吉屋信子の『暗愁』と岩崎清七の『アメリカ興農遺民案』」（『救現（No.11)』〔二〇一〇年、田中正造大学〕所収）には、父吉屋雄一の敏腕ぶりと、それによって娘信子が「暗愁」の世界に入って行ったことが述べられている。

(83)　田辺前掲書七一頁。

(84)　前掲書六九頁。

(85)　阿部善蔵『栃木県官民職員録（明治四十二年八月現在）』（一九〇九年、下野新聞社）三七頁。

(86)　田辺前掲書四二頁。

(87)　菅井益郎「足尾銅山の鉱毒問題の展開過程」（一九八二年、国際連合大学）八頁。

(88) 「人間ドキュメント　足尾鉱毒事件の田中正造全集刊行にかけた愛弟子の87年間」(「週刊朝日」(一九七七〔昭和五二〕年六月三日号)。
(89) 栗原前掲書二八八頁～三六〇頁。
(90) (91) 島田宗三「田中正造翁資料収集を回顧して」(『図書』(一九七六年、岩波書店) 所収) 二頁。
(92) 前掲論文二頁～三頁。
(93) 金澤源太郎『野州紳士録』(一九一五年、野州新聞社) 二六五頁。

【二】谷中村の村長と郡長

(1) 田中正造大学「白仁家文書全公開」(前掲『救現(№7)』所収) 一一七頁～一一八頁。
(2) 布川前掲論文一〇七頁。
(3) 前掲「白仁家文書全公開」一一三頁～一四〇頁。
(4) (5) 前掲「白仁家文書全公開」一二四頁／栗島弘「白仁家文書――その概要」(前掲『救現(№7)』所収) 一〇四頁。
(6) 前掲「白仁家文書全公開」一三四頁～一四〇頁。
(7) 布川前掲論文一一〇頁。
(8) 「衆議院議事速記録　第23・24回」(印刷局、一八九〇年～一九一二年) 三三三頁。
(9) 前掲「速記録」三三五頁。
(10) 前掲「速記録」三三七頁。
(11) 前掲「速記録」三三四頁。
(12) 布川前掲論文一一一頁。
(13) 菊地康雄『逸見猶吉ノオト』(一九六七年、思潮社) 四一頁。
(14) 倉澤前掲書一二二頁。
(15) 西村捨三「農業土功排水法(第十一回大集會演述)」(『大日本農会報告(一三一号)』(一八九二年、大日本農会) 所収) 一頁～八頁。
(16) 「官報」(明治二四〔一八九一〕年四月七日付)。
(17) 山本悠三『足尾鉱毒事件と農学者の群像』(二〇一九年、随想社) 七二頁。
(18) 第四回関東区実業大会『第四回関東区実業大会報告』(一九〇〇年、栃木県庁内「第四回関東区実業大会事務所」) 一一九頁他。
(19) 澤野淳「谷中村の排水器」(前掲『第四回関東区実業大会報告』所収) 一一九頁～一二六頁。
(20) 澤野淳「排水実見談」(十文字大元『農事雑報(第二十号)』(一九〇〇年、農事雑報社) 所収) 五頁～一一頁。
(21) 熊倉一見「近代以降、渡良瀬遊水地周辺地域に

おける農業用排水ポンプの導入過程とその技術の系譜」（水利科学研究所『水利科学（四九巻五号）』〔二〇〇五年、水利科学研究所〕所収）八五頁。
(22) 熊倉前掲論文九三頁、九六頁。
(23)(24)(25) 熊倉前掲論文一〇五頁。
(26) 前掲論文九三頁。
(27) 菊地康雄前掲書四〇頁。
(28)(29) 熊倉前掲論文一〇五頁／飯村前掲論文に排水器設置のプロセスが簡潔にまとめられている。
(30) 東海林吉郎「足尾銅山鉱毒事件」（宇井淳『技術と産業公害』〔一九八五年、東京大学出版会〕所収）三四頁。
(31) 東海林前掲論文三五頁。
(32) 山岸一平著『死なば死ね、殺さば殺せ ― 田中正造のもう一つの闘い ―』（一九七六年）九八頁。
(33) 熊沢喜久雄「足尾銅山鉱毒事件を巡る農学者群像（続）」（『肥料科学〔第三七号〕』〔二〇一五年、公益財団法人肥料科学研究所〕所収）一八頁。
(34) 大鹿前掲書一七頁。
(35) 布川前掲論文一〇七頁。
(36) 野沢兼三郎『栃木県町村公民必携』（一九八九年六月、三泉堂書店）八七頁～八八頁。
(37) 熊倉一見『旧下野煉化製造会社について―創業時の歩み』（一九八六年、野木町史年報第二集）四三頁。
(38) 栃木県教育委員会文化財課『栃木県の近代化遺産　栃木県近代化遺産（建造物等）総合調査報告書』（二〇〇三年、栃木県教育委員会文化財課）二三二頁。
(39) 「下野煉化製造会社株主姓名表」（古河市史編さん委員会『古河市史（資料 近現代編）』〔一九八四年、古河市〕所収）八五五頁。
(40) 熊倉前掲論文四五頁。
(41) 前掲論文四三頁。
(42) 熊倉前掲論文「近代以降、渡良瀬遊水地……」一〇〇頁／明治二二〔一九八九〕年八月の「下野煉化製造会社第一回半季考課状」には、「煉化石原土用／丸山定之助所有地／下野国下都賀郡谷中村大字内野地内反別七拾余町歩ニ在ル原土ヲ／本年六月四日ヨリ満二十ヶ年間ニ掘取買得ノ件ヲ盟約ス」とある（前掲『古河市史（資料・近現代編）』所収、八五二頁）。
(43) 菊地康雄前掲書三八頁。
(44) 小川和佑『ウルトラマリンの彼方へ』（『第三文

明』〔一九七三年一月号〕所収）一一二頁。
(45) 菊地康雄前掲書三八頁。
(46) 前掲書四〇頁。
(47) 倉沢前掲書一二三頁。
(48) 菊地康雄前掲書四〇頁。
(49) 倉沢前掲書一二三頁。
(50)(51) 前掲『古河市史』九八二頁。
(52) 前掲書九三八頁。
(53) 前掲書九八四頁。
(54) 布川前掲論文一〇七頁。
(55) 秋山圭『「ウルトラマリン」の旅人　渡良瀬の詩人　逸見猶吉』（二〇二一年、作品社）六頁／菊地康雄『逸見猶吉ノオト』（一九六七年、思潮社）四〇頁。
(56) 司修『孫文の机』（二〇一二年、白水社）九四頁。
(57) 黒川前掲書一一五頁。
(58) 司前掲書九七頁～九八頁。
(59) 黒川前掲書一一三頁。
(60) 『満州人名辞典（下巻）』（一九八九年、日本図書センター）一三〇七頁。
(61) 黒川前掲書一一四頁。
(62) 秋山圭は『「ウルトラマリン」の旅人　渡良瀬の詩人　逸見猶吉』の中で、和田日出吉は自身のジャーナリストとしての反権力的姿勢に対して、固定的偏見で見られることを嫌って出自を隠したと評する（一八頁～一九頁）。いずれであれ、和田日出吉の心中には「谷中村」が深く根差していたことは間違いないであろう。
(63) 秋山前掲書一九一頁。
(64) 菊地康雄前掲書三〇二頁。
(65)(66) 『時代（第二十三号）』（逸見猶吉特集号／復刻版「歴程」逸見猶吉追悼号）（一九九〇年、栃木県文芸家協会）巻頭。
(67) 菊地康雄前掲書三九頁。
(68) 司前掲書一二〇頁。
(69) 秋山前掲書二三頁。
(70) 株式会社サンヨー堂HP「沿革」。https://www.sunyo-do.co.jp/company/（二〇二四年四月二二日閲覧）
(71) 「故逸見斧吉氏追悼編・略歴」（『罐詰時報（第十九巻、第九号）』〔一九四〇年、日本罐詰協会〕所収）三三頁～三四頁。
(72) 高木五六郎「遺業継承時代の故社長」（前掲『罐詰時報』所収）五六頁。

(73) 石川三四郎「至誠の人逸見斧吉君」（前掲『罐詰時報』所収）四三頁〜四四頁。
(74) 尾崎寿一郎『詩人　逸見猶吉』（二〇一一年、コールサック社）六九頁。
(75) 小川前掲論文一一三頁。
(76) 小山榮雅「詩人逸見猶吉について」（芸術至上主義文芸学会「芸術至上主義文芸」〔一六〕〔一九九〇年、芸術至上主義文芸学会事務局〕所収）一四〇頁。
(77) 秋山前掲書六頁。
(78) 原田登『帝国大学出身録』（一九二二年、帝国大学出身録編輯所）三三二頁。
(79) 「官報」（明治四五〔一九一二〕年七月二六日付）。
(80) 第四高等学校編『第四高等学校一覧・第十臨時教員養成所一覧（自大正十二年至大正十三年）』（大正一二〔一九二三〕年、第四高等学校）一九一頁。
(81) 「官報」（大正七〔一九一八〕年七月一七日付）／堀野稔「現代紳士録・出身学校別」（一九二六年、日本秘密探偵社）三五頁。
(82) 「官報」（大正七〔一九一八〕年八月三日付）。
(83) 「司法官試補大野一六依願免職ノ件」（「大正七年・任免巻二十三」〔一九一八年八月二七日〕）
(84) 「官報」（大正一一〔一九二二〕年一〇月一四日付）。
(85) 猪股達也『日本弁護士名簿』（一九二五年、日本弁護士協会）三八頁。他多数。
(86) 『古地図・現代図で歩く　明治大正東京散歩』（二〇〇三年、人文社）一六頁。
(87) 昭和六〔一九三一〕年の事務所は美土代町（神田公論社『神田区勢年鑑』〔昭和六〔一九三一〕年、神田公論社、三六一頁〕）であり、そして、昭和七〔一九三二〕年から神田区鍛冶町となる（日本商工通信社「職業別電話名簿（第二二版）」（昭和七〔一九三二〕年、日本商工通信社、二六三頁）／「官報」（昭和七年二月二二日））。この官報に、後述する山本賀造の弁理士登録が大野一六の神田区鍛冶町の今川ビルの事務所内と記されている。
(88) 国際探偵社『法人個人職業別調査録（第七版）』（一九三六年、国際探偵社）四八《マ》の五〇《マ》一頁。
(89) 「官報」（大正四〔一九一五〕年七月六日付）。
(90) 東京帝国大学『東京帝国大学卒業生氏名録』（一九二六年、東京帝国大学）五四頁。
(91) 「官報」（大正一〇〔一九二一〕年三月二六日付）。
(92) 浅野松次良『日本紳士録（三二版）』（一九二八年、交詢社）五四頁。

(93)浅野松次良『日本紳士録（四二版）』（一九三八年、交詢社）五六一頁。
(94)電気之友社『第十八回　電気年鑑　昭和八―九年』（一九三三年、電気之友社）一一一頁。
(95)日本軽金属株式会社HP「沿革―日本軽金属の歴史」https://www.nikkeikin.co.jp/company/nlm-enkaku.html（二〇二四年四月二二日閲覧）
(96)西村定男『ワット（第十二巻、第一号）』（一九三九年、ワット社）五九頁。
(97)石山皆男『ポケット会社職員録（第五回）昭和十五年版』（一九三九年、ダイヤモンド社）五三二頁。
(98)和田治平『会員氏名録（昭和二六・二七年用）』（一九五一年、学士会）五五九頁。
(99)国勢協会『国勢総覧（第四版）』（一九五一年、国際連合通信社）三六〇頁。
(100)「官報」（大正一二〔一九二三〕年二月六日付）。
(101)(102)「官報」（昭和七〔一九三二〕年二月二二日付）。
(103)田村道太郎『日本弁護士名簿』（一九三四年、日本弁護士協会）四八頁。
(104)浅野前掲書五六一頁。
(105)曾士榮、陳芳明『「台灣人的認同與精神世界變遷之研究：以日記、傳記與回憶錄等私人史料為中心，1895－1980」研究成果報告（精簡版）』（一九九八年、國立政治大學台灣文學研究所）
(106)右記論文には『黄継図日記』について、次のように述べられている。『黄継図日記』は一九三八年から一九七三年にかけて書かれた三〇冊以上の日記である。近年発掘され、現在中央研究院台湾史研究所が所蔵し、いずれ出版の予定である。一九三八年から一九四五年までは日本語で、そして一九四五年以降は中国語で書かれた」〔邦訳：袁昕煜〕／原文は以下の通り。「《黃繼圖日記》計有三十餘冊、始自一九三八、終至一九七三、此一史料於近年出土、現在收藏於中研院台史所、等候出版。本部日記在1938－1945年間以日文書寫、其後改用中文書寫」。
(107)茶碗谷徳次『人物覚書帳』（一九三六年、事業と人社）一一八頁。
(108)大鹿卓『渡良瀬川』（『歴史小説（第二巻第四号）』〔一九四九年、竹内書房〕二一頁。
(109)田中惣五郎『日本社会運動史（資料第一巻）』（一九四七年、東西出版社）三五一頁。
(110)(111)司前掲書二五九頁。
(112)菊地康雄前掲書四〇頁。

(113) 平野実、桜井泰仁『岩淵町郷土誌』（一九七九年、歴史図書社）三四二頁。
(114)『川口市史（近代資料編1）』（一九八三年、川口市）一〇一一頁。
(115) 前掲書一〇四一頁。
(116) 菊地康雄前掲書三八頁。
(117) 前掲『川口市史』一〇四二頁。
(118) 前掲書一〇四三頁。
(119)(120) 滝野川警察署史編集委員会『滝野川警察署史』（一九七五年、滝野川警察署創立五十年記念事業協賛会）二一三頁。
(121) 前掲書二一三頁～二一四頁。
(122) 菊地康雄前掲書四一頁。
(123) 平野、桜井前掲書一五〇頁。
(124) 前掲書一七九頁。
(125) 前掲書二四三頁。
(126) 前掲書一四四頁／東京都北区議会史編纂委員会『北区議会史（前編）』（一九五八年、東京都北区）一五二頁。
(127) 司前掲書二六〇頁。
(128)『谷中村民の足跡をたどる』（田中正造記念館ブックレットNo.2／二〇〇九年、NPO法人足尾鉱毒事件田中正造記念館）四四頁～四六頁。
(129)(130) 栃木県立美術館HP http://www.art.pref.tochigi.lg.jp/exhibition/t230121/index.html（二〇二四年四月二二日閲覧）
(131) 黒川前掲書四二八頁。
(132)『週刊朝日』（一九五一年一二月一六日号）二九頁。
(133)「武力板着色玩具美術諸印刷及製鑵業　安生慶三郎君　清洲商店」（木下敬正『勧業功績録（第壹編）』〔一九〇三年、青年教育義会〕所収）、六三頁～六四頁。
(134) XX《ママ》生「月島の奮闘家――東洋一のブリツキ印刷工場主」（『実業の世界（第八巻二五号）』〔一九一一年十二月十五日号〕所収）六七頁～六九頁。
(135) 三木豊「足尾銅山鉱毒除害予防工事に関する記事」（『工業雑誌』〔一八九七年、工談会〕所収）二四一頁～二四三頁。
(136) 野々村純平『日本琺瑯工業史』（一九六五年、日本琺瑯工業連合会）三六頁。
(137) 尾形乾女『蓮の実』（一九八一年、かまくら春秋社）六〇頁。
(138) 前掲書九六頁～九七頁。
(139) 一九九七年逝去。北鎌倉の支援者の私邸で長く暮らしていたのではないかと思われる。
(140) 中村竹二『処世のコツ』(一九五三年、要書房)一一三頁〜一一四頁。
(141) 中野区立中央図書館企画 中野区ゆかりの著作者紹介展示「芹沢光治良 ― 中野小滝町に暮らしたエクリバン ― 」https://library.city.tokyo-nakano.lg.jp/lib/files/yukari14.pdf(二〇二四年四月二二日閲覧)
(142) 飯塚幸子「芹沢光治良 その生涯と作品 ― 生誕百年にあたって ― 」(『日本病跡学雑誌(第53号)』〔一九九七年、日本病跡学会〕所収)八六頁。
(143)『日本文学全集(61/阿部知二・芹沢光治良集)』(一九七四年、集英社)四一三頁。
(144) 飯塚前掲論文八六頁。
(145) 近代文学社『現代日本文学辞典 補訂』(一九五一年、河出書房)二八〇頁。
(146) 松浦武四郎著 吉田常吉編『新版 蝦夷日誌(下)』(一九八四年、時事通信社)三一六頁。
(147) 中村前掲書一三五頁。
(148) 前掲書一一四頁。
(149)「安生慶三郎と長泉 逸話集め功績に光」(二〇一四年九月八日、静岡新聞・夕刊)。

【三】谷中村で睨み合った二人

(1) 斉藤英子『社会政策と普選運動(菊地茂著作集第二巻)』(一九七九年、早稲田大学出版部)三七九頁〜三八〇頁。
(2) 斉藤前掲『谷中村問題と学生運動』(菊地茂著作集第一巻)二七五頁/この数字は大宮駅など途中駅からの参加者も合算していると小松裕は指摘している(「足尾鉱毒問題と学生運動」〔二〇一一年、熊本大学「文学部論叢」所収〕)八七頁。
(3)(4) 前掲書二七五頁。
(5) 前掲書二七六頁。
(6) 前掲書二九三頁。
(7) 斉藤前掲『社会政策と普選運動』三八〇頁。
(8) 斉藤前掲『谷中村問題と学生運動』二九二頁。
(9) 前掲書二九三頁。
(10) 前掲書三三〇頁。
(11) 前掲書四二八頁。
(12) 前掲書三四五頁〜三六三頁/斉藤英子「足尾鉱毒事件と父・菊地茂」(堀切利高ほか『初期社会主義研究(第11号)』〔一九九八年、不二出版〕所収)二五四頁。
(13) 斉藤前掲『谷中村問題と学生運動』四六九頁。
(14) 山本武利『新聞記者の誕生 日本のメディアをつ

くった人びと』（一九九〇年、新曜社）二三二頁。
(15) 斉藤前掲『谷中村問題と学生運動』四七〇頁／斉藤前掲『社会政策と普選運動』三八二頁。
(16) 斉藤前掲『社会政策と普選運動』三八二頁〜三八四頁。
(17) 前掲書三八二頁。
(18) 前掲書三八二頁〜三八四頁。
(19) 斉藤英子「足尾鉱毒と菊地松堂」（堀切利高ほか『初期社会主義研究（第9号）』〔一九九六年、初期社会主義研究会〕所収）二八頁。
(20) 島田前掲『田中正造翁余録（上）』一三四頁〜一三五頁。
(21) 斉藤前掲『谷中村問題と学生運動』一頁〜二頁。
(22) 斉藤前掲「足尾鉱毒事件と父・菊地茂」二五六頁。
(23) 島田前掲『田中正造翁余録（上）』一三五頁。
(24) 前掲書一四〇頁。
(25) 前掲書一四四頁。
(26) 前掲書八九頁。
(27) 星野孝四郎「谷中村より」（『世界婦人（第一三号）』〔一九〇七年七月一日〕所収）一〇五頁／『世界婦人』は労働運動史研究会『明治社会主義史料集（別冊）1（世界婦人）』（一九六一年、明治文献資料刊行会）に収められている。
(28) 島田前掲『田中正造翁余録（上）』一〇二頁、一一〇頁。
(29) 田中弘之『柱石の重臣を戒め国民の自覚を促す』（一九二六年、大乗会）一頁。
(30) 板倉町史編さん委員会前掲書一一〇頁。
(31) 衆議院・参議院編『議会制度百年史　衆議院議員名鑑』（一九九〇年、衆議院）三八一頁。
(32) 前掲書三七一頁。
(33)(34) 島田前掲『田中正造翁余録（上）』一四八頁。
(35) 荒畑前掲書二〇頁〜二一頁。
(36) 木下尚江『田中正造之生涯』（一九二八年、国民図書）四七四頁〜四七五頁。
(37)(38) 島田前掲『田中正造翁余録（上）』一五〇頁。
(39) 斉藤前掲「足尾鉱毒事件と父・菊地茂」二五七頁。
(40) 田中正造全集編纂会『田中正造全集（第十一巻）』（一九七九年、岩波書店）六二五頁。
(41) 斉藤英子「足尾鉱毒学生運動の学生たち——青年修養会、早稲田社会学会の青年」（岡野幸江ほか『初期社会主義研究（第3号）』〔一九八九年、弘隆社〕所収）二八頁。

（42）堀切利高「追想・斉藤英子」（堀切利高ほか『初期社会主義研究（第16号）』〔二〇〇三年、不二出版〕所収）二八八頁。
（43）井上恒子「福田英子と谷中村事件」（水野四季子『福田英子研究：35周年を記念して』〔一九六二年、女性史研究会〕所収）四一頁。
（44）前掲論文四三頁。
（45）前掲論文四三頁～四四頁。
（46）堀切前掲「追想・斉藤英子」二八八頁。
（47）中村雪子「福田英子と石川三四郎」（前掲『福田英子研究』所収）五九頁。
（48）柴田三郎『義人田中正造翁』（一九一三年、敬文館）一〇一頁。
（49）（50）島田前掲『田中正造翁余録（下）』三八頁。
（51）（52）前掲書三九頁。
（53）前掲書四〇頁。
（54）前掲書五二頁。
（55）（56）（57）（58）前掲書二七四頁。
（59）島田前掲『田中正造翁余録（上）』一五九頁～一六〇頁。
（60）前掲書一六〇頁。
（61）前掲書一六四頁～一六六頁。
（62）斉藤前掲『社会政策と普選運動』三八五頁。
（63）（64）斉藤前掲『谷中村問題と学生運動』四八八頁。
（65）斉藤前掲「足尾鉱毒学生運動の学生たち」二八頁。
（66）島田前掲『田中正造翁余録（上）』一六四頁。
（67）読売新聞（一九〇七年一〇月七日付）／三浦顕一郎『田中正造と足尾鉱毒問題』（二〇一七年、有志舎）は谷中村の廃村に関する当時の新聞論調を精査し、各紙の論調には温度差があるが、残留民を積極的に支持し、彼らのために世論を盛り上げようとした新聞は皆無であったと論じている。
（68）島田前掲『田中正造翁余録（上）』一五九頁。
（69）前掲『田中正造全集（第十七巻）』一一四頁。
（70）板野潤治「解題」（前掲『田中正造全集（第十七巻）』所収）六六三頁。
（71）水野石渓『普選運動血涙史』（一九二五年、文王社）三五八頁～三六〇頁。
（72）斉藤前掲『社会政策と普選運動』三三五頁。
（73）前掲書二八七頁、三三四頁。
（74）「永井柳太郎」編纂会『永井柳太郎』（一九五九年、『永井柳太郎』編纂会）四七頁。
（75）早稲田大学大学史編集所『早稲田大学百年史（第

一巻）』（一九七八年、早稲田大学出版部）八七九頁。
（76）早稲田大学雄弁会ＨＰ。https://www.yu-ben.com/雄弁会の歴史／（二〇二四年四月二二日閲覧）
（77）早稲田大学大学史編集所『早稲田大学百年史（第二巻）』（一九八一年、早稲田大学出版部）五三五頁。
（78）斉藤英子「田中正造とともに闘った父・菊地茂」（『季刊田中正造研究〔第2号〕』〔一九七六年、伝統と現代社〕所収）二九頁。
（79）前掲『早稲田大学百年史（第一巻）』七六九頁。
（80）早稲田大学『半世紀の早稲田』（一九三二年、早稲田大学出版部）二〇六頁。
（81）前掲『早稲田大学百年史（第二巻）』四五二頁～四五四頁。
（82）斉藤前掲『谷中村問題と学生運動』四六〇頁。
（83）斉藤前掲「田中正造とともに闘った父・菊地茂」二〇頁～二一頁。
（84）前掲『早稲田大学百年史（第一巻）』七九一頁／前掲『早稲田大学百年史（第二巻）』四六六頁。
（85）前掲『早稲田大学百年史（第一巻）』七九二頁。
（86）前掲『早稲田大学百年史（第二巻）』四六六頁。
（87）前掲『早稲田大学百年史（第一巻）』八六五頁。
（88）菊地茂「民政（第六巻・第十一号）十一月特輯号（一九三二年、民政社）」目次。
（89）前掲誌八三頁～八九頁。
（90）前掲誌八七頁。
（91）斉藤英子『ずいひつ　歌のある道』（一九八〇年、斉藤英子）三〇頁。
（92）斉藤前掲「田中正造とともに闘った父・菊地茂」三〇頁。
（93）石川三四郎『斧丸遺薫』（一九四一年、逸見菊枝）五三二頁。
（94）前掲書二三四頁。
（95）赤羽一『農民の福音』〔共学パンフレット第六輯〕（一九二九年、共学社）四頁。
（96）石川前掲書二四二頁。
（97）斉藤前掲『谷中村問題と学生運動』四八六頁。
（98）石川前掲書二〇五頁。
（99）斉藤前掲『谷中村問題と学生運動』四三七頁。
（100）ＮＨＫ「わたしの自叙伝／黒沢酉蔵－田中正造との出会い」（一九八一年二月二六日放送／「ＮＨＫわたしの自叙伝25（社会・実業7）黒沢酉蔵／山内みな」〔二〇一二年、ＮＨＫサービスセンター〕）収録。

(101) 古河が経営を始めたのが一八七七〔明治一〇〕年で、閉山が一九七三〔昭和四八〕年だから、この間九六年。足尾銅山の歴史は近世に始まるが、古河以降で捉えれば、田中正造の言う通りであった。

(102) 唐沢隆三『福田英子書簡集』（一九五八年、ソオル社）七三頁。

(103) 島田前掲『田中正造翁余録（上）』一六二頁／板倉町史編さん委員会前掲書六〇五頁。

(104) 島田前掲『田中正造翁余録（下）』五〇頁。

(105) 斉藤英子『谷中裁判関係資料集　その他（菊地茂著作集第四巻）』（一九八八年、早稲田大学出版会）七〇頁。

(106) 島田宗三「福田さんと田中翁と私」（唐沢前掲書所収）一〇〇頁～一〇一頁。

(107)(108) 早稲田大学紳士録刊行会『早稲田大学紳士録（昭和一五年版）』（一九三九年、早稲田大学紳士録刊行会）一一二頁。

(109) 斉藤前掲「足尾鉱毒事件と父・菊地茂」二五七頁。

(110) 斉藤前掲「田中正造とともに闘った父・菊地茂」二八頁。

(111) 前掲論文三〇頁。

(112) 島田前掲『田中正造翁余録（上）』一〇五頁～一〇八頁。

(113) 前掲書一三〇頁。

(114) 『房総人名辞書』に「うゑまつきんしやう（植松金章）」とある（五十嵐重郎『房総人名辞書』（一九〇九年、千葉毎日新聞社）六九四頁／『Who's who in Japan 1912』に「Uematsu, Kinshō（植松金章）」とある（『Who's who in Japan 1912』〔一九一一年、The Who's Who in Japan Office〕一〇二六頁。

(115) 島田前掲『田中正造翁余録（上）』一〇一頁。

(116)(117) 栃木県警察史編さん委員会『栃木県警察史（下巻）』（一九七九年、栃木県警察本部）一四六六頁／なお、植松の退職日は「五月一三日」である。註記(164)を参照／明治四三〔一九一〇〕年五月二一日正午、植松金章の送別会が宇都宮市内で行われ、中山巳代蔵・栃木県知事はじめ官民有力者約二五〇名が参加し、植松の功績を称えた。植松は二三日に上京し、神田区三崎町一―一に居住した（東京朝日新聞、明治四三〔一九一〇〕年五月二三付）／植松金章は同年六月五日付の「法律日日（第一二五号）」に、「官を辞し弁護士を開業す　神田三崎町一

丁目一番地　植松金章　電話本局三六七五番」という広告を出している（井関源八郎「法律日日（第一二五号）」〔一九一〇年、法律日日社〕一九六頁）。

（118）植松金章のかつての肩書を、ここでは「警務長」と表現している。『愛媛県史 近代 上』（愛媛県史編さん委員会編、愛媛県、一九八六年、九三八頁）によれば、「明治三八年四月、『地方官官制』改正により、従来の警察部は第四部と改称された。これと同時に明治一四年以降府県警察の長であった警部長が廃止され、新たに事務官である第四部長が警務長として府県警察を指揮監督」したとある。従って、植松は「第四部長（後、警察部長）」にして警務長」であった。

（119）「警務長から弁護士　弁護士植松金章君談」（前掲「法律日日（第一二五号）」所収）一二頁。

（120）「挂冠」（官職を辞めること）の誤りか。これに続く「原由」は物事が起きるもとになったことの意。

（121）植松金章『独逸ミユンスター通信』（石井彦次郎『日本弁護士協会録事（第一七七号）』〔一九一三年、日本弁護士協会〕所収）九二頁。

（122）父の植松金兵衛は弘化四〔一八四七〕年七月生まれ。金章が家督を継いだ明治四二〔一九〇九〕年一一月の時点で六二歳である（内尾直二『人事興信録（第三版）』〔一九一一年、人事興信所〕う之部・う三二頁）。

（123）内尾直二『人事興信録（第四版）』〔一九一五年、人事興信所〕う之部・う二二頁／同『人事興信録（第五版）』〔一九一八年、人事興信所〕う之部・う二九頁。

（124）「栃木県の警部長時代《ママ》に田中正造翁を苛《いじ》めて鬼植松と云はれた植松金章氏」（東京朝日新聞、一九一七年一一月二七日付）。

（125）大鹿前掲『谷中村事件』三四七頁。

（126）（127）前掲書三四八頁。

（128）林前掲書一五二頁。

（129）植松金章「警察所感」（「日本警察新聞（第四二八号）」〔一九一八年、日本警察新聞社〕所収）五頁～七頁。

（130）植松金章「遊欧時感」（石井彦次郎「日本弁護士協会録事（第一九二号）」〔一九一四年、日本弁護士協会〕所収）四九頁。

（131）大鹿前掲書三三四頁。

（132）内尾前掲『人事興信録（第三版）』う之部・う三二頁など。

(133) 前掲『房総人名辞書』六九四頁など。
(134) 内尾前掲書う之部・う三三頁。
(135) 福田東作『人物と其勢力』(一九一五年、毎日通信社)千葉県・五頁。
(136) 前掲『人事興信録(第三版)』う之部・う三三頁/前掲『房総人名辞書』六九四頁など。
(137) 前掲『房総人名辞典』六九四頁。
(138) 『職員録(明治30年(甲))』(一八九七年、内閣官報局)六七一頁。同書は明治三〇年一一月現在の職員配置。
(139) 内尾前掲『人事興信録(第四版)』う之部・う二二頁/同『人事興信録(第五版)』う之部・う二九頁/前掲『人事興信録(第三版)』は植松金章の三試験の合格を明治三〇年のこととしているが、「高等文官試験」については本文に記載したように(註(142)を参照)、明治三一(一八九八)年度に受験した植松の答案が模範論文として出版されていることから明治三一年度の合格であることは明らかである。また「判事検事登用試験」については、明治三一(一八九八)年一一月一四日付官報に掲載されている。さらに、「弁護士試験」については同年一二月一六日付官報に掲載(『判検事弁護士試験及第術(大正六(一九一七)年)』の記載も併せ参照)されていることから、『人事興信録(第三版)』ではなく、『人事興信録(第四版)』、『同(第五版)』の記述を採った。
(140) 福田前掲書/千葉県・五頁。
(141) 『法政新誌(第二巻・第一七号)』(一八九八年、法政学会)七二頁。
(142) 長谷川安民『判事検事弁護士文官試験及第者諸氏答案集(明治三一年度)』(一八九九年、日本商業社)三頁~二五頁。
(143) 前掲書序文。
(144) 播磨竜城『竜城雑稿』(一九二四年、新阿弥書院)五三頁。
(145) 「官報」(明治三一(一八九八)年一二月九日付)。
(146) 「官報」(明治三二(一八九九)年一〇月三〇日付)。
(147) 「官報」(明治三四(一九〇一)年四月二五日付)。
(148) 「官報」(明治三四(一九〇一)年一〇月三日付)。
(149) 「職員録(明治三七年(甲))」(一九〇四年、印刷局)五七頁。同書は明治三七年五月一日現在の職員配置。
(150) 「官報」(明治三八(一九〇五)年二月一三日付)。
(151) 「職員録(明治三八年(乙))」(一九〇五年、印刷局）四一一頁。同書は明治三八年五月一日現在の職員配置。
(152)「官報」（明治三八（一九〇五）年九月二八日付）。
(153)「官報」（明治三九（一九〇六）年七月三〇日付）。
(154)二村一夫『足尾暴動の史的分析　鉱山労働者の社会史』（一九八八年、東京大学出版会）二〇頁。
(155)前掲書四〇頁。
(156)清水前掲書一三七頁。
(157)前掲書一三六頁。
(158)「国民新聞（一九〇七年二月一〇日付）」（栃木県史編さん委員会『栃木県史　史料編　近現代二』（一九七七年、栃木県）所収）七一八頁。
(159)二村前掲書八〇頁。
(160)前掲書八二頁。
(161)前掲書九六頁～九八頁。
(162)「国民新聞（一九〇七年二月一一日付）」（前掲『栃木県史　史料編　近現代二』所収）七二八頁。
(163)大河内一男、松尾洋『日本労働組合物語　明治』（一九七四年、筑摩書房）二〇七頁。
(164)「官報」（明治四三（一九一〇）年五月一四日付）。
(165)前掲『人事興信録（第三版）』う之部・う三三頁。
(166)北川由之助『東京社會辭彙』（一九一三年、毎日通信社）ウノ部・ウ一七頁。
(167)(168)井関源八郎『法律日日（第一七七号）』（一九一二年、法律日日社）五頁。
(169)(170)石井彦次郎『日本弁護士協会録事（第一六〇号）』（一九一二年、日本弁護士協会）五三頁。
(171)前掲書五五頁。
(172)井関源八郎『法律日日（第一六五号）』（一九一二年、法律日日社）一六頁。
(173)平元兵吾『八大学と秀才』（一九一二年、日東堂書店）八七頁／錦谷秋堂『大学と人物（各大学卒業生月旦）』（一九一四年、国光印刷株式会社出版部）二九五頁。
(174)阿部前掲『栃木縣官民職員録（明治四十二年八月現在）』二七頁。
(175)前掲『日本弁護士協会録事（第一七七号）』九二頁。
(176)海商社『海商通報（第二〇一八号）』（一九一一年、海商社）九～一〇頁／『海商通報（第二〇五五号）』（一九一二年、海商社）四頁。
(177)千代田区『千代田区史　中巻』（一九六〇年、千代田区）八四八頁。
(178)高島末吉『麹町之状勢』（一九二六年、麹町之状勢刊行所）一〇三頁。

解説

記号としての谷中村

「谷中村」は日本近代史において記号化されている。「広島」と聞けば原爆が、「水俣」と聞けば水俣病が、「福島」と聞けば原発事故が想起されるように、「谷中村」はもちろん、足尾銅山鉱毒事件となる。日本の義務教育で歴史を学んだ人ならば、誰しもがこの方程式を当てはめるだろう。そして、より詳しい人は、足尾銅山から田中正造へとつなげて、さらに田中の明治天皇への直訴や国会での熱弁などを連想するのではなかろうか。

本書はその「谷中村」にさまざまな形で関わった方々の、大変に貴重な証言を核としている。足尾銅山から出た鉱毒を解消する遊水地造成のため、谷中村は立ち退きを命じられ、強制廃村の憂き目に遭うが、その際に残留民として抵抗した家族のお二人。片や、廃村を推進したとされる村長と郡長の親族。また、残留民宅の破壊当日、村民側と執行側とで相対峙した関係者の子孫。今となってはこれだけの証言者に取材するのは困難であり、その点で本書は歴史的に価値のある記録ともなっている。なお、インタビューはいずれも三十年ほど前である。

本書の構成は二章立てで、第一章は著者による講演が基になっている。インタビューの内容を踏まえつつ、足尾銅山鉱毒事件の実際を俯瞰して語り、この事件の全容を捉え直す機会を読者に提供している。ここで基礎的知識を得てから読む第二章は、だから非常にすんなりと頭に入ってくる。

第二章において、著者は証言をただ羅列して載せるのではなく、その証言の背景を膨大な資料を傍証にして論を深めていく。その筆致はあくまで冷静で、公平性を保とうと腐心する。往々にして私たちは、歴史に刻まれた記号により、足尾銅山鉱毒事件を田中正造のフィルターで見てしまいがちだ。著者はそれでは零れ落ちてしまうものがあると気を引き締め、被害者と加害者という単純な対立構造からの脱却を目指す。そしてそれは多分に成功する。特に最後に登場する、植松金章の項において。

詳細は本文を読んでいただくとして、植松金章は谷中村破壊の陣頭指揮を執った警察のトップであった人だ。この権力者側の官吏を研究した論文はないという点からしても、著者の視点の置き方が分かろうというものである。読者は残留民の陋屋を破壊した張本人に悪魔を見出したくなるところだが、物事はそう単純ではない。著者は、あくまでも一歩引いて、国家権力への忠誠と零細民への同情との間で苦悩した一官僚の心のうちに迫る。本書中の白眉である。

それ以上に感嘆するのが、その一つ前の菊地茂の項だ。菊地は村の破壊の際に植松と睨み合い、身を挺して残留民を守ろうとした人である。ここでは、足尾銅山事件に端を発した近代日本の歪みが、田中正造という傑物を生み出し、彼に感化された若者たちが、谷中村を救えなかったという挫折感を抱えつつも、そのたぎる情熱を基本的人権の獲得に捧げ、ついには普通選挙の実施、すなわち民主主義の具体化へとつなげたという、刮目すべき構図を語る。これにはただただ唸らされるよりほかにない。

現在、当たり前のように享受している民主的な権利が、およそどのようにして獲得されてきたのかを、教科書からお仕着せに学び取るのと、歴史の裏側にあって奮戦し、苦悶し、一度は夢破れ、それでもなお立ち上がり続けた者たちの死闘の結果であると、証言者の言葉や残された記録から丁寧に読み取るのとでは、その実感において雲泥の差が生じる。本書を読み通してなお私たち現代の日本人は、おいそれと選挙権を放棄できるものであろうか。

戦争の足音が近づき、民主主義の危機が叫ばれる昨今。「谷中村」を足尾銅山鉱毒事件に留めず、民主主義の発露として記号化したい。本書はそのきっかけを与える非常に稀有な一冊である。

二〇二四年四月吉日

揺籃社編集・山﨑領太郎

おわりに

ようやく責任を果たした…、しみじみそう思う。他人様《ひとさま》の体験談を聞かせて頂けるのは、そのプライバシーへの立ち入りを許されたということである。しかも、公開の承諾まで得た。それを三〇年余、置いたままにしていたのだから、インタビューした方々には申し開きの言葉もない。本書第一部の公開講座を実施したのは、長女が誕生して二日目のことだった。受講者から祝福の拍手を頂いたことを鮮明に覚えている。その娘が今や母親になっているのだから、三〇年余はやはり長い。ひたすらお詫びするのみである。

一冊書き上げると、その過程で色々なことを学ぶ。本書では足尾鉱毒事件を巡る多くの方々を通して、「生きる」ということを考えさせられた。足尾鉱毒事件においては、やはり何と言っても田中正造が巨星である。佐野の惣宗寺で行われた葬儀には、四万とも五万ともいう人々が参列したと言う。そこには田中正造と見解を同じくする者、異にする者、あるいは最後まで行動を共にした者、途中で袂を分かった者など、様々な立場があっただろう。だが、亡くなった時には誰もが、その遺徳を偲んだ。

木下尚江は田中正造の最期を庭田邸で看取った一人である。後に『田中正造之生涯』をまとめた。そんな彼が島田宗三に、次のような手紙を送っている。

「〔『田中正造之生涯』の編集のために田中正造の遺したものを読んでいて〕かくの如き神の如き人を粗末に扱ったことを慙愧《ざんき》の外なし」。「この編集で始めて《ママ》恐怖を知覚す」〔島田宗三「田中正造翁資料収集を回顧して」〕

木下は、世人は直訴までの田中正造しか知らない。田中正造の神髄は、その後にあると考える。「所謂《いわゆる》旧約的予言者《聖書》ノ悲壮ナル生活ヲ鍛錬シテ新約的使徒《聖書》ノ崇高ナル境地ニ到達セル、不断向上ノ驚歎スベキ消息ニ至リテハ、殆ド之ヲ知ル者ナシ」〔同右〕と言う。田中正造は谷中村強制破壊後、宗教的思索を深めている。

従って、木下が「慙愧の外なし」、「恐怖を知覚す」と言ったのには、木下自身の宗教観が反映されているのだが、それにしても田中正造との交誼が長い木下にして、田中正造が亡くなってから、その真価が分かったというのでは、「棺を蓋《おお》いて事定まる」〔人の真価は死後定まる〕との故事があっても、葬儀で数万人が別れを惜しんだといっても、生前、田中正造を真に理解していた人はいたのだろうかということになる。

田中正造は、こんな言葉を残している。

「よをいとい《世厭》そしり《誹》を忌ミて何にかかせん　身をすてゝこそ楽しかりけれ」

〔明治三一〔一八九八〕年九月二五日付日記〕

言わんとすることは至って簡単に分かるが、いざ実践となると、私の如き凡人には極めて難しい。己が信ずる道を進むのは難しい。

足尾鉱毒事件や谷中村事件を経て、どのように生きたかというのは、田中正造だけの問題ではない。色々な方々が精一杯、それぞれの人生を送ったことは本書に記した通りである。「生きる」ということについて、常に真正面から問い掛けられた執筆期間であった。そうした機会を与えて下さった五人の証言者に改めて御礼申し上げたい。

至誠の人、坂原辰男・元田中正造大学事務局長のご助力なくして本書はない。また、揺籃社・山﨑領太郎氏には本質を突いた、しなやかな解説を執筆して頂いた。我が人生、得難い知己に恵まれている。本当に有り難いことだと思う。

二〇二四年六月一八日

永瀬一哉

【著者略歴】

永瀬一哉（ながせ・かずや）

◇早稲田大学文学部日本史学専攻卒業／早稲田大学大学院教育学研究科修士課程修了
◆カンボジア王国情報省アドバイザー／特定非営利活動法人・インドシナ難民の明日を考える会代表（理事長）
◇神奈川県立高校、神奈川県立教育センター、神奈川県自治総合研究センターに勤務ＮＨＫ学校放送番組委員、カンボジア国営放送パイリン放送局アドバイザー、カンボジア・ベンコック中学校教育環境支援アドバイザーなどにも従事
◆文部科学大臣奨励賞、博報賞、アジア福祉教育財団難民事業本部表彰、相模原市社会福祉協議会表彰
◇『太平洋戦争海軍機関兵の戦死』（明石書店）
『I Want Peace! 平和を求めて ── カンボジア難民少年、日本へ』〔英文教材〕（相模原市書店協同組合）
『気が付けば国境、ポル・ポト、秘密基地』（アドバンテージサーバー）
『クメール・ルージュの跡を追う』（同時代社）
『ポル・ポトと三人の男』（揺籃社）
『父に学んだ近代日本史 ── 永瀬宏一の自伝を紐解く』（揺籃社）
『父と子が　共に紡いで　高校日本史 ── 紙上歴史散策 ── 』（揺籃社）
『1979年 ソ連領シルクロードの旅 ── タシュケント、ウルゲンチ、ヒバ、ブハラ、サマルカンド、フルンゼ』（揺籃社）
『1979年 苏治丝绸之路旅行／塔什干、乌尔根奇、希瓦、布哈拉、撒马尔罕、伏龙芝』（袁昕煜訳、揺籃社）

特定非営利活動法人・インドシナ難民の明日を考える会
- 外務大臣表彰
- カンボジア王国復興貢献賞
- 神奈川県ボランタリー活動奨励賞
- 相模原市社会福祉協議会表彰

足尾鉱毒事件《あしおこうどくじけん》　**一人**《ひとり》**ひとりの谷中村**《やなかむら》

2024年９月１日　印刷
2024年９月８日　発行

著　者　永　瀬　一　哉

発行者　清　水　英　雄
発　行　揺　籃　社
〒192-0056 東京都八王子市追分町10-4-101
㈱清水工房内　TEL 042-620-2615
https://www.simizukobo.com/

ISBN978-4-89708-511-1 C0021